高等学校计算机专业规划教材

C语言程序设计

（第2版）

李忠月 励龙昌 虞铭财 编著

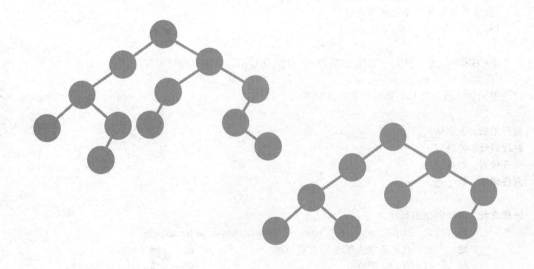

清华大学出版社
北京

内 容 简 介

本书采用"实例导入-问题提出-解释与应用"的叙述模式,以生动有趣的案例引入,从情境中提出问题,建立数学模型,获得解决方法,最后实现应用。全书共分 12 章,包括概述、分支结构、循环结构、函数、数组、指针、结构等内容。

本书在结构设计上,从有利于学习者学习的角度出发来选择、组织和呈现教学内容。首先,在书的安排顺序上,先安排函数,然后是数组和指针,这样便于学生早接触函数,早使用函数,有利于后续课程的学习;其次,强调实践,而不拘泥于基础知识,通过实践掌握基础知识,重点在程序设计能力的培养;再次,本教材设计了一些专题,如迭代算法、最大公约数的求解、素数判定等,总结了某一类问题的解决方法,既让学习者体验到程序设计的实用性,又激发了学习者的学习兴趣;最后,为满足读者对在线开放学习的需求,本教材的大部分实例配套了微课。

本书可以作为各类大专院校、等级考试与各类培训的教学用书,也可作为对 C 语言程序设计感兴趣人员的自学用书。

本书封面贴有清华大学出版社防伪标签,无标签者不得销售。
版权所有,侵权必究。举报:010-62782989,beiqinquan@tup.tsinghua.edu.cn。

图书在版编目(CIP)数据

C 语言程序设计/李忠月,励龙昌,虞铭财编著. —2 版. —北京: 清华大学出版社,2017(2023.7重印)
(高等学校计算机专业规划教材)
ISBN 978-7-302-48355-7

Ⅰ. ①C… Ⅱ. ①李… ②励… ③虞… Ⅲ. ①C语言-程序设计 Ⅳ. ①TP312.8

中国版本图书馆 CIP 数据核字(2017)第 212017 号

责任编辑:龙启铭
封面设计:何凤霞
责任校对:时翠兰
责任印制:杨 艳

出版发行:清华大学出版社
网　　址: http://www.tup.com.cn, http://www.wqbook.com
地　　址: 北京清华大学学研大厦 A 座　　　邮　编: 100084
社 总 机: 010-83470000　　　　　　　　　　邮　购: 010-62786544
投稿与读者服务: 010-62776969, c-service@tup.tsinghua.edu.cn
质量反馈: 010-62772015, zhiliang@tup.tsinghua.edu.cn
课件下载: http://www.tup.com.cn,010-83470236

印 装 者: 三河市铭诚印务有限公司
经　　销: 全国新华书店
开　　本: 185mm×260mm　　　　印　张: 25.5　　　　字　数: 591 千字
版　　次: 2014 年 9 月第 1 版　　2017 年 10 月第 2 版　　印　次: 2023 年 7 月第 7 次印刷
定　　价: 49.00 元

产品编号: 073483-01

前言

习近平总书记在党的二十大报告中强调，必须坚持科技是第一生产力、人才是第一资源、创新是第一动力，深入实施科教兴国战略、人才强国战略、创新驱动发展战略，开辟发展新领域新赛道，不断塑造发展新动能新优势。

计算机是科技领域的伟大发明，科技发展离不开计算机技术。要掌握和应用计算机技术，首先要打好基础，学习计算机基本原理，掌握计算机程序设计。

程序设计是高校理工科重要的计算机基础课程，该课程以培养学生掌握程序设计的思想和方法为目标，以培养学生的实践能力和创新能力为重点。C语言是得到广泛使用的程序设计语言之一，它既具备高级语言的特性，又具有直接操纵计算机硬件的能力，并以其良好的程序结构和便于移植的特性而拥有大量的使用者。目前，许多高校都把C语言列为首门要学习的程序设计语言。

虽然目前有关C语言的教材很多，但大多都只是注重C语言知识的学习，这样不利于培养学生的程序设计能力和程序设计语言应用能力。本书以程序设计为主线，从应用出发，通过案例和问题引入相关的语法知识，重点讲解程序设计的思想和方法，从而避免机械式地记忆语法知识，实现通过写程序掌握C语言知识的理念。

在教材的结构设计上，强调学以致用，使学生从一接触C语言，就开始练习编程。全书共12章，主要包括3方面的内容：基本内容、常用算法和程序设计风格。为了提高读者的学习兴趣，大多数内容是先导入实例而后介绍相关的语言知识。第1章首先简单介绍一些背景知识和利用计算机解决问题的步骤，然后从实例出发，简要介绍C语言的核心部分，使学生对C语言有一个总体的了解，并学习编写简单的程序，培养学生的学习兴趣；第2章介绍基本的数据类型和常用运算符；第3章和第4章分别介绍分支结构和循环结构程序设计的思路和方法，并且从第3章开始，逐步深入介绍程序设计的思想和方法，说明如何应用程序设计语言解决问题；第5章介绍基本的输入输出处理；第6章介绍函数的基础知识及基本用法；第7章介绍一维数组、二维数组和字符数组的知识和应用；第8章介绍指针的基本概念及应用；第9章介绍结构的基础知识及应用；第10章介绍位运算及应用；第11章介绍文件的概念、文件的基本操作及应用；第12章大串讲，帮助读者对整本教材知识点的融会贯通，并加以运用。

本书有如下特色：

（1）本书注重知识内容的实用性和综合性。结合本科学生的特点，注重知识内容的实用性和综合性，删减以往类似教材中较刻板的理论知识点，将更多的篇幅放在程序设计方法、程序设计技能以及程序设计过程的阐述上。

（2）设计了一些专题。本书安排了如下几个专题：正整数的拆分、最大公约数、素数、进制转换。这些专题既总结了某一类问题的解决方法，又让学生体验到程序设计的实用性，激发了学生的学习兴趣。

（3）本书图文并茂。西方有句谚语："A picture is worth a thousand words."（一图值千言）。意思是用上千个字描述不明白的东西，很可能一张图就能解释清楚。本书绝大多数难理解部分的讲解都有相关的图示，有的内容通过多图逐步分解剖析。

（4）本书在提供丰富、有趣的经典实例时，还精心设计了一个相对完整的"学生成绩管理"应用实例贯穿于整本书，从最简单的单个学生成绩分类开始，到使用循环语句、数组处理多个学生成绩信息，再到使用更有聚合力的结构来组织学生成绩信息，最终将这些处理信息永久性地存储到文件中，完全贯彻了实用、实践和工程应用的理念。通过这个实例的学习，让学生对C语言程序设计有一个更全面的认知，能够综合运用所学知识去解决较为实际的问题。

（5）为满足读者对在线开放学习的需求，对一些重要的知识点、重要的例子、难懂的例子，提供了配套的微课，这样读者不仅能走进作者的教学课堂，而且能重复学习，做到攻克重点、难点，不留学习死角。

因作者水平有限，对书中存在的疏漏、谬误之处，敬请读者批评指正。

作　者

2017年9月

目 录

第1章 概述 /1

1.1 计算机程序设计语言 1
　1.1.1 机器语言 1
　1.1.2 汇编语言 1
　1.1.3 高级语言 2
1.2 用程序设计语言编写程序的步骤 2
　1.2.1 编码 2
　1.2.2 编译 2
　1.2.3 调试 3
　1.2.4 维护 3
1.3 结构化程序设计方法 4
1.4 算法 4
　1.4.1 算法的特性 5
　1.4.2 算法的描述 5
1.5 关于C程序设计语言 8
　1.5.1 C语言出现的历史背景 8
　1.5.2 C语言的特点 9
1.6 简单的C语言程序 10
　1.6.1 输出 hello, world 10
　1.6.2 计算 a+b 11
　1.6.3 计算分段函数的值 12
　1.6.4 按先大后小的顺序输出两个整数 13
　1.6.5 华氏温度与摄氏温度的转换 14
练习 16

第2章 类型、运算符与表达式 /19

2.1 变量 19
　2.1.1 变量的命名规则 19
　2.1.2 变量的声明 20
2.2 数据类型及长度 21

2.2.1　short 与 long 限定符 …………………………………………… 21
　　　2.2.2　signed 与 unsigned 限定符 ………………………………………… 21
　　　2.2.3　每种数据类型的 printf 和 scanf 格式转换符 ……………………… 22
　2.3　常量 …………………………………………………………………………… 25
　　　2.3.1　整数常量与浮点数常量 ……………………………………………… 25
　　　2.3.2　字符常量 ……………………………………………………………… 25
　　　2.3.3　字符串常量 …………………………………………………………… 26
　　　2.3.4　符号常量 ……………………………………………………………… 27
　　　2.3.5　枚举常量 ……………………………………………………………… 27
　2.4　常量表达式 …………………………………………………………………… 28
　2.5　算术运算符 …………………………………………………………………… 28
　2.6　关系运算符与逻辑运算符 …………………………………………………… 28
　2.7　自增运算符与自减运算符 …………………………………………………… 31
　2.8　逗号运算符 …………………………………………………………………… 31
　2.9　赋值运算符与赋值表达式 …………………………………………………… 32
　2.10　条件运算符与条件表达式 …………………………………………………… 33
　2.11　一元运算符 sizeof …………………………………………………………… 34
　2.12　类型转换 ……………………………………………………………………… 34
　2.13　运算符的优先级及求值次序 ………………………………………………… 36
　练习 ………………………………………………………………………………… 37

第 3 章　分支结构　　/44

　3.1　实例导入 ……………………………………………………………………… 44
　3.2　语句与程序块 ………………………………………………………………… 45
　3.3　if-else 语句 …………………………………………………………………… 45
　3.4　else-if 语句 …………………………………………………………………… 48
　3.5　switch 语句 …………………………………………………………………… 50
　3.6　应用实例：学生成绩管理 …………………………………………………… 56
　练习 ………………………………………………………………………………… 58

第 4 章　循环结构　　/62

　4.1　实例导入 ……………………………………………………………………… 62
　4.2　while 循环 …………………………………………………………………… 65
　4.3　for 循环 ……………………………………………………………………… 70
　4.4　do-while 循环 ………………………………………………………………… 74
　4.5　三种循环语句的比较 ………………………………………………………… 76
　4.6　循环结构的嵌套 ……………………………………………………………… 77
　4.7　break 语句与 continue 语句 ………………………………………………… 83

4.8　goto 语句与标号 ·· 88
4.9　专题 1：正整数的拆分 ·· 89
4.10　专题 2：迭代法 ··· 92
4.11　应用实例：学生成绩管理 ··· 95
练习 ·· 96

第 5 章　输入与输出　　/109

5.1　getchar()函数 ··· 109
5.2　putchar()函数 ··· 110
5.3　printf()函数 ·· 113
5.4　scanf()函数 ·· 114
5.5　应用实例：求和 ·· 116
练习 ·· 122

第 6 章　函数　　/126

6.1　实例导入 ··· 126
6.2　函数的基本知识 ·· 129
　　6.2.1　函数的定义 ··· 129
　　6.2.2　函数的调用 ··· 130
　　6.2.3　函数的声明 ··· 135
　　6.2.4　函数设计的基本原则 ··· 138
6.3　函数的嵌套调用 ·· 139
6.4　函数的递归调用 ·· 139
6.5　变量的存储类型 ·· 145
6.6　变量的类别 ··· 145
　　6.6.1　外部变量与内部变量 ··· 145
　　6.6.2　静态变量 ·· 147
　　6.6.3　寄存器变量 ··· 148
6.7　变量的作用域与生存期 ·· 148
　　6.7.1　变量的作用域 ··· 148
　　6.7.2　变量的生存期 ··· 149
　　6.7.3　内存空间及分配方式 ··· 149
6.8　程序块结构 ··· 156
6.9　变量的初始化 ··· 156
6.10　预处理 ·· 157
　　6.10.1　文件包含 ··· 157
　　6.10.2　宏替换 ·· 157
　　6.10.3　条件编译 ··· 159

6.11 专题3：最大公约数的求解 …………………………………………………… 161
    6.11.1 brute-force算法 ………………………………………………… 161
    6.11.2 欧几里德算法 …………………………………………………… 162
    6.11.3 更相减损法 ……………………………………………………… 164
练习 ……………………………………………………………………………… 165

第 7 章 数组 /177

7.1 实例导入 ……………………………………………………………………… 177
7.2 一维数组 ……………………………………………………………………… 180
    7.2.1 一维数组的定义 ………………………………………………… 180
    7.2.2 一维数组元素的引用 …………………………………………… 181
    7.2.3 一维数组的初始化 ……………………………………………… 181
    7.2.4 一维数组的应用举例 …………………………………………… 182
7.3 二维数组 ……………………………………………………………………… 184
    7.3.1 二维数组的定义 ………………………………………………… 184
    7.3.2 二维数组元素的引用 …………………………………………… 184
    7.3.3 二维数组的初始化 ……………………………………………… 185
    7.3.4 二维数组的应用举例 …………………………………………… 186
7.4 字符数组 ……………………………………………………………………… 192
    7.4.1 字符数组的定义和引用 ………………………………………… 192
    7.4.2 字符数组的初始化 ……………………………………………… 192
    7.4.3 字符数组的输入/输出 …………………………………………… 193
    7.4.4 字符数组的应用举例 …………………………………………… 195
7.5 数组与函数参数 ……………………………………………………………… 197
    7.5.1 数组元素作函数实参 …………………………………………… 197
    7.5.2 数组作函数实参 ………………………………………………… 198
7.6 查找和排序 …………………………………………………………………… 201
    7.6.1 查找 ……………………………………………………………… 201
    7.6.2 排序 ……………………………………………………………… 203
7.7 专题4：进制转换 …………………………………………………………… 206
    7.7.1 十进制整数转换成其他进制整数 ……………………………… 206
    7.7.2 其他进制整数转换成十进制整数 ……………………………… 208
7.8 专题5：素数 ………………………………………………………………… 209
    7.8.1 素数判定的基本方法 …………………………………………… 209
    7.8.2 一定范围内所有素数的求解 …………………………………… 217
7.9 应用实例：学生成绩管理 …………………………………………………… 220
练习 ……………………………………………………………………………… 222

第 8 章 指针 /240

- 8.1 实例导入 ·· 240
- 8.2 指针的基本知识 ··· 246
  - 8.2.1 指针变量的声明 ·· 246
  - 8.2.2 指针变量的初始化 ·· 246
  - 8.2.3 指针变量的基本运算 ··· 246
- 8.3 指针与数组 ··· 249
  - 8.3.1 指针与一维数组 ·· 249
  - 8.3.2 指针与多维数组 ·· 258
- 8.4 指针与函数 ··· 259
  - 8.4.1 指针作为函数的参数 ··· 259
  - 8.4.2 指针作为函数的返回值 ·· 263
  - 8.4.3 指向函数的指针 ·· 266
- 8.5 字符指针与函数 ··· 267
- 8.6 指针数组 ·· 269
  - 8.6.1 指针数组的声明 ·· 269
  - 8.6.2 指针数组的初始化 ·· 269
  - 8.6.3 指针数组与二维数组的区别 ······································· 269
- 8.7 命令行参数 ··· 270
- 8.8 指向指针的指针 ··· 271
- 8.9 动态分配 ·· 272
  - 8.9.1 动态分配内存 ··· 272
  - 8.9.2 释放内存 ··· 272
  - 8.9.3 void * 类型 ·· 273
  - 8.9.4 动态数组 ··· 273
  - 8.9.5 查找 malloc 中的错误 ··· 275
- 练习 ·· 275

第 9 章 结构 /297

- 9.1 实例导入 ·· 297
- 9.2 结构的基本知识 ··· 302
  - 9.2.1 结构类型的定义 ·· 303
  - 9.2.2 结构变量的定义 ·· 303
  - 9.2.3 结构成员的访问 ·· 304
  - 9.2.4 对结构变量的操作 ·· 304
  - 9.2.5 结构变量的初始化 ·· 306
  - 9.2.6 结构的嵌套 ··· 307

9.3　结构数组 …………………………………………………………………… 308
9.4　结构指针 …………………………………………………………………… 311
9.5　typedef …………………………………………………………………… 313
9.6　结构与函数 ………………………………………………………………… 314
9.7　单链表 ……………………………………………………………………… 315
　　9.7.1　单链表的创建 ………………………………………………………… 316
　　9.7.2　单链表的输出 ………………………………………………………… 316
　　9.7.3　单链表的插入 ………………………………………………………… 316
　　9.7.4　单链表的删除 ………………………………………………………… 319
　　9.7.5　链表的综合操作 ……………………………………………………… 319
9.8　联合 ………………………………………………………………………… 321
9.9　枚举 ………………………………………………………………………… 324
　　9.9.1　枚举类型的定义 ……………………………………………………… 324
　　9.9.2　枚举变量的定义 ……………………………………………………… 324
　　9.9.3　对枚举变量的操作 …………………………………………………… 325
9.10　应用实例：学生成绩管理 ………………………………………………… 327
　　9.10.1　用结构数组实现 …………………………………………………… 328
　　9.10.2　用单链表实现 ……………………………………………………… 329
练习 ………………………………………………………………………………… 332

第 10 章　位运算　　/342

10.1　原码、反码和补码 ………………………………………………………… 342
10.2　位运算符 …………………………………………………………………… 343
　　10.2.1　与运算符 …………………………………………………………… 343
　　10.2.2　或运算符 …………………………………………………………… 343
　　10.2.3　异或运算符 ………………………………………………………… 343
　　10.2.4　取反运算符 ………………………………………………………… 344
　　10.2.5　左移运算符和右移运算符 ………………………………………… 344
10.3　位赋值运算符 ……………………………………………………………… 347
10.4　位域 ………………………………………………………………………… 348
练习 ………………………………………………………………………………… 349

第 11 章　文件　　/352

11.1　实例导入 …………………………………………………………………… 353
11.2　C语言中文件的使用 ……………………………………………………… 354
　　11.2.1　声明 FILE * 类型的变量 …………………………………………… 355

11.2.2 打开文件 ·············· 355
11.2.3 执行 I/O 操作 ·············· 356
11.2.4 关闭文件 ·············· 356
11.3 字符 I/O ·············· 357
11.3.1 读字符函数 fgetc() ·············· 357
11.3.2 写字符函数 fputc() ·············· 357
11.4 行 I/O ·············· 360
11.4.1 读字符串函数 fgets() ·············· 360
11.4.2 写字符串函数 fputs() ·············· 360
11.5 格式化 I/O ·············· 361
11.5.1 格式化输出函数 fprintf()和 sprintf() ·············· 361
11.5.2 格式化输入函数 fscanf()和 sscanf() ·············· 361
11.6 数据块读写 ·············· 363
11.6.1 数据块读函数 fread() ·············· 363
11.6.2 数据块写函数 fwrite() ·············· 363
11.7 文件的定位 ·············· 363
11.7.1 fseek()函数 ·············· 363
11.7.2 ftell()函数 ·············· 365
11.7.3 rewind()函数 ·············· 365
11.8 错误检测函数 ·············· 366
11.8.1 clearerr()函数 ·············· 366
11.8.2 feof()函数 ·············· 366
11.8.3 ferror()函数 ·············· 366
11.9 应用实例：学生成绩管理 ·············· 366
练习 ·············· 371

第 12 章 大串讲 /376

12.1 顺序输出整数的各位数字 ·············· 376
12.2 计算阶乘之和 ·············· 378
12.3 Fibonacci 数列 ·············· 380
12.4 计算函数的值 ·············· 383
12.5 在有序数组中插入一个元素 ·············· 384

附录 A 常用字符与 ASCII 码对照表 /388

附录 B 常用的 C 语言库函数 /390

B.1 数学函数 ·············· 390

B.2 字符处理函数 ·· 391
B.3 字符串处理函数 ·· 392
B.4 实用函数 ·· 393

附录 C 与具体实现相关的限制 /394

参考文献 /395

第1章 概　述

本章要点：
- 计算机程序设计语言的发展过程；
- 用程序设计语言编写程序的步骤；
- 结构化程序设计的方法；
- 算法的定义、算法的特性以及算法的表示；
- C 语言的特点；
- C 语言程序的基本框架；
- 进行 C 语言程序设计所需要的一些基本元素。

现代计算机是一种通用的机器，具备很多潜力，但必须对其进行编程才能挖掘出这些潜力。给计算机编程就是给它一组指令（即一个程序），这组指令详细地指定解决问题的每一个必要步骤。

程序需要用某种语言来描述，例如，用算盘进行计算时，程序是用口诀来描述的，而现代计算机的程序则是用计算机程序设计语言来描述的。

1.1　计算机程序设计语言

从计算机诞生至今，计算机程序设计语言也在伴随着计算机技术的进步不断发展，种类非常多，但总的来说可以分成机器语言、汇编语言、高级语言三大类。

1.1.1　机器语言

CPU 指令系统，也称为 CPU 的机器语言。它是 CPU 可以识别的一组由 0 和 1 序列所构成的指令码。

用机器语言（Machine Language）编写程序，就是从所使用的 CPU 指令系统中挑选合适的指令，组成一个指令序列。这种程序虽然可以被机器直接理解和执行，但由于其不够直观、难记、难认、难理解、不易查错而只能被少数专业人员所掌握，而且编写程序的效率很低，质量难以保证。这种繁重的手工编写方式与高速、自动工作的计算机极不相称，这种方式仅用于计算机出现的初期编程，现在已经不再使用。

1.1.2　汇编语言

为了降低编写程序过程中的劳动强度，20 世纪 50 年代中期人们开始用助记符

(Memonic)代替操作码,用地址符号(Symbol)或标号(Label)代替地址码,这样用符号代替机器语言的二进制码,就把机器语言变成了汇编语言,因此汇编语言也称为符号语言。

用汇编语言(Assembly Language)编写的程序机器不能直接识别,要由一种程序将汇编语言翻译成机器语言,这种起翻译作用的程序称为汇编程序。汇编程序是系统软件中语言处理系统软件。汇编语言编译器把汇编程序翻译成机器语言的过程称为汇编。

汇编语言比机器语言易于读写、调试和修改,同时具有机器语言的全部优点。但在编写复杂程序时,相对高级语言代码量较大,而且汇编语言与具体的处理器体系结构相关,不能通用,因此不能在不同处理器体系结构之间移植。

汇编语言和机器语言都是面向机器的程序设计语言,一般称为低级语言。

1.1.3 高级语言

由于汇编语言依赖于硬件体系,且助记符量大、难记,于是人们又发明了更加易用的高级语言。高级语言主要是相对于汇编语言而言,它并不是特指某一种具体的语言,而是包括了很多编程语言,如 C、C++、Delphi、Java 等。

高级语言(High-level Language)所编制的程序不能直接被计算机识别,必须经过转换才能被执行,按转换方式可将它们分为解释类和编译类两大类。解释类执行方式是指应用程序源代码一边由相应语言的解释器翻译成目标代码(即机器语言),一边执行,因此效率比较低,而且不能生成可独立执行的可执行文件,应用程序不能脱离其解释器,但这种方式比较灵活,可以动态地调整、修改应用程序。编译类是指将应用程序源代码翻译成目标代码(机器语言),因此其目标程序可以脱离其语言环境独立执行,使用比较方便、效率较高,但应用程序一旦需要修改,必须先修改源代码,再重新编译生成新的目标文件才能执行,只有目标文件而没有源代码,修改很不方便。现在大多数的编程语言都是编译类的。

高级语言与计算机的硬件结构及指令系统无关,它有更强的表达能力,可方便地表示数据的运算和程序的控制结构,能更好地描述各种算法,而且容易学习和掌握。但高级语言编译生成的程序代码一般比用汇编程序语言设计的程序代码要长,执行的速度也慢,所以汇编语言适合编写一些对速度和代码长度要求高的程序和直接控制硬件的程序。

1.2 用程序设计语言编写程序的步骤

1.2.1 编码

用计算机解决问题包括两个步骤:(1)应该构造出一个算法或在解决该问题的已有算法中选择一个,这个过程称为算法设计;(2)用程序设计语言将该算法表达为程序,这个过程称为编码。

1.2.2 编译

为了使高级语言编写的程序能够在不同的计算机系统上运行,首先必须将程序翻译成运行程序的计算机所特有的机器语言。在高级语言和机器语言之间执行这种翻译任务的程序称为编译器。

编译器将源文件翻译成目标文件,其中包含适用于特定计算机系统的实际指令,这个目标文件和其他目标文件组成在系统上运行的可执行文件。这些所谓的其他目标文件常常是一些称为库的预定义的目标文件,库中含有程序所要求的不同操作的机器指令。将所有独立的目标文件组合成一个可执行文件的过程称为连接。高级语言程序的执行过程如图 1-1 所示。

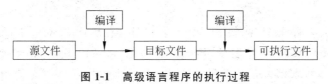

图 1-1 高级语言程序的执行过程

1.2.3 调试

程序设计语言有自己的语法,它决定如何将一个程序的元素组合在一起。编译一个程序时,编译器首先检查程序的语法是否正确。由于违反语法规则而导致的错误称为语法错误(Syntax Error)。当从编译器得到一个语法错误的消息时,必须返回程序并改正错误。语法错误比较容易改正。

通常,程序运行失败往往不是由于语法错误,而是由于在合乎语法的程序中有逻辑上的错误,这种错误称为逻辑错误(即 Bug)。找出并改正这种逻辑错误的过程称为调试(Debugging),它是程序设计过程中重要的一环。

所有程序员不仅会犯逻辑错误,而且有时还会制造一系列逻辑错误。优秀程序员的优秀之处并不在于他们能够避免逻辑错误,而是他们能努力将存在于已完成代码中的逻辑错误数量减到最少。

1.2.4 维护

软件开发的一个特殊方面是程序需要维护。软件开发完成交付用户使用后,就进入了软件的运行和维护阶段。

软件需要维护主要有两个原因:首先,即使经过大量测试,并在相关领域使用多年,源代码中依然可能存在逻辑错误;其次,当出现一些不常见的情况或发生之前未预料到的情况时,之前隐藏的逻辑错误就会使程序运行失败。

软件维护工作处于软件生命期的最后阶段,维护阶段是软件生存期中最长的一个阶段。软件维护很困难,尤其是对大型、复杂系统的维护,更加困难和复杂。

软件维护的困难是由于软件需求分析和开发方法的缺陷。这种困难表现在如下几个方面:(1)读懂别人的程序比较困难;(2)文档的不一致性;(3)软件开发和软件维护在人员和时间上的差异。

在软件维护阶段所花费的人力、物力最多,其花费约占整个软件生命期花费的 60%~70%。因此,应该充分认识到维护工作的重要性和迫切性,提高软件的可维护性,减少维护的工作量和费用,延长已经开发软件的生命期,以发挥其应有的效益。

1.3 结构化程序设计方法

程序设计方法的发展可以划分为以下三个阶段:早期的程序设计、结构化程序设计和面向对象的程序设计。

1969年,E. W. Dijkstra首次提出了"结构化程序设计"(Structured Programming)的概念。

1971年4月,瑞士计算机科学家尼克莱斯·沃思(Niklaus E. Wirth)在 *Communications of ACM* 上发表了"Program Development by Stepwise Refinement"一文,提出了"通过逐步求精方式开发程序"的思想。

结构化程序设计的基本思想是,对大型的程序设计,使用一些基本的结构来设计程序,无论多复杂的程序,都可以使用这些基本结构按一定的顺序组合起来。

这些基本结构是指:按指令的顺序依次执行的顺序结构;根据判别条件有选择地改变执行流程的分支结构;有条件地重复执行某个程序块的循环结构。

这三种基本结构有以下共同点:

(1) 只有一个入口,不得从结构外随意转入结构中的某点;

(2) 只有一个出口,不得从结构内的某个位置随意转出;

(3) 结构中的每一部分都有机会被执行到,即没有"死语句";

(4) 结构内不存在"死循环"。由这些基本结构组成的程序就避免了任意转移、阅读起来需要来回寻找的问题。

结构化设计思想的核心不是要求一步就编制成可执行的程序,而是分若干步进行,逐步求精。它的具体内容如下:

(1) 要求把程序的结构规定为顺序、选择和循环三种基本结构,并提出了自顶向下、逐步求精、模块化程序设计等原则。

(2) 结构化程序设计是把模块分割方法作为对大型系统进行分析的手段,使其最终转化为三种基本结构,其目的是解决由许多人共同开发大型软件时,如何高效率地完成可靠系统的问题。

(3) 程序的可读性好、可维护性好成为评价程序质量的首要条件。

它的缺点是:程序和数据结构松散地耦合在一起。解决此问题的方法就是采用面向对象的程序设计(Object Oriented Programming,OOP)方法。

C程序设计语言就是结构化程序设计语言。

1.4 算 法

一个程序应包括对数据的描述和对数据处理的描述。对数据的描述,即数据结构,在C语言中,系统提供的数据结构是以数据类型的形式出现的;对数据处理的描述,即计算机算法。

算法是规则的有限集合,是为解决特定问题而规定的一系列操作,是有限的。对于同一个问题可以有不同的解题方法和步骤,也就是有不同的算法。算法有优劣,一般而言,应当选择简单的、运算步骤少的,即运算快、内存开销小的算法,也就是要考虑算法的时空效率。

程序设计是一门艺术,主要体现在结构设计和算法设计上,结构设计艺术好比是程序的肉体,算法设计好比是程序的灵魂。著名的计算机科学家沃思提出一个公式:

$$数据结构+算法=程序$$

实际上,一个程序除了数据结构和算法外,还必须使用一种计算机语言,并采用一定的方法来表示。

1.4.1 算法的特性

一个算法应该具有以下特性:

(1) 有穷性:算法必须在执行有穷步之后结束,而每一步都必须在有穷时间内完成。

(2) 确定性:算法中的每个步骤都必须是确定的,不能有二义性。

(3) 可行性:一个算法必须是可行的,即算法中每一操作都能通过已知的一组基本操作来实现。

(4) 输入:一个算法可以有零个或多个输入。有的算法不需要从外界输入数据,如计算 1+2+…+100;而有的算法则需要输入数据,如计算 1+2+…+n,执行时需要从键盘输入 n 的值后才能计算。

(5) 输出:一个算法有一个或多个输出。算法的实现是以得到计算结果为目的的,没有任何输出的算法是没有任何意义的。

1.4.2 算法的描述

为了描述一个算法,可以用不同的方法。常用的方法有流程图、N-S 图、伪代码、计算机语言等。

1. 用流程图描述算法

流程图是用一些约定的几何图形来描述算法。用某种框图表示某种操作,用箭头表示算法流程。流程图是程序的一种比较直观的表示形式,美国国家标准化协会(ANSI)规定了一些常用的流程图符号,已为世界各国程序工作者普遍采用,如图 1-2 所示。

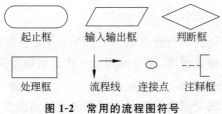

图 1-2 常用的流程图符号

三种基本结构的流程图表示如图 1-3 所示。

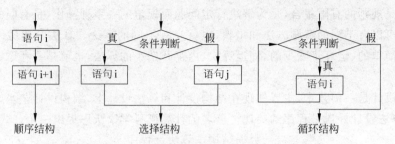

图 1-3　流程图中三种基本结构的表示

2. 用 N-S 图描述算法

基本结构的顺序组合可以表示任何复杂的算法结构,那么基本结构之间的流程线就属于多余的了,于是美国学者 I. Nassi 和 B. Shneiderman 于 1973 年提出了一种新的流程图形式。全部算法写在一个矩形框内,完全去掉了带箭头的流程线,这种流程图称为 N-S 结构化流程图,简称 N-S 图。

N-S 流程图适用于结构化程序设计。N-S 图对三种基本结构的表示如图 1-4 所示。

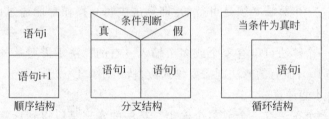

图 1-4　N-S 图中三种基本结构的表示

3. 用伪代码描述算法

用流程图、N-S 图表示算法,直观易懂,但在设计一个算法时,可能要反复修改,而修改流程图是比较麻烦的,因此,流程图适合表示算法,但在设计算法过程中使用不是很理想。为了设计算法方便,常使用伪代码(Pseudocode)。

例如,"输出 x 的绝对值"的算法可以用伪代码表示如下:

如果 x 为正
　　输出 x
否则
　　输出 -x

伪代码是用介于自然语言和计算机语言之间的,用文字和符号来描述算法。伪代码不用图形符号,书写方便,格式紧凑,便于向用计算机语言描述算法过渡。

4. 用计算机语言描述算法

用计算机语言描述算法必须严格遵循所用的语言的语法规则。用某种程序设计语言编写的程序本质上也是问题处理方案的描述,并且是最终的描述。

在程序设计过程中,不提倡一开始就编写程序,特别是对于大型程序来说,因为程序是程序设计的最终产品,需要经过每一步的细致加工才能得到,如果企图一开始就编写出程序,往往会适得其反,达不到预想的结果。

例 1.1 计算 5 的阶乘(下面用 5! 表示)。

(1) 用流程图描述 5!,如图 1-5 所示。

(2) 用 N-S 图描述 5!,如图 1-6 所示。

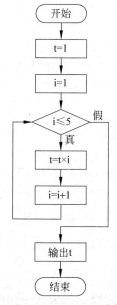

图 1-5 计算 5!的流程图

图 1-6 计算 5!的 N-S 图

(3) 用伪代码表示。

开始
  置 t 的初值为 1
  置 i 的初值为 1
  当 i<=5 时,循环执行下面的操作:
    使 t=t×i
    使 i 增加 1
  输出 t 的值
结束

(4) 用 C 语言表示。

实现代码如下。

```
1  #include<stdio.h>           /*编译预处理命令,包含标准库信息*/
2  int main()                  /*定义名为 main 的函数,这里它不接收参数*/
3  {
4      int i, t;               /*定义两个整型变量*/
5
6      t=1;
7      i=1;
```

```
 8       while(i<=5){            /*如果 i≤5,则循环(即重复处理)*/
 9           t=t*i;                /*t*i 赋值给 t*/
10           i=i+1;                /*i+1 赋值给 i。此语句与 i++、++i 等价*/
11       }
12       printf("t=%d\n", t);    /*输出*/
13
14       return 0;
15   }
```

说明：源程序各行语句前的数字为本行语句的行号，只起到标号作用，不属于源程序代码，在本书各程序中均遵循这一规则。

1.5 关于 C 程序设计语言

C 程序设计语言简称为 C 语言，它是由 Dennis Ritchie 于 1973 年设计并实现的。从那时开始，C 语言从贝尔实验室的发源地传播到世界各地，它已经成为全球程序员的公共语言，并由此诞生了两个新的主流语言 C++和 Java，这两种语言都建立在 C 语言的语法和基本结构的基础上。

1.5.1 C 语言出现的历史背景

1960 年，ALGOL 60，一种面向问题的高级语言，对硬件控制能力较弱、可移植性较差。

1963 年，英国剑桥大学推出 CPL(Combined Programming Language)，对硬件控制能力较 ALGOL 强，但规模较大、难以实现。

1967 年，剑桥大学 Matin Richards 简化了 CPL 并推出 BCPL(即 Basic CPL)。

1970 年，美国贝尔实验室 Ken Thompson 简化了 BCPL，设计出了很简单且很接近硬件的 B 语言，并写了第一个 UNIX 操作系统，在 PDP-7 上实现。

1971 年，Ken Tompson 在 PDP-11/20 上实现了 B 语言，并写了 UNIX 操作系统。但 B 语言过于简单、功能有限。

1972 至 1973 年，贝尔实验室 Dennis M. Ritchie 设计出了 C 语言。C 语言既保持了 BCPL 和 B 语言的优点(即精练且接近硬件)，又克服了它们的缺点(即过于简单、数据无类型等)。

1973 年，Ken Thompson 和 Dennis M. Ritchie 两个人合作将 UNIX 的 90%以上代码用 C 语言改写，即 UNIX 第 5 版(原来的 UNIX 是 1969 年由他们两个人用汇编语言开发成功的)。

1975 年，UNIX 第 6 版公布后，C 语言走出贝尔实验室，其突出优点引起人们的普遍关注。

1977 年，出现了不依赖于具体机器的 C 语言编译文本"可移植 C 语言编译程序"，使 C 移植到各种机器上所需的工作大大简化，这也推动了 UNIX 操作系统迅速地在各种机器上实现。

1978 年，此后，C 语言被先后移植到大、中、小、微型机上，独立于 UNIX 和 PDP。

1978 年，以美国电话电报公司（AT＆T）贝尔实验室正式发表的 UNIX 第 7 版中的 C 编译程序为基础，Brian W. Kernighan 和 Dennis M. Ritchie 合著了影响深远的名著 *The C Programming Language*，常常称它为 K&R，也有人称之为"K&R 标准"或"白皮书"，它成为后来广泛使用的 C 语言版本的基础，但在 K&R 中并没有定义一个完整的标准 C 语言。

1983 年，美国国家标准化协会（ANSI）X3J11 委员会根据 C 语言问世以来各种版本对 C 的发展和扩充，制定了新的标准，称为 ANSI C。

1987 年，ANSI 又公布了新标准——87 ANSI C。

1988 年，K&R 按照 ANSI C 标准修改了他们的经典著作 *The C Programming Language*。

1990 年，国际标准化组织 ISO 接受 87 ANSI C 为 ISO C 的标准（ISO 9899-1990）。目前流行的 C 编译系统都是以它为基础的。

1.5.2　C 语言的特点

C 语言是一种通用的程序设计语言。它同 UNIX 系统之间具有非常密切的联系，因为 C 语言是在 UNIX 系统上开发的，并且无论是 UNIX 系统本身还是其上运行的大部分程序，都是用 C 语言编写的。但是，C 语言并不受限于任何一种操作系统或机器。由于它很适合用来编写编译器和操作系统，因此被称为"系统编程语言"，但它同样适合于编写不同领域中的大多数程序。

C 语言的很多重要概念来源于由 Martin Richards 开发的 BCPL 语言。BCPL 对 C 语言的影响间接地来自于 B 语言，它是 Ken Thompson 为第一个 UNIX 系统而于 1970 年在 DEC PDP-7 计算机上开发的。

BCPL 和 B 语言都是"无类型"的语言。相比较而言，C 语言提供了很多数据类型。

C 语言为实现结构良好的程序提供了基本的控制流结构。

C 语言是一种相对"低级"的语言。因为 C 语言可以处理大部分计算机能够处理的对象，如字符、数字和地址。

除了由函数的局部变量提供的静态定义和堆栈外，C 语言没有定义任何存储器分配工具，也不提供堆和无用内存回收工具。C 语言本身没有提供输入/输出功能，没有读取或写入语句，也没有内置的文件访问方法。

C 语言只提供简单的单线程控制流，即测试、循环、分组和子程序，它不提供多道程序设计、并行操作、同步和协同例程。

尽管 C 语言能够运行在大部分的计算机上，但它同具体的机器结构无关。只要稍加用心设计就可以编写出可移植的程序，即可以不加修改地运行于多种硬件上。

1.6 简单的 C 语言程序

1.6.1 输出 hello, world

例 1.2 在屏幕上显示"hello，world"。

实现代码如下。

```
1    #include<stdio.h>              /*编译预处理命令,包含标准库信息*/
2
3    /*程序从函数 main 开始执行*/
4    int main()                     /*定义名为 main 的函数,这里它不接受参数值*/
5    {
6                                   /*main 函数的语句都被括在一对大括号中*/
7                                   /*main 函数调用库函数 printf 以显示字符序列*/
8        printf("hello, world\n");  /*\n 代表换行符*/
9
10       return 0;                  /*表示程序成功结束*/
11   }
```

此程序分为三个部分：库包含列表、主程序和程序注释。

♯include<stdio.h>是一个 C 预处理指令。在程序编译之前，以♯开始的行都会由预处理器来处理。这一行代码告诉处理器把标准输入/输出头文件(stdio.h)包括到这个程序中。头文件中包含了在编译诸如 printf 这样的标准输入/输出库函数时编译器需要使用的信息和声明。

一个 C 语言程序，无论其大小如何，都是由函数和变量组成的。

通常情况下，函数的命名没有限制，但 main 是一个特殊的函数名，每个函数都从 main 函数的起点开始执行，这意味着每个程序都必须在某个位置包含一个 main 函数。它以左花括号({)开始，以右花括号(})结束。这对花括号和它们之间的程序部分也称为块，块是 C 语言中重要的程序单元。

用双引号括起来的字符序列称为字符串常量。

在 C 语言中，字符序列"\n"表示换行符，输出时打印将换行，即从下一行的左端行首开始。

main 函数的末尾有一个 return 语句。由于 main 本身也是函数，因此也可以向其调用者返回一个值，该调用者实际上就是程序的执行环境。一般来说，返回值为 0 表示正常终止，返回值为非 0 表示出现异常情况或结束条件出错。

C 语言程序的基本框架如下：

```
#include<stdio.h>
int main()
{
```

```
        return 0;
}
```

按照以上的基本框架能完成基本的C语言程序。

编程风格：在程序中加上适当的注释,可以提高程序的易读性,但注释过多也会使程序难以阅读。

编程风格：在进行输出操作的函数中,输出的最后一个字符应该是一个换行符(\n)。这是确保函数会把屏幕光标定位于新行的开始位置。

1.6.2 计算a+b

例1.3 两个整数的相加。计算a+b之和。

输入样例：

2 8

输出样例：

The sum is 10.

【分析】 算法设计如下：
Step1 输入阶段。输入将要相加的两个数a和b；
Step2 计算阶段。计算a+b之和,并把结果给sum；
Step3 输出阶段。输出sum。

这是一个对两个变量求和问题,只需要采用赋值语句即可。
实现代码如下。

```
1   #include<stdio.h>
2   int main()
3   {
4       int a, b, sum;                    /*定义(声明)3个整型变量*/
5
6       /*从键盘输入两个整数,输入时用空格隔开*/
7       scanf("%d%d", &a, &b);
8
9       sum=a+b;                          /*两个整数相加.赋值语句*/
10
11      printf("The sum is %d.\n", sum);  /*输出计算结果*/
12
13      return 0;
14  }
```

提示：程序中的a、b和sum都是变量,且都是整型变量,用于存储整数值。在C语言中,使用变量之前,必须先声明该变量。声明一个变量就是告知C编译器引用了一个新的变量名,并指定了该变量可以保存的数据类型。

1.6.3 计算分段函数的值

例 1.4 输入 x,计算并输出下列分段函数的值(结果保留 3 位小数)。

$$y = \begin{cases} x-10 & x \geqslant 0 \\ x+10 & x < 0 \end{cases}$$

输入样例 1:

50

输出样例 1:

40.000

输入样例 2:

-12.34

输出样例 2:

-2.340

【分析】 输入一个数,然后判断其范围,并根据范围计算函数值。
(1) 输入阶段:调用 scanf()函数读入 x。
(2) 处理阶段:根据分段函数中的相应公式计算 y 的值。
(3) 输出阶段:调用 printf()函数输出结果。
实现代码如下。

```
1   #include<stdio.h>
2   int main()
3   {
4       double x, y;                /*定义两个双精度浮点型变量*/
5
6       scanf("%lf", &x);           /*输入*/
7
8       if(x >=0){                  /*如果 x≥0*/
9           y=x-10;
10      }
11      else{                       /*其他情况*/
12          y=x+10;
13      }
14
15      printf("%.3f\n", y);        /*输出*/
16
17      return 0;
18  }
```

scanf()函数,按指定的格式输入数据。char 型数据使用%c,int 型数据使用%d,

float 型数据使用%f,double 型数据使用%lf 输入。输入参数是变量地址,即变量名前加 &,如 &x。

printf()函数,按指定的格式输出数据。char 型数据使用%c,int 型数据使用%d, float 型数据使用%f,double 型数据使用%f 或%lf 输出。

printf()函数中的格式控制说明%.3f,指定输出浮点型数据时,保留 3 位小数。

if-else 语句的一般形式为:

if(表达式)
    语句 1
else
    语句 2

if-else 中的两条语句有且仅有一条语句被执行。如果表达式的值为真,则执行语句 1,否则执行语句 2。语句 1 和语句 2 既可以是单条语句,也可以是用花括号括起来的复合语句。

编程风格:正确的缩进、适当的空行以及适当的空格,可以提高程序的易读性。

编程风格:在函数中可以使用一个空行把定义语句和执行语句分开,以强调定义结束的位置和执行语句开始的位置。

编程风格:尽量每行只写一条语句,并在运算符两边各加上一个空格字符,这样可以使得运算的结合关系更清楚明了。

1.6.4 按先大后小的顺序输出两个整数

例 1.5 输入两个整数,按先大后小的顺序输出。

输入样例 1:

2 8

输出样例 1:

Before swap: 2,8
After swap: 8,2

输入样例 2:

5 2

输出样例 2:

Before swap: 5,2
After swap: 5,2

【分析】 如果输入的两个数的顺序本身就是先大后小,那么不需要处理,直接输出;否则两个数必须交换。

(1) 输入阶段:计算机要求用户输入两个数。

(2) 处理阶段:判断是否需要交换,如果需要交换,则用另一个变量来辅助实现交换。即：

```
temp=a;
a=b;
b=temp;
```

（3）输出阶段：在屏幕上显示处理结果。

实现代码如下。

```
1   #include<stdio.h>
2   int main()
3   {
4       int a, b, temp;                      /*定义3个整型变量*/
5
6       /*从键盘输入两个整数,输入时用空格隔开*/
7       scanf("%d%d", &a, &b);
8       printf("Before swap: ");             /*输出提示信息*/
9       printf("%d,%d\n", a, b);             /*输出交换前的a、b*/
10
11      if(a<b){                             /*如果a<b,则交换a、b的值*/
12          temp=a;
13          a=b;
14          b=temp;
15      }
16
17      printf("After swap: ");              /*输出提示信息*/
18      printf("%d,%d\n", a, b);             /*输出交换后的a、b*/
19
20      return 0;
21  }
```

输入多个值时，可以写在一个scanf中，如：

scanf("%d%d", &a, &b);

输入时，不同的值之间用空格、制表符或回车键进行分隔。

如果格式控制串中有非格式字符，输入时也要输入该非格式字符，如：

scanf("a=%d,b=%d", &a, &b);

输入时应为

a=2,b=8

编程风格：在程序中加入适当的提示信息。

1.6.5 华氏温度与摄氏温度的转换

例 1.6 已知华氏温度（F）与摄氏温度（C）的转换公式为 $C=(5/9)(F-32)$，将华氏温度从 0°～100°之间每隔 20°分别转换成相应的摄氏温度并输出。

输入样例:

本题无输入

输出样例:

```
  0   -17.8
 20    -6.7
 40     4.4
 60    15.6
 80    26.7
100    37.8
```

【分析】 变量 fahr 用于存放华氏温度,变量 celsius 用于存放摄氏温度,然后

fahr=0 时,   celsius=(5/9) * (0-32);
fahr=20 时, celsius=(5/9) * (20-32);
…
fahr=100 时, celsius=(5/9) * (100-32);

这些语句非常类似,只是 fahr 的值从 0 变化到 100。于是可以写成:

循环执行,fahr 的值从 0 变化到 100{
　celsius=(5/9) * (fahr-32);
　输出华氏温度相应的摄氏温度
}

又因为在 C 语言中,整数相除的结果为整数,所以 5/9＝0,于是改成:

循环执行,fahr 的值从 0 变化到 100{
　celsius=(5.0/9) * (fahr-32);
　输出华氏温度相应的摄氏温度
}

实现代码如下。

```c
1  #include<stdio.h>
2  #define   LOWER    0         /*定义符号常量 LOWER*/
3  #define   UPPER    100       /*定义符号常量 UPPER*/
4  #define   STEP     20        /*定义符号常量 STEP*/
5  int main()
6  {
7      int fahr;                /*定义一个整型变量*/
8      double celsius;          /*定义一个双精度浮点型变量*/
9
10     fahr=LOWER;
11     while(fahr <=UPPER){
12         celsius=(5.0/9) * (fahr-32);  /*计算,实现华氏温度转换为摄氏温度*/
```

```
13            printf("%3d %6.1f\n", fahr, celsius);    /*输出*/
14            fahr=fahr+STEP;
15       }
16
17       return 0;
18  }
```

在 printf 函数,%3d 表示输出整型数据,占 3 列,右对齐;%6.1f 表示输出浮点型数据,共占 6 列,小数点占 1 列,小数点后面有一位。

如果在程序中使用 100、20 等类似的"幻数"并不是一个好习惯,它们几乎无法向以后阅读该程序的人提供什么信息,而且使程序的修改变得更加困难。处理这种幻数的一种方法是赋予它们有意义的名字,把它们定义成符号常量,如:

```
#define  LOWER   0
#define  UPPER   100
#define  STEP    20
```

符号常量名通常为大写字母,这样可以很容易与小写字母的变量名相区别。

练　　习

一、单项选择题

1. 在算法中,对需要执行的每一步操作,必须给出清楚、严格的规定,这属于算法的(　　)。
   　　A. 正当性　　　　B. 可行性　　　　C. 确定性　　　　D. 有穷性
2. 算法的有穷性是指(　　)。
   　　A. 算法程序的运行时间是有限的
   　　B. 算法程序所处理的数据量是有限的
   　　C. 算法程序的长度是有限的
   　　D. 算法只能被有限的用户使用
3. 以下叙述中错误的是(　　)。
   　　A. 算法正确的程序最终一定会结束
   　　B. 算法正确的程序可以有零个输出
   　　C. 算法正确的程序可以有零个输入
   　　D. 算法正确的程序对于相同的输入一定有相同的结果
4. 结构化程序设计的基本原则不包括(　　)。
   　　A. 多态性　　　　B. 自顶向下　　　C. 模块化　　　　D. 逐步求精
5. 以下叙述中错误的是(　　)。
   　　A. C语言是一种结构化程序设计语言
   　　B. 结构化程序有顺序、分支、循环三种基本结构组成
   　　C. 使用三种基本结构构成的程序只能解决简单问题

D. 结构化程序设计提倡模块化的设计方法
6. C语言源程序名的后缀是(　　)。
   A. exe　　　　　　B. c　　　　　　C. obj　　　　　　D. cp
7. 以下叙述中正确的是(　　)。
   A. C语言程序将从源程序中第一个函数开始执行
   B. 可以在程序中由用户指定任意一个函数作为主函数,程序将从此开始执行
   C. C语言规定必须用main作为主函数名,程序将从此开始执行,在此结束
   D. main可作为用户标识符,用以命名任意一个函数作为主函数
8. 以下叙述中正确的是(　　)。
   A. C程序中的注释只能出现在程序的开始位置和语句的后面
   B. C程序书写格式严格,要求一行内只能写一个语句
   C. C程序书写格式自由,一个语句可以写在多行上
   D. 用C语言编写的程序只能放在一个程序文件中
9. C语言程序的三种基本结构是顺序结构、分支结构和(　　)结构。
   A. 递归　　　　　　B. 转移　　　　　　C. 循环　　　　　　D. 嵌套
10. C语言程序中可以对程序进行注释,注释部分必须用符号(　　)括起来。
    A. "{"和"}"　　　　B. "["和"]"　　　　C. "/*"和"*/"　　　　D. "*/"和"/*"
11. 下列叙述中错误的是(　　)。
    A. 一个C语言程序只能实现一种算法
    B. C程序可以由多个程序文件组成
    C. C程序可以由一个或多个函数组成
    D. 一个C函数可以单独作为一个C程序文件存在
12. 调试程序的目的是(　　)。
    A. 发现错误　　　　　　　　　　　B. 改正错误
    C. 改善软件的性能　　　　　　　　D. 验证软件的正确性

二、程序设计题

1. 编写一个打印EOF值的程序。
2. 编写一个程序,要求用户输入两个整数,输出这两个数的和、差、积和商。

输入样例：

25 3

输出样例：

28 75 22 8

3. 输入两个点的坐标(x_1, y_1)、(x_2, y_2),计算并输出这两点间的距离,结果保留2位小数。

输入样例：

2.5 3.1 4 5

输出样例：

2.42

4. 输入一个四位数，将其加密后输出。方法是将该数每一位上的数字加9，然后除以10取余，作为该位上的新数字，最后将千位和十位上的数字互换，百位和个位上的数字互换，组成加密后的新四位数。

输入样例：

9324

输出样例：

1382

第 2 章 类型、运算符与表达式

本章要点：
- C 语言的基本数据类型；
- 如何定义各种基本数据类型的变量和常量；
- C 语言表达式的种类以及各种表达式的求解规则；
- 运算符的优先级与结合性。

变量和常量是计算机程序处理的两种基本数据对象。对象的类型决定该对象可取值的集合以及对该对象执行的操作。声明语句就是说明变量的名字及类型，也可以指定变量的初值。表达式则把变量与常量组合起来生成新的值。运算符指定将要进行的操作。

2.1 变 量

在程序运行时，其值能被改变的量叫变量。变量名与变量值是两个不同的概念，如：

```
int  x=20;
```

其中，x 是变量名，20 是变量值，如图 2-1 所示。

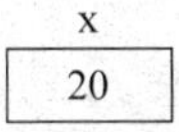

图 2-1 变量名与变量值的区别

2.1.1 变量的命名规则

C 语言中的变量名可以是任何有效的标识符（Identifier）。

标识符是由字母和数字组成的序列，但其第一个字符必须为字母。

下画线"_"被看作是字母，通常用于命名较长的变量名，以提高其可读性。但由于库例程的名字通常以下画线开头，因此变量名一般不以下画线开头。

标识符可以是任意长度，但根据 ANSI C 标准，只有前 31 个字符才是 C 编译器用来识别变量的字符。

C 语言区分大小写。变量名要能够尽量从字面上表达变量的用途，这有助于程序的自我说明。由多个单词组成的变量名有助于使程序具有更强的可读性，第 1 个单词全部小写，其余每个单词的首字母大写，如 decimalToBinary。

关键字是保留给语言本身使用的，不能用于其他用途，所有关键字中的字符都必须小写。主要关键字如下：

```
auto        double      int         struct
break       else        long        switch
```

case	enum	register	typedef
char	extern	return	union
const	float	short	unsigned
continue	for	signed	void
default	goto	sizeof	volatile
do	if	static	while

2.1.2 变量的声明

C语言中所有变量都必须先声明后使用。一个声明指定一种变量类型，后面所带的变量表可以包含一个或多个该类型的变量，如：

```
int   lower, upper, step;
char  c, line[1000];
```

还可以在声明的同时对变量进行初始化，如：

```
char  esc='\\';
int   i=0;
int   limit=MAXLINE+1;
float eps=1.0e-5;
```

请注意：在声明中不允许连续赋值，但在变量定义后，可以使用连续赋值。如

```
int a=b=c=1;
```

是不合法的；但

```
int a, b, c;
a=b=c=1;
```

是合法的。

如果变量不是自动变量，则只能进行一次初始化操作，从概念上讲，应该是在程序开始执行之前进行，并且初始化表达式必须为常量表达式。

每次进入函数或程序块时，显式初始化的自动变量都将被初始化一次，其初始化表达式可以是任何表达式。

默认情况下，外部变量与静态变量将被初始化为0，而未经显式初始化的自动变量，其值为未定义值（即无效值）。

任何变量的声明都可以使用const限定符，该限定符指定变量的值不能被修改。例如：

```
const double  e=2.71828182845905;
```

对数组而言，const限定符指定数组所有元素的值都不能被修改。例如：

```
const char  msg[]="warning: ";
```

const限定符也可配合数组参数使用，它表明函数不能修改数组元素的值。例如：

```
int fun(const char[]);
```
如果试图修改 const 限定符限定的值,其结果取决于具体的实现。

2.2 数据类型及长度

从整体上讲,一个数据类型可以由两个性质定义:值的集合(即值域)和操作的集合。C 语言只提供了以下几种基本数据类型:

- char:字符型,可以存放本地字符集中的一个字符。
- int:整型,通常反映了所用机器中整数的最自然长度。
- float:单精度浮点型。
- double:双精度浮点型。

这几种数据类型占多少字节呢?不同的系统或者不同的编译器会有不同的结果。在 Visual C++ 环境下,通过一元运算符 sizeof 可得知,char 占 1 个字节,int 占 4 个字节,float 占 4 个字节,double 占 8 个字节。

2.2.1 short 与 long 限定符

short 与 long 两个限定符用于限定整型,以提供满足实际需要的不同长度的整型数。例如:

```
short int   sh;
long int    counter;
```

在上述这种类型的声明中,关键字 int 可以省略。

short 类型通常为 16 位,long 类型通常为 32 位,int 类型可以为 16 位或 32 位。各种编译器可以根据硬件特性自主选择合适的长度,但要遵循下列限制:short 与 int 类型至少为 16 位,而 long 类型至少为 32 位,并且 short 类型不得长于 int 类型,而 int 类型不得长于 long 类型。

与整型一样,浮点型的长度也取决于具体的实现,float、double 与 long double 类型可以表示相同的长度,也可以表示两种或三种不同的长度。

long double 类型表示高精度的浮点数。

有关这些类型长度定义的符号常量以及其他与机器和编译器有关的属性,可以在标准头文件<limits.h>和<float.h>中找到。

2.2.2 signed 与 unsigned 限定符

类型限定符 signed 与 unsigned 可用于限定 char 类型或任何整型。

unsigned 类型的数总是正值或 0,并遵守算术模 2^n 定律,其中 n 是该类型占用的位数。例如,如果 char 对象占用 8 位,那么 unsigned char 类型变量的取值范围为 0~255,而 signed char 类型变量的取值范围则为 −128~127(在采用对 2 的补码的机器上),如图 2-2 所示。

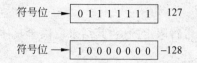

图 2-2 char 与 unsigned char 的取值范围

不带限定符的 char 类型对象是否带符号取决于具体机器,但可打印的字符总是正值。

2.2.3 每种数据类型的 printf 和 scanf 格式转换符

每种数据类型的 printf 和 scanf 格式转换符如下所示。

数 据 类 型	printf 格式转换符	scanf 格式转换符
long double	%Lf	%Lf
double	%f 或 %lf	%lf
float	%f	%f
unsigned long int	%lu	%lu
long int	%ld	%ld
unsigned int	%u	%u
int	%d	%d
short	%hd	%hd
char	%c	%c

例 2.1 编写一个程序,以确定分别由 signed 和 unsigned 限定的 char、short、int 与 long 类型变量的取值范围。在 Visual C++ 环境下,采用打印标准头文件中的相应值来实现。

实现代码如下。

```
1   #include<stdio.h>
2   #include<limits.h>
3   int main()
4   {
5       printf("Size of char %d\n", CHAR_BIT);
6       printf("Size of char min %d\n", CHAR_MIN);
7       printf("Size of char max %d\n", CHAR_MAX);
8
9       printf("Size of short min %d\n", SHRT_MIN);
10      printf("Size of short max %d\n", SHRT_MAX);
11      printf("Size of int min %d\n", INT_MIN);
12      printf("Size of int max %d\n", INT_MAX);
13      printf("Size of long min %ld\n", LONG_MIN);
14      printf("Size of long max %ld\n", LONG_MAX);
```

```
15
16        printf("Size of unsigned char %u\n", UCHAR_MAX);
17        printf("Size of unsigned short %u\n", USHRT_MAX);
18        printf("Size of unsigned int %u\n", UINT_MAX);
19        printf("Size of unsigned long %lu\n", ULONG_MAX);
20
21        return 0;
22    }
```

运行结果:

Size of char 8
Size of char min −128
Size of char max 127
Size of short min −32768
Size of short max 32767
Size of int min −2147483648
Size of int max 2147483647
Size of long min −2147483648
Size of long max 2147483647
Size of unsigned char 255
Size of unsigned short 65535
Size of unsigned int 4294967295
Size of unsigned long 4294967295

提示：使用 C 的数据（变量或常量），应该弄清楚以下几点：

(1) 数据类型。

(2) 此类型数据在内存中的存储形式、占用的字节数。

(3) 数据的取值范围。比如，这里的 int 类型，是 4 个字节，它的取值范围为：$-2^{31} \sim 2^{31}-1$，也就是 −2 147 483 648～2 147 483 647。

(4) 数据能参与的运算。

(5) 数据的有效范围（是全局的还是局部的）、生存周期（是动态变量还是静态变量）。

例 2.2 字符变量的字符形式输出和整数形式输出。

实现代码如下。

```
1   #include<stdio.h>
2   int main()
3   {
4       char   ch1,ch2;                     /*定义两个字符型变量*/
5
6       ch1='a';                            /*字符 a 赋值给变量 ch1*/
7       ch2='b';                            /*字符 b 赋值给变量 ch2*/
8       printf("ch1=%c, ch2=%c\n", ch1, ch2);   /*按字符形式显示*/
9       printf("ch1=%d, ch2=%d\n", ch1, ch2);
10
```

```
11    return 0;
12  }
```

运行结果：

```
ch1=a, ch2=b
ch1=97, ch2=98
```

【运行结果分析】 'a'的 ASCII 码是 97,'A'的 ASCII 码是 65;'b'的 ASCII 是 98,'A'的 ASCII 码是 66。

例 2.3 字符数据的算术运算。

实现代码如下。

```
1   #include<stdio.h>
2   int main()
3   {
4       char  ch1,ch2;
5
6       ch1='a';
7       ch2='B';
8       printf("ch1=%c, ch2=%c\n", ch1-32, ch2+32);
9       printf("ch1=%d, ch2=%d\n", ch1-32, ch2+32);
10      printf("ch1=%d, ch2=%d\n", ch1, ch2);
11
12      return 0;
13  }
```

运行结果：

```
ch1=A, ch2=b
ch1=65, ch2=98
ch1=97, ch2=66
```

例 2.4 整型数据的溢出(说明：在 Visual C++ 6.0 环境下运行)。

实现代码如下。

```
1   #include<stdio.h>
2   int main()
3   {
4       int  a, b;
5
6       a=2147483647;
7       b=a+1;
8       printf("%d, %d\n", a, b);
9
10      return 0;
11  }
```

运行结果:

2147483647,-2147483648

【运行结果分析】 在 Visual C++ 6.0 环境下,int 类型是 4 个字节,其取值范围为 $-2^{31}\sim2^{31}-1$,即 $-2\ 147\ 483\ 648\sim2\ 147\ 483\ 647$。

请看附录 D,整数在内存中是以补码形式存储的,最高位是符号位,符号位为 0 时表示正数,为 1 时表示负数,而补码运算中符号位是参与运算的。

2 147 483 647 是正数,赋值给 a,它的补码如下:

0111 1111 1111 1111 1111 1111 1111 1111

a+1 为:

1000 0000 0000 0000 0000 0000 0000 0000

溢出,但并不报错。

2.3 常　　量

在程序运行时,其值不能被改变的量叫常量。

2.3.1 整数常量与浮点数常量

类似于 10234 的整数常量属于整型。

如果一个整数太大以至于无法用 int 类型表示时,将被当 long 类型处理。long 类型的常量以字母 l 或 L 结尾,如 123456789L。

无符号常量以字母 u 或 U 结尾。后缀 ul 或 UL 表明是 unsigned long 类型。

整型数除了用十进制表示外,还可以用八进制或十六进制表示。带前缀 0 的整型常量表示它为八进制形式;带前缀 0x 或 0X,则表示它为十六进制形式。例如,十进制 31 可以写成八进制形式 037,也可以写成十六制形式 0x1f 或 0X1F。

八进制与十六进制的常量也可以使用后缀 L 表示 long 类型,使用后缀 U 表示 unsigned 类型。例如,0XFUL 是一个十六进制的 unsigned long 类型(无符号长整型)的常量,其值等于十进制数 15。

浮点数常量中包含一个小数点(如 1023.4)或一个指数(如 1e-2),也可以两者都有。没有后缀的浮点数常量为 double 类型。后缀 f 或 F 表示 float 类型,而后缀 l 或 L 则表示 long double 类型。

2.3.2 字符常量

一个字符常量是一个整数,书写时将一个字符括在单引号中,如,'x'。

字符在机器字符集中的数值就是字符常量的值。例如,在 ASCII 字符集中,字符 '0' 的值为 48,它与数值 0 没有关系。

字符常量一般用来与其他字符进行比较,但也可以像其他整数一样参与数值运算。字符常量 '\0' 表示值为 0 的字符,也就是空字符(null)。通常用 '\0' 的形式代替 0,以强调某些表达式的字符属性,但其数字值为 0。

2.3.3 字符串常量

字符串常量也称为字符串字面值,是用双引号括起来的 0 个或多个字符组成的字符序列。在 C 语言中,字符串常量就是字符数组。

字符串的内部表示使用一个空字符 '\0' 作为串的结尾,因此,存储字符串的物理存储单元数比括在双引号中的字符数多一个。这种表示方法也说明,C 语言对字符串的长度没有限制,但程序必须扫描完整个字符串后才能确定字符串的长度。

请注意:字符常量与仅包含一个字符的字符串之间的区别:'x' 与"x"是不同的。'x' 是一个整数,其值是字母 x 在机器字符集中对应的数值(内部表示值);而"x" 是一个包含一个字符(即字母 x)以及一个结束符的字符数组。

某些字符可以通过转义字符序列(例如,换行符\n)表示为字符或字符串常量。转义字符序列看起来像两个字符,但只表示一个字符。可以用 '\000'表示任意字节大小的位模式,其中 000 代表 1～3 个八进制数字。

这种位模式还可以用 '\xhh' 表示,其中,hh 是一个或多个十六进制数字(0～9,a～f,A～F)。

ANSI C 语言中的全部转义字符序列:

\a	响铃符	\\	反斜杠
\b	回退符	\?	问号
\f	换页符	\'	单引号
\n	换行符	\"	双引号
\r	回车符	\000	八进制数
\t	横向制表符	\xhh	十六进制数
\v	纵向制表符		

例 2.5 写出下列程序的运行结果。

实现代码如下。

```
1   #include<stdio.h>
2   int main()
3   {
4       printf("a b c\td e\bfghi\n");
5       printf("a=65 \\ b=\101 \\ c=\x41 \n");
6       return 0;
7   }
```

运行结果:

a b c   d fghi
a=65 \ b=A \ c=A

2.3.4 符号常量

♯define 指令可以把符号名(或称为符号常量)定义为一个特定的字符串;格式如下:

#define 名字 替换文本

在该定义之后,程序中出现的所有在♯define 中定义的名字(即没有用引号引起来,也不是其他名字的一部分)都将用相应的替换文本替换。

名字与普通变量名的形式相同,它们都是以字母打头的字母和数字序列;替换文本可以是任何字符序列,而不仅限于数字。

符号常量名通常用大写字母拼写,这样可以很容易地与用小写字母拼写的变量名区别开来。注意,♯define 指令行的末尾没有分号。

例 2.6 输入半径值,计算球的体积,PI 取 3.1415927,结果保留 3 位小数。

输入样例:

4.5

输出样例:

381.074

【分析】 PI 的取值恒定,我们可以把它定义为符号常量。

实现代码如下。

```
1  #include<stdio.h>
2  #define  PI  3.1415927          /*定义符号常量 PI*/
3  int main()
4  {
5      double  r, v;
6
7      scanf("%lf", &r);            /*输入半径*/
8      v=4*PI*r*r*r/3;              /*计算体积*/
9      printf("%.3lf\n", v);        /*输出计算结果*/
10
11     return 0;
12 }
```

2.3.5 枚举常量

枚举常量是另外一种类型的常量。枚举是一个常量整型值的列表,如:

enum boolean{NO, YES};

在没有显式说明的情况下,enum 类型中第一个枚举名的值为 0,第二个为 1,以此类推。如果只指定了部分枚举名的值,那么未指定值的枚举名的值将依据最后一个指定值

向后递增,如:

```
enum week{MON=1, TUE, WED, THU, FRI, SAT, SUN};    /* TUE=2, WED=3,…,以此类推 */
```

同一作用域中的各枚举符的名字必须互不相同,也不能与普通变量名相同,但其值可以相同。

枚举为建立常量值与名字之间的关联提供了一种便利的方式。

2.4 常量表达式

常量表达式是仅包含常量的表达式。这种表达式在编译时求值,它出现在常量可以出现的任何位置。

2.5 算术运算符

二元算术运算符有:

(1) ＋:加。

(2) －:减。

(3) ＊:乘。

(4) /:除。

(5) ％:模。

在 C 语言中,取模运算符％不能应用于 float 或 double 类型。

整数除法会截断结果中的小数部分。在有负操作数的情况下,整数除法截取的方向以及取模运算结果的符号取决于具体机器的实现,这和处理上溢或下溢的情况是一样的,如图 2-3 所示。多数机器采用"向 0 取整"的方法,实际上就是舍去小数部分。

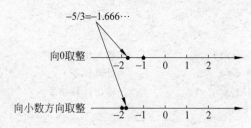

图 2-3 向 0 取整与向小数方向取整

算术运算符优先级次序是:前 2 种算术运算符(＋、－)的优先级别相同,后 3 种算术运算符(＊、/、％)的优先级别相同,且前 2 种低于后 3 种。

算术运算符采用从左到右的结合规则。

2.6 关系运算符与逻辑运算符

C 语言中的关系运算符如表 2-1 所示。

表 2-1　关系运算符

关系运算符	对应的数学运算符	含　义	优先级
<	<	小于	高
<=	≤	小于等于	
>	>	大于	
>=	≥	大于等于	
==	=	等于	低
!=	≠	不等于	

在表 2-1 中,关系运算符优先级次序是:前 4 个关系运算符(<、<=、>、>=)的优先级别相同,后 2 个关系运算符(==、!=)的优先级别相同,并且前 4 个运算符的优先级高于后 2 个运算符。

请注意,如果关系运算符<=、>=、==、!=中任意一个运算符中的两个符号被空格分开,就会出现语法错误。

C 语言中的逻辑运算符如表 2-2 所示。

表 2-2　逻辑运算符

逻辑运算符	类型	含义	优先级	结合性
!	单目	逻辑非	最高	从右向左
&&	双目	逻辑与	较高	从左向右
||	双目	逻辑或	最低	从左向右

表 2-2 中的 3 个逻辑运算符的优先级均不相同,次序为!→&&→\|\|,即"!"是三者中最高的。

用逻辑运算符连接操作数组成的表达式称为逻辑表达式。例如,要表达数学上的表达式 a>b>c,在 C 语言中可用 a>b && b>c 逻辑表达式表示。

C 语言编译系统,在表示关系表达式或逻辑表达式的结果时,以数值 1 代表"真",以 0 代表"假";但在判断一个量是否为"真"时,以 0 代表"假",以非 0 代表"真"。逻辑运算的真值如表 2-3 所示。

表 2-3　逻辑运算的真值

a	b	!a	!b	a && b	a || b
真	真	0	0	1	1
真	假	0	1	0	1
假	真	1	0	0	1
假	假	1	1	0	0

逻辑非运算的特点是:若操作数为真,则运算结果为假;反之,运算结果为真。

逻辑与运算的特点是:仅当两个操作数都为真时,运算结果才为真;只要有一个运算数为假,运算结果为假。

逻辑或运算的特点是:两个操作数中只要有一个为真,运算结果就为真;仅当两个操作数都为假时,运算结果才为假。

逻辑运算符 && 与 || 有一些较为特殊的属性:由 && 与 || 连接的表达式按从左到右的顺序进行求值,并且在知道结果值为假或真后立即停止计算。例如,假设 n1=1、n2=2、n3=3、n4=4、x=1、y=1,则求解表达式"(x=n1>n2)&&(y=n3>n4)"后,x 的值变为 0,而 y 的值不变,仍等于 1。

编程风格:在使用了运算符 && 的表达式中,应该把最可能为假的条件作为表达式最左边的条件。在使用了运算符 || 的表达式中,应该把最可能为真的条件作为表达式中最左边的条件。这可以减少程序的执行时间。

例 2.7　编写一个程序,判断某一年是否为闰年。闰年的条件是:能被 4 整除、但不能被 100 整除;或者能被 400 整除。

输入样例 1:

1997

输出样例 1:

1997 is not a leap year.

输入样例 2:

2000

输出样例 2:

2000 is a leap year.

实现代码如下。

```
1   #include<stdio.h>
2   int main()
3   {
4       int  year;
5
6       scanf("%d", &year);              /*输入*/
7   /*判断是否满足闰年条件*/
8       if((year %4 ==0 && year %100 !=0)||(year %400 ==0)){
9           printf("%d is a leap year.\n", year);
10      }
11      else{
12          printf("%d is not a leap year.\n", year);
13      }
14
15      return 0;
16  }
```

2.7　自增运算符与自减运算符

自增运算符"++"使其操作数递增1,自减运算符"－－"使其操作数递减1。它们既可用作前缀运算符(即用在变量前面,如++x),也可以用作后缀运算符(即用在变量后面,如 x++)。

例 2.8　写出下列程序的运行结果。
实现代码如下。

```
1  #include<stdio.h>
2  int main()
3  {
4      int  x, y;
5
6      x=10;
7      y=++x;
8      printf("x=%d, y=%d\n", x, y);
9
10     x=10;
11     y=x++;
12     printf("x=%d, y=%d\n", x, y);
13
14     return 0;
15  }
```

运行结果:

x=11, y=11
x=11, y=10

【运行结果分析】　第 7 行、第 11 行,在这两种情况下,其效果都是将变量 x 的值加 1,但是,它们之间有一点不同。表达式++x 先将 x 的值递增 1,然后再使用变量 x 的值,而表达式 x++则是先使用变量 x 的值,然后再将 x 的值递增 1。也就是说,对于使用变量 x 的值的上下文来说,++x 和 x++的效果是不同的。

自增与自减运算符只能作用于变量,而不能作用于常量或表达式。
在不需要使用任何具体值且仅需要递增变量的情况下,前缀方式和后缀方式的效果相同。

2.8　逗号运算符

逗号运算符","是 C 语言中优先级最低的运算符,用逗号分隔的一对表达式将按照从左到右的顺序进行求值,各表达式右边的操作数的类型和值即为其结果的类型和值。

例 2.9　写出下列程序的运行结果。

实现代码如下。

```
1  #include<stdio.h>
2  int main()
3  {
4      int  a=2, b=4, c=6;
5      int  x;
6
7      x=(a+b, b+c);
8      printf("x=%d\n", x);
9
10     return 0;
11 }
```

运行结果：

x=10

【运行结果分析】 执行第 7 行时，先计算(a+b，b+c)，因为它是逗号表达式，按照从左到右的顺序进行求值，先计算 a+b，得到 6；然后计算 b+c，得到 10；最后把 10 赋值给变量 x，即 x=10。

在 for 语句中经常会用到逗号表达式，可以将多个表达式放在各个语句成分中，比如 for(i=1，j=10；i<j；i++，j--){…}，它可以同时处理两个循环控制变量。

某些情况下的逗号并不是逗号运算符，比如分隔函数参数的逗号、分隔声明语句中变量的逗号等，这些逗号并不保证各表达式按从左至右的顺序求值。

2.9 赋值运算符与赋值表达式

大多数二元运算符（即有左、右两个操作数的运算符，如+）都有一个相应的赋值运算符 op=，其中，op 可以是下面这些运算之一：

$$+、-、*、/、\%、<<、>>、\&、|、\wedge$$

如果 expr1 和 expr2 是表达式，那么：

expr1 op=expr2

等价于：

expr1 = (expr1) op (expr2)

如，i += 2，读作"把 2 加到 i 上"或"i 增加 2"，比表达式 i=i+2 更自然。

另外，对于复杂的表达式，赋值运算符使程序代码更易于理解，并且，赋值运算符还有助于编译器产生高效代码。

在所有的这类表达式中，赋值表达式的类型是它的左操作数的类型，其值是赋值操作完成后的值。

2.10　条件运算符与条件表达式

条件运算符(?:)是三元运算符,运算时需要三个操作数,它是 C 语言中唯一的一个三元运算符。

条件表达式是由条件运算符及其相应的操作数构成的表达式,它的一般形式如下：

```
expr1 ? expr2 : expr3
```

首先计算 expr1,如果其值为真,则计算 expr2 的值,并以该值作为条件表达式的值；否则计算 expr3 的值,并以该值作为条件表达式的值。expr2 与 expr3 中只能有一个表达式被计算。

例如,max=a>b? a:b 与下面这组语句：

```
if(a>b){
    max=a;
}
else{
    max=b;
}
```

的功能一样。

请注意,三元运算符(？:)在使用时这两个符号并不紧挨着出现。

例 2.10　从键盘上输入一个字符,如果它是大写字母,则把它转换成小写字母输出；否则,直接输出。

输入样例 1：

W

输出样例 1：

ch=w

输入样例 2：

$

输出样例 2：

ch=$

【分析】大写字母的 ASCII 码从 65～90,小写字母的 ASCII 码从 97～122,要将大写字母转换成相应的小写字母只需加 32 即可。如果输入的不是大写字母,则保持不变。

实现代码如下。

```
1  #include<stdio.h>
2  int main()
```

```
 3   {
 4       char  ch;
 5
 6       scanf("%c", &ch);              /*输入*/
 7
 8       /*如果是大写字母就转换成小写字母,否则不变*/
 9       ch=(ch>='A' && ch<='Z')?(ch+32):ch;
10
11       printf("ch=%c\n", ch);         /*输出*/
12
13       return 0;
14   }
```

2.11　一元运算符 sizeof

C语言提供了一个编译时(compile-time)一元运算符 sizeof,它可用来计算任一对象的长度。表达式

sizeof　对象

或

sizeof(对象名)

将返回一个整型值,它等于指定对象或类型占用的存储空间字节数。其中,对象可以是变量、数组或结构;类型可以是基本类型,如 int、double,也可以是派生类型,如结构类型或指针类型。

条件编译语句 #if 中不能使用 sizeof,因为预处理器不对类型名进行分析。但预处理器并不计算 #define 语句中的表达式,因此,在 #define 中使用 sizeof 是合法的。

2.12　类 型 转 换

当一个运算符的几个操作数类型不同时,就需要通过一些规则把它们转换为某种共同的类型。

1. 自动转换(也称隐式转换)

一般来说,自动转换是指把"比较窄的"操作数转换为"比较宽的"操作数,并且不丢失信息的转换。如,在计算表达式 f+i 时,将整型变量 i 的值自动转换为浮点型。

在 C 语言中,很多情况下会进行隐式的算术类型转换。如果没有 unsigned 类型的操作数,则只要使用下面这些非正式的提升规则即可:

　　　　　　char(或 short int)→int→long int→float→double→long double

当表达式中包含 unsigned 类型的操作数时,转换规则要复杂一些。主要原因在于,带符号值与无符号值之间的比较运算是与机器相关的,因为它们取决于机器中不同整数

类型的大小。

例 2.11 写出下列程序的运行结果。

实现代码如下。

```
1   #include<stdio.h>
2   int main()
3   {
4       float f1, f2;
5       int i=15;
6   
7       f1=i/2;
8       f2=i/2.0;
9       printf("f1=%f\tf2=%f\n", f1, f2);
10  
11      return 0;
12  }
```

运行结果:

f1=7.000000   f2=7.500000

【运行结果分析】 第 7 行,变量 i 是整型,2 是整数,i/2 得到的结果为整数 7,然后把 7 赋值给变量 f1;第 8 行,变量 i 是整型,2.0 是实数,i/2.0 得到的结果为实数 7.5,然后把 7.5 赋值给变量 f2。

2. 强制类型转换

强制类型转换的格式为:

(类型名)表达式

例如,库函数 sqrt 的参数为 double 类型,如果处理不当,结果可能没有意义,因此,如果 n 是整数,可以使用:

sqrt((double)n)

在 n 传递给函数 sqrt 之前先将其转换为 double 类型。

请注意,强制类型转换只是生成一个指定类型的 n 值,n 本身的值并没有改变。强制类型转换运算符与其他一元运算符具有相同的优先级。

3. 赋值时的类型转换

当赋值运算符两边的运算对象类型不同时,要进行类型转换,即赋值运算符右边的值转换为左边变量的类型,左边变量的类型为赋值表达式结果的类型。赋值时的类型转换实际上是强制的。

例 2.12 写出下列程序的运行结果。

实现代码如下。

```
1   #include<stdio.h>
```

```
2    int main()
3    {
4        unsigned short   a;
5        short   b=-1;
6        a=b;
7        printf("%d\n", a);
8        return 0;
9    }
```

运行结果：

65535

【运行结果分析】 在 Visual C++ 6.0 环境下，short int 类型是 2 个字节，它的取值范围为 $-2^{15} \sim 2^{15}-1$，即 $-32\,768 \sim 32\,767$。

请看附录 D，有符号短整数在内存中是以补码形式存储的，最高位是符号位，符号位为 0 时表示正数，为 1 时表示负数。

−1 的原码、反码、补码如下：

原码：**1**000 0000 0000 0001

反码：**1**111 1111 1111 1110

补码：**1**111 1111 1111 1111

变量 b 是有符号的短整型，而变量 a 是无符号的短整型。当把 b 赋值给 a 时，类型进行强制转换，转换为无符号的短整型，a 的补码为：

$$1111\ 1111\ 1111\ 1111$$

正数的原码、反码、补码一样，即 a 为 65535。

4. 函数调用时的类型转换

在通常情况下，参数是通过函数原型声明的。这样，当函数被调用时，将对参数进行自动强制转换。例如，对于 sqrt 的函数原型是：

double sqrt(double);

下列函数调用：

root=sqrt(2);

不需要使用强制类型转换运算符，就可以自动将整数 2 强制转换为 double 类型的值 2.0。

2.13 运算符的优先级及求值次序

当表达式使用超过一个运算符时，就必须考虑运算符优先级。所以在处理一个多运算符的表达式时，要遵守如下规则和步骤：

（1）当遇到一个表达式时，先区分运算符和操作数。

（2）按照运算符的优先级排序。

（3）将各运算符根据其结合性进行运算。

表 2-4 总结了所有运算符的优先级与结合性,同一行中的各运算符具有相同的优先级,各行间从上往下优先级逐行降低。例如,"*""/"与"%"三者具有相同的优先级,它们的优先级都比二元运算符高"+""−";一元运算符"+""−""*"与"&"比相应的二元运算符"+""−""*"与"&"的优先级高。

运算符"()"表示圆括号或函数调用。运算符"."和"->"用于访问结构成员。运算符"(type)"用于强制类型转换。

表 2-4 运算符的优先级与结合性

运 算 符	结合性	运 算 符	结合性
() . -> []	从左至右	^	从左至右
! ~ ++ −− + − * & (type) sizeof	从右至左	|	从左至右
* / %	从左至右	&&	从左至右
+ −	从左至右	||	从左至右
<< >>	从左至右	?:	从右至左
< <= > >=	从左至右	= += −= *= /= %= &= ^= |= <<= >>=	从右至左
== !=	从左至右		
&	从左至右	,	从左至右

C 语言没有指定同一运算符中多个操作数的计算顺序(&&、||、?:和","运算符除外)。在形如

x=fun1()+fun2();

的语句中,fun1()可以在 fun2()之前计算,也可以在 fun2()之后计算。因此,如果函数 fun1()或 fun2()改变了另一个函数所使用的变量,那么 x 的结果可能会依赖于这两个函数的计算顺序。

类似地,C 语言也没有指定函数各参数的求值顺序,在不同的编译器中可能会产生不同的结果。

函数调用、嵌套赋值语句、自增与自减运算符都有可能产生"副作用",即在对表达式求值的同时,修改了某些变量的值。在有副作用影响的表达式中,其执行结果同表达式中的变量被修改的顺序之间存在着微妙的依赖关系。

在任何一种编程语言中,如果代码的执行结果与求值顺序相关,则都是不好的程序设计风格。

练 习

一、单项选择题

1. C 语言中基本数据类型包括(   )。
   A. 整型、实型、逻辑型   B. 整型、实型、字符型
   C. 整型、字符型、逻辑型   D. 整型、实型、逻辑型、实型

2. 设整型变量 n=10、i=4,则赋值运算 n%=i+1 执行后,n 的值是(　　)。
   A. 0   B. 1   C. 2   D. 3
3. 已知 int i, a;执行语句"i=(a=2*3, a*5), a+6;"后,变量 a 的值是(　　)。
   A. 6   B. 12   C. 30   D. 36
4. 以下选项中正确的定义语句是(　　)。
   A. double a; b;   B. double a=b=7;
   C. double a=7, b=7;   D. double, a, b;
5. (　　)把 x,y 定义成 float 类型变量,并赋同一初值 3.14。
   A. float x, y=3.14;   B. float x, y=2*3.14;
   C. float x=3.14, y=3.14;   D. float x=y=3.14;
6. 下列关于 C 语言用户标识符的叙述中正确的是(　　)。
   A. 用户标识符中可以出现下画线和中画线(减号)
   B. 用户标识符中不可以出现中画线(减号),但可以出现下画线
   C. 用户标识符中可以出现下画线,但不可以放在用户标识符的开头
   D. 用户标识符中可以出现下画线和数字,它们都可以放在用户标识符的开头
7. 以下选项中不合法的标识符是(　　)。
   A. print   B. FOR   C. &a   D. _00
8. 以下选项中,能用作用户标识符的是(　　)。
   A. void   B. 8_8   C. _0_   D. unsigned
9. 阅读以下程序

   ```
   #include<stdio.h>
   int main()
   {
       int  case;
       float  printF;

       printf("请输入 2 个数:");
          scanf("%d %f", &case, &printF);
       printf("%d %f\n", case, printF);

       return 0;
   }
   ```

   该程序编译时产生错误,其出错原因是(　　)。
   A. 定义语句出错,case 是关键字,不能用作用户自定义标识符
   B. 定义语句出错,printF 不能用作用户自定义标识符
   C. 定义语句无错,scanf 不能作为输入函数使用
   D. 定义语句无错,printf 不能输出 case 的值
10. 以下选项中不属于字符常量的是(　　)。

A. 'C' B. "C" C. '\xCC0' D. '\072'

11. ( )是不正确的字符常量。
    A. '\n' B. '1' C. "a" D. '\101'

12. 以下选项中不能作为 C 语言合法常量的是( )。
    A. 'cd' B. 0.1e+6 C. '\a' D. '\011'

13. 以下所列的 C 语言常量中,错误的是( )。
    A. 0xFF B. 1.2e0.5 C. 2L D. '\72'

14. 若变量已正确定义并赋值,表达式( )不符合 C 语言语法。
    A. a*b/c B. 3.14%2 C. 2, b D. a/b/c

15. 设变量已正确定义并赋值,以下正确的表达式是( )。
    A. x=y*5=x+z   B. int(15.8%5)
    C. x=y+z+5,++y   D. x=25%5.0

16. 设有条件表达式:(EXP)? i++ : j--,则以下表达式中(EXP)完全等价的是( )。
    A. (EXP==0) B. (EXP!=0) C. (EXP==1) D. (EXP!=1)

17. 已有定义: char c;程序前面已在命令行中包含 ctype.h 文件,不能用于判断 c 中的字符是否为大写字母的表达式是( )。
    A. isupper(c)   B. 'A'<=c<='Z'
    C. 'A'<=c && c<='Z'   D. c<=('z'-32) && ('a'-32)<=c

18. 以下关于 long、int 和 short 类型数据占用内存大小的叙述中正确的是( )。
    A. 均占 4 个字节
    B. 根据数据的大小来决定所占内存的字节数
    C. 由用户自己定义
    D. 由 C 语言编译系统决定

19. 以下关于逻辑运算符两侧运算对象的叙述中正确的是( )。
    A. 只能是整数 0 或 1   B. 只能是整数 0 或非 0 的整数
    C. 可以是结构体类型的数据   D. 可是任意合法的表达式

20. 有以下定义语句,编译时会出现编译错误的是( )。
    A. char a='a'; B. char a='\n'; C. char a='aa'; D. char a='\x2d';

21. 下列程序的运行结果是( )。

```
#include <stdio.h>
int main()
{
    char c1, c2;
    c1='A'+'8'-'4';
    c2='A'+'8'-'5';
    printf("%c,%d\n", c1, c2);
    return 0;
}
```

A. E,68   B. D,69   C. E,D   D. 输出无定值

22. 以下选项中,当 x 为大于 1 的奇数时,值为 0 的表达式为(   )。
    A. x%2==1   B. x/2   C. x%2!=0   D. x%2==0

23. 设有定义:int x=2;以下表达式中,值不为 6 的是(   )。
    A. x*=x+1   B. x++,2*x   C. x*=(x+1)   D. 2*x,x+=2

24. 要使下面程序的输出语句在屏幕上显示 1,2,34 则从键盘上输入的正确数据格式为:(   )。

    ```
    #include<stdio.h>
    int main()
    {
        int c;
        char a, b;
        scanf("%c%c%d", &a, &b, &c);
        printf("%c,%c,%d\n", a, b, c);
        return 0;
    }
    ```

    A. 1 2 34   B. 1,2,34   C. '1"2'34   D. 1234

25. 以下选项中不正确的实型常量是(   )。
    A. 0.23E+1   B. 2.3e-1   C. 1E3.2   D. 2.3e0

26. 表达式(   )的值不是 1。
    A. 0? 0:1   B. 5%4   C. !EOF   D. !NULL

27. 下列运算符中,优先级最高的是(   )。
    A. ->   B. ++   C. &&   D. =

28. 表达式!(x>0&&y>0)等价于(   )。
    A. !(x>0)|| !(y>0)   B. !x>0 || !y>0
    C. !x>0 && !y>0   D. !(x>0)&& !(y>0)

29. 若变量已正确定义,语句"if(a>b)k=0;else k=1;"和(   )等价。
    A. k=(a>b)? 1:0;   B. k=a>b;
    C. k=a<=b;   D. a<=b ? 0 : 1;

30. 设变量定义为"int a, b;",执行 scanf("a=%d, b=%d", &a, &b);语句时,输入(   ),则 a 和 b 的值都是 10。
    A. 10 10   B. 10, 10
    C. a=10 b=10   D. a=10, b=10

31. 下列运算符中,优先级最低的是(   )。
    A. *   B. !=   C. +   D. =

32. 执行 printf("%d,%c", 'b', 'b'+1);语句的输出是(   )。
    A. 98, b   B. 语句不合法   C. 98, 99   D. 98, c

33. 若 x 是单精度实型变量,表达式(x=10/4)的值是(   )。

A. 2.5　　　　B. 2.0　　　　C. 3　　　　D. 2

34. 表达式 !x 等价于(　　)。

　　A. x==0　　　B. x==1　　　C. x!=0　　　D. x!=1

35. 若变量已正确定义且 k 的值是 4,计算表达式(j=k--)后,(　　)。

　　A. j=3,k=3　　B. j=3,k=4　　C. j=4,k=4　　D. j=4,k=3

36. 算术运算符、赋值运算符和关系运算符的运算优先级按从高到低的顺序依次为(　　)。

　　A. 算术运算、赋值运算、关系运算

　　B. 关系运算、赋值运算、算术运算

　　C. 算术运算、关系运算、赋值运算

　　D. 关系运算、算术运算、赋值运算

37. 若有以下程序段(n 所赋的是八进制数)执行后输出结果是(　　)。

　　int m=32767, n=032767;
　　printf("%d,%o\n", m, n);

　　A. 32767,32767　　　　　　　B. 32767,032767
　　C. 32767,77777　　　　　　　D. 32767,077777

38. 下列关于单目运算符++、--的叙述中正确的是(　　)。

　　A. 它们的运算对象可以是任何变量和常量

　　B. 它们的运算对象可以是 char 型变量和 int 型变量,但不能是 float 型变量

　　C. 它们的运算对象可以是 int 型变量,但不能是 double 型变量和 float 型变量

　　D. 它们的运算对象可以是 char 型变量、int 型变量、float 型变量和 double 型变量

二、填空题

1. 表达式(int)((double)(5/2)+2.5)的值是(　　)。

2. 若有语句 double x=17; int y; 当执行 y=(int)(x/5)%2;之后 y 的值为(　　)。

3. 表达式 1<0<5 的值是(　　)。

4. C 语言中用 0 表示逻辑值"假",用(　　)表示逻辑值"真"。

5. 下列程序段的运行结果是(　　)。

printf("%d, %d", NULL, EOF);

6. 下列程序段的输出结果是(　　)。

printf("%d, %o, %x", 0x12, 12, 012);

7. 下列程序段的输出结果是(　　)。

int i=-19, j=i%4;
printf("%d\n", j);

8. 下列程序的输出结果是(　　)。

```c
#include<stdio.h>
int main()
{
    int x=12, y=8;
    printf("%d\t%d\t%d\n", !x, x&y, x|y);
    return 0;
}
```

三、写出下面程序的运行结果

1.

```c
#include<stdio.h>
#include<math.h>
int main()
{
    int a=1, b=4, c=2;
    float x=10.5, y=4.0, z;
    z=(a+b)/c+sqrt((double)y)*1.2/c+x;
    printf("%f\n", z);
    return 0;
}
```

2.

```c
#include<stdio.h>
int main()
{
    int  v1=10, v4;
    float  v2=2.5, v3, v5;

    v3=v1 / v2 ;
    v4=v1 / v2 ;
    v5=v1 / 4 ;
    printf("v3=%f\tv4=%d\tv5=%f\n", v3, v4, v5);

    return 0;
}
```

3.

```c
#include <stdio.h>
int main()
{
    int m=7;
    printf("%d\n", m/2+1);
    printf("%d\n", m/2.0+1);
```

```
        printf("%f\n",(float)(m/2+1));
        printf("%f\n",(float)m/2+1);
        printf("m=%d\n", m);
        return 0;
}
```

4.

```
#include <stdio.h>
int main()
{
    int   x, y;
    int   a=5, b=4;
    x=2 * a++;
    printf("a=%d, x=%d\n", a, x);
    y=--b * 2;
    printf("b=%d, y=%d\n", b, y);
    return 0;
}
```

5. 下面程序,若从键盘上输入:

10A10↵

则运行结果是:

```
#include<stdio.h>
int main()
{
    int m=0,n=0;
    char c='a';
    scanf("%d%c%d", &m, &c, &n);
    printf("%d,%c,%d\n", m, c, n);
    return 0;
}
```

第 3 章　分 支 结 构

本章要点：
- 分支结构的定义及其作用；
- 分支语句的种类以及它们之间的区别；
- 分支语句的应用。

计算机在执行程序时，可以根据条件选择所要执行的语句，这就是分支结构。

在 C 语言中，使用分支语句(即 if-else 语句、else-if 语句和 switch 语句)来实现选择，它们根据条件判断的结果选择所要执行的程序分支，其中条件可以是关系表达式或逻辑表达式。

3.1　实例导入

例 3.1　输入 x，计算并输出下列分段函数 f(x)的值，结果保留 3 位小数。

$$f(x) = \begin{cases} x+2, & 1 \leqslant x \leqslant 2 \\ x+1, & 其他 \end{cases}$$

输入样例 1：

1.6

输出样例 1：

3.600

输入样例 2：

-10

输出样例 2：

-9.000

【分析】　算法设计如下：

Step1　输入一个数给 x；
Step2　如果 x 在[1，2]范围内，那么就计算 x+2 的值，并把这个值给 f；
Step3　否则，就计算 x+1 的值，并把这个值给 f；

Step4 输出 f。

这是一个二分支问题,我们可以 if-else 语句来表达。

实现代码如下。

```
1   #include<stdio.h>
2   int main()
3   {
4       double   x, f;              /*定义两个双精度浮点型变量 x 和 f*/
5
6       scanf("%lf", &x);           /*输入 x。double 类型输入用%lf*/
7
8       if(x>=1 && x<=2){           /*1≤x≤2,用 x≥1 并且 x≤2 来表示*/
9           f=x+2;
10      }
11      else{                       /*其他情况*/
12          f=x+1;
13      }
14
15      printf("%.3f\n", f);        /*输出*/
16
17      return 0;
18  }
```

3.2 语句与程序块

在表达式之后加上一个分号(;),它们就变成了语句。在 C 语言中,分号是语句结束符。如果只有分号(;),就叫作空语句。

用一对花括号({ })把一组语句括在一起就构成了一个程序块,也叫复合语句。复合语句在语法上等价于单条语句,可以用在单条语句可以使用的任何地方。

3.3 if-else 语句

if-else 语句是实现二路选择的语句。其语法如下:

```
if(表达式)
    语句 1
[else
    语句 2]
```

其中 else 部分是任选的。在 if 语句执行时,首先计算表达式的值,如果其值为真(即如果表达式的值非 0),那么就执行语句 1;如果其值为假(即如果表达式的值为 0),并且包含 else 部分,那么就执行语句 2。这里的语句可以是单条语句,也可以是用花括号括住的复合语句。if-else 语句的执行流程如图 3-1 所示。

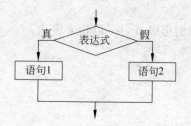

图 3-1 if-else 语句的执行流程图

由于 if 语句只是测试表达式的数值,因此表达式可以采用比较简洁的形式。例如,可用 if(表达式)代替 if(表达式!= 0)。

由于 if-else 语句的 else 部分是任选的,当在嵌套的 if 语句序列中缺省某个 else 部分时会引起歧义。解决的方法是将每个 else 与最近的没有 else 匹配的 if 进行匹配。例如,

```
if(n>0)
    if(a>b)
        z=a;
    else
        z=b;
```

程序的缩进结构明确地表明了设计意图,即 else 部分与内层的 if 匹配。如果这不符合我们的意图,则必须用花括号强制实现正确的匹配关系。例如,

```
if(n>0){
    if(a>b){
        z=a;
    }
}
else{
    z=b;
}
```

例 3.2 输入 3 个实数 a、b、c,要求按由小到大的顺序输出。

输入样例:

100.34,78.11,123.3333

输出样例:

78.11,100.34,123.33

【分析】 先比较 a、b、c 这三个实数的大小,通过一定的算法得到 $a \leqslant b \leqslant c$,然后输出 a、b、c,就达到了题目的要求。我们可以采取两两比较的方法,算法设计如下:

Step1 输入 a、b、c;

Step2

    Step2.1 如果 $a > b$,那么 a 与 b 对换,交换后 $a < b$;

Step2.2　如果 a>c,那么 a 与 c 对换,交换后 a<c;

Step2.3　如果 b>c,那么 b 与 c 对换,交换后 b<c;

Step3　输出 a、b、c。

在 Step2 中,它的三个步骤都是关于两个数的交换。怎么实现两个数的交换呢?假设,现在我们要交换两个变量 x 与 y 的内容,可以用一个中间变量 temp 来进行帮助。这有点类似于,现在有两个杯子,一个杯子中是咖啡,一个杯子中是牛奶,我们交换它们的内容,怎么做?这容易,再拿一个杯子来进行帮助就行了。请看下面的示意图 3-2。

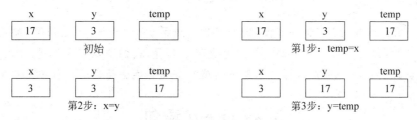

图 3-2　实现变量 x 与 y 交换内容的示意图

初始时 temp 变量中是随机数,我们用空白表示。这里要注意交换次序,交换次序不对会导致交换不成功。

实现代码如下。

```
1   #include<stdio.h>
2   int main()
3   {
4       double a, b, c;        /*定义3个单精度浮点型变量*/
5       double temp;           /*定义1个单精度浮点型变量,交换时用作中间变量*/
6
7       /*从键盘输入3个单精浮点数,输入时用 "," 隔开*/
8       scanf("%lf,%lf,%lf", &a, &b, &c);
9
10      if(a>b){               /*如果a>b,那么交换a、b的值,交换后a<b*/
11          temp=a;
12          a=b;
13          b=temp;
14      }
15
16      if(a>c){               /*如果a>c,那么交换a、c的值,交换后a<c*/
17          temp=a;
18          a=c;
19          c=temp;
20      }
21
```

```
22      if(b>c){              /*如果b>c,那么交换b、c的值,交换后b<c*/
23          temp=b;
24          b=c;
25          c=temp;
26      }
27
28      /*输出。每个输出结果占5列,且保留2位小数*/
29      printf("%5.2f,%5.2f,%5.2f\n", a, b, c);
30
31      return 0;
32  }
```

思考：上面程序的第 10~14 行、第 16~20 行、第 22~26 行,功能相同,都是完成两个变量的交换,语句类似。如果还有二组要交换的变量,我们可以采取复制、修改的办法,再加两段类似的代码。可是这样是不是很烦琐?有没有办法简化这个程序呢?

3.4 else-if 语句

else-if 语句是最常用的实现多路选择的语句。其语法如下:

```
if(表达式 1)
    语句 1
else if(表达式 2)
    语句 2
...
else if(表达式 n-1)
    语句 n-1
else
    语句 n
```

首先求解表达式 1,如果表达式 1 的值为"真",则执行语句 1,并结束整个 if 语句的执行;否则,求解表达式 2……最后的 else 处理给出的条件都不满足的情况,即表达式 1、表达式 2……表达式 n-1 的值都为"假"时,执行语句 n。它的执行流程如图 3-3 所示。

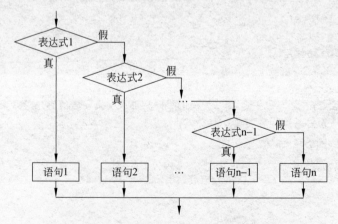

图 3-3 else-if 语句的执行流程图

说明：

（1）其中各语句既可以是单条语句，也可以是用花括号括住的复合语句。

（2）最后一个 else 部分用于处理"上述条件均不成立"的情况或默认情况，也就是当上面的各个条件均不满足时的情形。有时并不需要针对默认情况执行显式的操作，这种情况下，可以把该结构末尾的

  else
    语句 n

部分省掉。该部分也可以用来检查错误，捕获"不可能"的条件。

例 3.3 判断一个数是正数、零还是负数。

输入样例 1：

5

输出样例 1：

The number is positive.

输入样例 2：

-5

输出样例 2：

The number is negative.

输入样例 3：

0

输出样例 3：

The number is zero.

【分析】 根据题目的要求、输入样例和输出样例，算法设计如下：

Step1 输入一个数 n；
Step2 如果 n>0，输出"The number is positive."；
Step3 如果 n<0，输出"The number is negative."；
Step4 如果 n=0，输出"The number is zero."。

这样，我们就可以用三条 if-else 语句来表达分支：

```
if(n>0){                         /*如果 n>0*/
    printf("The number is positive.\n");
}
if(n<0){                         /*如果 n<0*/
    printf("The number is negative.\n");
}
if(n==0){                        /*如果 n=0*/
```

```
            printf("The number is zero.\n");
    }
```

但如果要用 else-if 语句来表达,就要对算法设计稍作修改:
Step1   输入一个数 n;
Step2
    Step2.1   如果 n>0,输出"The number is positive.";
    Step2.2   否则,如果 n<0,输出"The number is negative.";
    Step2.3   否则,输出"The number is zero."。

实现代码如下。

```
1   #include<stdio.h>
2   int main()
3   {
4       int n;                          /*定义1个整型变量*/
5
6       scanf("%d", &n);                /*输入*/
7       if(n>0){                        /*如果 n>0*/
8           printf("The number is positive.\n");
9       }
10      else if(n<0){                   /*否则,如果 n<0*/
11          printf("The number is negative.\n");
12      }
13      else{                           /*否则。也就是既不满足 n>0,也不满足 n<0*/
14          printf("The number is zero.\n");
15      }
16
17      return 0;
18  }
```

在上例中,用三条 if-else 语句还是用一条 else-if 语句? 一条 else-if 语句比三条 if-else 语句要紧凑,但没有太大的区别,这依据个人喜好进行选择。

3.5   switch 语句

switch 语句是一种多路选择语句,它测试表达式是否与一些常量整数值中的某一个值匹配,并执行相应的分支动作。其语法如下:

```
switch(表达式){
    case 常量表达式 1:
        语句 1
    case 常量表达式 2:
        语句 2
    ...
```

```
    case 常量表达式 n:
        语句 n
    default:
        语句 n+1
}
```

switch 语句相当于一系列的 else-if 语句,被测试的表达式写在关键字 switch 后面的圆括号中,表达式只能是 char 类型或 int 类型,这在一定程度上限制了 switch 语句的应用。在关键字 case 后面的是常量,常量的类型应与关键字 switch 后面的圆括号内的表达式的类型一致。

switch 语句的执行过程如下:

(1) 每个分支都由一个整数值常量或常量表达式标记。如果某个分支与表达式的值匹配,则从该分支开始执行。

(2) 各分支表达式必须互不相同。如果没有哪一个分支能匹配表达式,则执行标记为 default 的分支。

(3) 如果没有 default 分支也没有其他分支与表达式的值匹配,则该 switch 语句不执行任何动作。

假设 switch 语句有 default 分支且在最后,它的执行流程如图 3-4 所示。

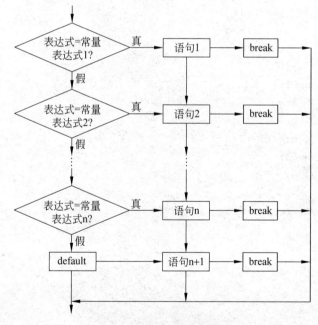

图 3-4 switch 语句的执行流程

注意事项:

(1) 一个 switch 语句最多只有一个 default 子句。

(2) case 分支和 default 分支能够以任意顺序出现,但作为一种良好的程序设计风格,把 default 分支放在最后。

(3) 在 switch 语句中,case 的作用只是一个标号,因此,某个分支中的代码执行完后,程序将进入下个一分支继续执行,除非在程序中显式地跳转。

(4) 跳出 switch 语句最常用的方法是使用 break 语句或 return 语句。

编程风格:在 switch 语句中,最后一个分支不需要 break 语句,但有些程序员还是包含了这个 break 语句,其目的是为了程序的清晰以及与其他 case 分支对称。

例 3.4 写出下列程序的运行结果。

实现代码如下:

```
1   #include<stdio.h>
2   int main()
3   {
4       int x=1, y=0, a=0, b=0;
5   
6       switch(x){
7           case 1:
8               switch(y){
9                   case 0:
10                      a++;
11                      break;
12                  case 1:
13                      b++;
14                      break;
15              }
16          case 2:
17              a++;
18              b++;
19              break;
20          case 3:
21              a++;
22      }
23      printf("a=%d,b=%d\n", a, b);
24  
25      return 0;
26  }
```

运行结果:

a=2,b=1

【**运行结果分析**】 这是一道读程序题,这种类型题能检测我们基础知识的掌握程度,能训练我们读程序的能力。

代码的阅读能力是软件工程师的基本功,也可以看作是软件工程师的竞争力之一。因为我们在解决问题时,我们不可能看到的全是自己写的代码,那既然这样,就得去读。要读,那么不同的人读起来是有快有慢的,快的人解决问题有可能也更快。也就是说代码阅读能力会最终影响我们写程序的能力。

读 C 语言程序，写程序的运行结果，一般来说要读三遍：

第一遍，要整体读程序。主要是看这个程序有几个自定义函数，每个自定义函数的功能是什么。

第二遍，读 main() 函数。看 main() 函数的结构，把它的分支语句、循环语句等找出来做好标记，然后看它的函数调用关系，并且画图表示这些函数之间的关系。

第三遍，从 main() 函数入口模拟程序的执行，分析每条语句。画内存中的存储示意图(也可以采取记录变量值的方式)，并把输出结果记录下来。

当然这道题比较简单，它只有一个 main() 函数，第一遍很快；第二遍，main() 函数的语句结构也很简单，主要是一条 switch 语句(它里面又内嵌了一条 switch 语句)；第三遍，从 main() 函数入口模拟程序的执行，分析每条语句。下面就是我们的分析过程。

(1) 程序从 main() 函数入口。

(2) 执行第 4 行后，此时内存中的存储示意图如图 3-5 所示。

图 3-5　第 4 行后的存储示意图

(3) 第 6 行是一条 switch 语句，执行时根据 x 的值进行分支判断，此时 x=1，所以进入 case 1 分支(第 7 行)。而 case 1 分支中的语句又是一条 switch 语句，它要根据 y 的值进行分支判断，此时 y=0，所以进入 case 0 分支(第 9 行)。执行第 10 行(a++)，a=1，此时内存中的存储示意图如图 3-6 所示。

图 3-6　第 10 行后的存储示意图

接着执行第 11 行，跳出内层的 switch 语句，进入 case 2 分支(第 16 行)，执行第 17 行(a++)、第 18 行(b++)，此时内存中的存储示意图如图 3-7 所示。

图 3-7　第 18 行后的存储示意图

接着执行第 19 行，跳出外层的 switch 语句。执行第 23 行，输出：

a=2,b=1

(4) 执行第 25 行，整个程序结束。

例 3.5　求解简单表达式。输入一个形如"操作数 运算符 操作数"的四则运算表达式，输出运算结果。其中运算符只能是＋(加)、－(减)、*(乘)、/(除)这四种算术运算符。

输入样例 1：

1.2+1.3

输出样例 1：

2.50

输入样例 2：

2 / 0

输出样例 2：

Error!

输入样例 3：

3 ^ 2

输出样例 3：

Unknown operator.

【分析】 根据题意，这道题是根据不同的运算符完成不同的运算。算法设计如下：
Step1　输入一个形如"操作数 运算符 操作数"的四则运算表达式。我们用 num1、num2 表示操作数，用 op 表示运算符。
Step2　对运算符 op 进行判断，做不同的运算：
　　　　Step2.1　如果是"＋"，就做 num1＋num2；
　　　　Step2.2　如果是"－"，就做 num1－num2；
　　　　Step2.3　如果是" * "，就做 num1 * num2；
　　　　Step2.4　如果是"/"，就做 num1/num2，这里要注意，除数是零的情况；
　　　　Step2.5　否则，按题目的要求和输入、输出样例进行处理。
Step3　输出运算结果。
在 Step2 中是一个多路选择问题，我们既可以用 else-if 来表示也可以用 switch 来表示。所以，实现这道题有两种方式。
第 1 种方法：用 switch 语句实现。实现代码如下。

```
1  #include<stdio.h>
2  int main()
3  {
4      double num1, num2;
5      char op;
6
7      /* double 型输入用%lf */
8      scanf("%lf %c %lf", &num1, &op, &num2);
9
10     switch(op){
11         case '+':
```

```
12          printf("%.2f\n", num1+num2);
13          break;
14      case '-':
15          printf("%.2f\n", num1-num2);
16          break;
17      case '*':
18          printf("%.2f\n", num1*num2);
19          break;
20      case '/':
21          if(num2!=0){
22              printf("%.2f\n", num1/num2);
23          }
24          else{
25              printf("Error!\n");
26          }
27          break;
28      default:
29          printf("Unknown operator.\n");
30          break;
31      }
32
33      return 0;
34  }
```

第 2 种方法：用 else-if 语句实现。实现代码如下。

```
1   #include<stdio.h>
2   int main()
3   {
4       double num1, num2;              /*定义两个双精度浮点型变量*/
5       char op;                        /*定义一个字符型变量*/
6
7       /*double 型输入用%lf*/
8       scanf("%lf %c %lf", &num1, &op, &num2);
9
10      if(op=='+'){                    /*运算符如果是加法*/
11          printf("%.2f\n", num1+num2);
12      }
13      else if(op=='-'){               /*运算符如果是减法*/
14          printf("%.2f\n", num1-num2);
15      }
16      else if(op=='*'){               /*运算符如果是乘法*/
17          printf("%.2f\n", num1*num2);
18      }
19      else if(op=='/'){               /*运算符如果是除法*/
```

```
20          if(num2!=0){
21              printf("%.2f\n", num1/num2);
22          }
23          else{
24              printf("Error!\n");
25          }
26      }
27      else{                          /*运算符如果不是加、减、乘、除*/
28          printf("Unknown operator.\n");
29      }
30
31      return 0;
32  }
```

在上例中,这两种方式哪种好?这很难判断,要依据个人喜好进行选择。但一般来说,很多人比较偏爱 else-if 语句,因为如果 op 不是整型或字符型用 switch 语句就要进行转换,这就比较麻烦,而用 else-if 语句就不用考虑这些问题,这样 else-if 语句经常是第一选择,用多了自然就偏爱了。

3.6 应用实例:学生成绩管理

例 3.6 把成绩的百分制转换为五分制。用 score 表示某门课程成绩,转换规则如下:

score<60,不及格;
60≤score<70,及格;
70≤score<80,中等;
80≤score<90,良好;
90≤score≤100,优秀。

【分析】 根据题意,算法设计如下:
Step1　输入一个成绩 score。
Step2　根据转换规则,对百分制的成绩 score 转换成五分制:
　　Step2.1　如果 score<60,不及格;
　　Step2.2　如果 score>=60 并且 score<70,及格;
　　Step2.3　如果 score>=70 并且 score<80,中等;
　　Step2.4　如果 score>=80 并且 score<90,良好;
　　Step2.5　如果 score>=90 并且 score<=100,优秀。

在 Step2 中是一个多路选择问题,我们既可以用 else-if 来表示也可以用 switch 来表示。

但是如果用 switch 语句来表示,对于这个问题来说比较麻烦,因为成绩不一定就是一个整数,它可以是实数,这不符合 switch 语句,这就需要进行转换。我们可以采取如下方式：grade＝score/10，也就是把成绩转换成级别，即 100 分的成绩对应 grade＝10，90≤score＜100 范围内的成绩对应 grade＝9，80≤score＜90 范围内的成绩对应 grade＝8，……，60≤score＜70 范围内的成绩对应 grade＝6。

这里，我们采用 else-if 语句实现多路分支。实现代码如下。

```
1   #include<stdio.h>
2   int main()
3   {
4       double score;                   /*定义1个双精度浮点型变量*/
5
6       scanf("%lf", &score);           /*输入时用%lf格式*/
7
8       if(score<60){
9           printf("不及格\n");
10      }
11      else if(score>=60 && score<70){
12          printf("及格\n");
13      }
14      else if(score>=70 && score<80){
15          printf("中等\n");
16      }
17      else if(score>=80 && score<90){
18          printf("良好\n");
19      }
20      else{
21          printf("优秀\n");
22      }
23
24      return 0;
25  }
```

上面的程序粗略看没有什么问题，可是一般情况下学生的成绩应该成正态分布，也就是学生成绩大部分处于中等或良好的范围，优秀和不及格都应该较少。而上面的程序，就使得所有的成绩都需要先判断是否及格，再逐级而上得到结果。当输入量很大时，算法的效率很低。我们可以对上面的程序做改进。实现代码如下。

```
1   #include<stdio.h>
2   int main()
3   {
4       double score;                   /*定义1个双精度浮点型变量*/
5
6       scanf("%lf", &score);           /*输入时用%lf格式*/
7
8       if(score<80){
```

```
 9        if(score<70){
10            if(score<60){
11                printf("不及格\n");
12            }
13            else{
14                printf("及格\n");
15            }
16        }
17        else{
18            printf("中等\n");
19        }
20    }
21    else{
22        if(score<90){
23            printf("良好\n");
24        }
25        else{
26            printf("优秀\n");
27        }
28    }
29
30    return 0;
31 }
```

对于上面改进的程序,请看图3-8。

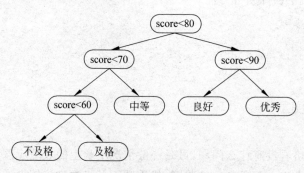

图3-8 改进后的程序分支示意图

当输入量很大时,改进的程序比原来的程序效率高。请大家思考这是为什么。

练 习

一、单项选择题

1. 以下是if语句的基本形式

  if(表达式)

  语句

其中"表达式"( )。

A. 必须是逻辑表达式 B. 必须是关系表达式

C. 必须是逻辑表达式或关系表达式 D. 可以是任意合法的表达式

2. 在 if(x)语句中的 x 与下面条件表达式等价的是：( )。

A. x!=0 B. x==1 C. x!=1 D. x==0

3. 在下面的语句中只有一条在功能上与其他三条语句不等价,这条不等价的语句是( )。其中 s1 和 s2 表示语句。

A. if(a)s1；else s2； B. if(!a)s2；else s1；

C. if(a!=0)s1；else s2； D. if(a==0)s1；else s2；

4. 在嵌套使用 if 语句时,C 语言规定 else 总是( )。

A. 和之前与其具有相同缩进位置的 if 配对

B. 和之前与其最近的 if 配对

C. 和之前与其最近的且不带 else 的 if 配对

D. 和之前的第一个 if 配对

5. 设有声明语句：int a=1,b=0；则执行以下语句后输出为( )。

```
switch(a){
    case 1:
        switch(b){
            case 0:
                printf("**0**");
                break;
            case 1:
                printf("**1**");
                break;
        }
    case 2:
        printf("**2**");
        break;
}
```

A. **2** B. **0****2**

C. **1****2** D. **0**

二、写出下列程序的运行结果

1.

```
#include<stdio.h>
int main()
{
    int p, a=5;
    if(p=a !=0){
        printf("%d\n", p);
    }
```

```c
    else{
        printf("%d\n", p+2);
    }
    return 0;
}
```

2.

```c
#include<stdio.h>
int main()
{
    int i=10;
    switch(i){
        default:
            i+=1;
        case 9:
            i+=1;
        case 10:
            i+=1;
        case 11:
            i+=1;
    }
    printf("%d\n", i);
    return 0;
}
```

3.

```c
#include<stdio.h>
int main()
{
    int i=15;
    switch(i){
        default:
            i+=1;
            break;
        case 9:
            i+=1;
        case 10:
            i+=1;
        case 11:
            i+=1;
    }
    printf("%d\n", i);
    return 0;
}
```

三、程序设计题

1. 函数定义如下,求该函数的值。注意:x 为浮点数,结果保留一位小数。

$$y = \begin{cases} e^x, & x > 10 \\ 0, & x = 10 \\ 3x+4, & x < 10 \end{cases}$$

输入样例:

12.5

输出样例:

268337.3

2. 计算并输出下列分段函数 f(x) 的值(结果保留 2 位小数)。提示:调用 sqrt 函数求平方根,调用 pow 函数求幂。

$$f(x) = \begin{cases} (x+1)^2 + 2x + \dfrac{1}{x}, & x < 0 \\ \sqrt{x}, & x \geq 0 \end{cases}$$

输入样例:

-2.543

输出样例:

-3.10

3. 规定一个工人工作时间每个月 160 小时,每小时工资为 7 元。如果加班的话,加班每小时工资增加 5 元。工作时间由键盘输入,请编程计算并打印某工人一个月的工资。

输入样例:

161

输出样例:

money=1132

4. 从键盘任意输入一个 4 位数 x,编程计算 x 的每一位数字相加之和。注意:忽略整数前的正负号。

输入样例:

-1234

输出样例:

10

第 4 章

循 环 结 构

本章要点：
- 使用循环结构的必要性；
- C 语言提供了三种循环：while 循环、for 循环和 do-while 循环；
- 实现循环时,如何确定循环条件和循环体；
- 怎样使用 while 循环语句和 do-while 循环语句实现次数不确定的循环；
- while 循环语句和 do-while 循环语句的不同点；
- 各种循环语句的应用；
- 如何实现多重循环。

在程序设计中,如果需要重复执行某些操作,就要用到循环结构。C 语言提供了三种循环：while 循环、for 循环和 do-while 循环。

4.1 实例导入

例 4.1 编程计算 $1+2+3+4+5+6+7+8+9+10$ 的值。
输入样例：
本题无输入。
输出样例：

55

【分析】 这道题是多个整数的相加,算法设计如下：
Step1　计算 $1+2+3+4+5+6+7+8+9+10$ 之和,并把结果给 sum；
Step2　输出 sum。
实现代码如下。

```
1  #include<stdio.h>
2  int main()
3  {
4      int i, sum;                    /*定义两个整型变量*/
5
6      sum=1+2+3+4+5+6+7+8+9+10;
7      printf("%d\n", sum);           /*输出 sum 的值*/
```

```
8
9       return 0;
10  }
```

请大家想想,如果我们要计算 1+2+…+100,那第 7 行就比较长了。我们再夸张一点,如果要计算 1+2+…+10000,那就更长了,不说别的,敲键都要敲到手抽筋。

有人说,这也太傻了,我为什么要采取这种方式,可以用高斯公式来解决这个问题,把第 7 行改成:sum=(1+10000)*10000/2,就搞定。

是啊,这个问题是解决了,可是如果我们要解决类似的问题,比如计算 1+1/2+…+1/10000,高斯公式还管用吗?

好了,现在向大家介绍 C 语言的循环结构,就能轻松搞定这一系列问题。我们对这道题再重新设计算法,对多个数的相加分为两个阶段:

Step1 处理阶段。变量 sum 用于存放累加和,然后

i=1 时,   sum=sum+**1**;
i=2 时,   sum=sum+**2**;
    ⋮   ⋮
i=10 时,   sum=sum+**10**;

这些语句非常类似,只是 i 的值从 1 变化到 10。于是可以写成:

循环执行,i 的值从 1 变化到 10{
    sum=sum+i;
}

Step2 输出阶段。输出计算结果 sum。

在 Step2 只要输出结果即可,调用 printf() 函数就能解决。现在我们集中精力解决 Step1。通过分析,我们只要解决如下:

循环执行,i 的值从 1 变化到 10{
    sum=sum+i;
}

这个循环结构就行。C 语言为我们提供了三种循环结构:while、for、do-while。我们用这三种循环结构一一来解决这道题。

第 1 种方法:用 while 循环实现。实现代码如下。

```
1   #include<stdio.h>
2   int main()
3   {
4       int i, sum;              /*定义两个整型变量*/
5
6       sum=0;                   /*给变量 sum 赋值*/
7       i=1;                     /*给变量 i 赋值*/
8       while(i<=10){            /*如果 i≤10,则循环(即重复处理)*/
```

```
 9          sum=sum+i;
10          i++;                    /*i的值增加1。与++i语句和i=i+1语句都等价*/
11      }
12      printf("%d\n", sum);        /*输出 sum 的值*/
13
14      return 0;
15  }
```

while 循环语句的执行过程是这样的：首先测试圆括号中的条件，如果条件为真，则执行循环体；然后再重新测试圆括号中的条件，如果为真，则再次执行循环体；当圆括号中的条件测试结果为假时，循环结束，并继续执行 while 循环语句的下一条语句。

请注意：存放累加和的变量必须先赋"0"值，因为在 C 语言中局部变量在被赋值前是随机数。

第 2 种方法：用 for 循环实现。实现代码如下。

```
 1  #include<stdio.h>
 2  int main()
 3  {
 4      int i, sum;                 /*定义两个整型变量*/
 5
 6      sum=0;                      /*给变量 sum 赋值*/
 7      for(i=1; i<=10; i++){       /*如果 i≤10,则循环(即重复处理)*/
 8          sum=sum+i;
 9      }
10      printf("%d\n", sum);        /*输出 sum 的值*/
11
12      return 0;
13  }
```

for 循环是对 while 循环的推广，它包括三个部分：(1)初始化部分，仅在进入循环前执行一次；(2)条件部分，将对该条件求值，如果结果值为真，则执行循环体；(3)增加步长部分，将循环变量增加一个步长。并再次对条件求值，条件值为真继续循环，如果为假，循环将终止执行。

请注意，第 2 种方法中有灰色底纹的第 7～9 行的代码，它代替了第 1 种方法中有灰色底纹的第 7～11 行，其他部分完全一样。

第 3 种方法：用 do-while 循环实现。实现代码如下。

```
 1  #include<stdio.h>
 2  int main()
 3  {
 4      int i, sum;                 /*定义两个整型变量*/
 5
 6      sum=0;                      /*给变量 sum 赋值*/
```

```
 7        i=1;
 8        do{
 9            sum=sum+i;
10            i++;
11        }while(i<=10);              /* 如果 i≤10,则循环(即重复处理) */
12        printf("%d\n", sum);        /* 输出 sum 的值 */
13
14        return 0;
15    }
```

do-while 循环语句的执行过程是这样的:首先做循环体,然后测试圆括号中的条件,如果为真,则再次执行循环体;结果为假时,循环结束,并继续执行 do-while 循环语句的下一条语句。

请注意,第 1 种方法、第 2 种方法、第 3 种方法中除了有灰色底纹的部分不一样,其他部分完全相同。

请思考如下几题怎么实现:

(1) 计算 $1+2+\cdots+10000$ 之和;

(2) 计算 $1+3+5+\cdots+9$ 之和;

(3) 计算 $1+1/2+\cdots+1/10000$ 之和。

4.2　while 循环

while 循环语句的语法如下:

while(表达式)
　　语句

此循环语句首先计算表达式的值,如果其值为真(即非 0),则执行语句,并再次计算该表达式的值。这一循环过程一直进行下去,直到该表达式的值为假(即 0)为止,跳出 while 循环,执行 while 循环语句后面的部分。while 循环语句的执行流程如图 4-1 所示。

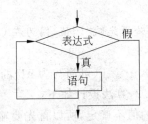

图 4-1　while 循环语句的执行流程

例 4.2　编程计算 $1\times2\times3\times\cdots\times10$ 的值。

输入样例:

本题无输入。

输出样例:

3628800

【分析】 本例类似于例4.1,算法设计如下:
Step1 处理阶段。变量t用于存放累乘积,然后

i=1时,   t=t***1**;
i=2时,   t=t***2**;
⋮   ⋮
i=10时,   t=t***10**;

这些语句非常类似,只是i的值从1变化到10。于是可以写成:

循环执行,i的值从1变化到10{
　　t=t*i;
}

Step2 输出阶段。输出计算结果t。
实现代码如下。

```
1   #include<stdio.h>
2   int main()
3   {
4       int i, t;              /*定义两个整型变量*/
5   
6       t=1;                   /*给变量t赋值*/
7       i=1;                   /*给变量i赋值*/
8       while(i<=10){          /*如果i≤10,则循环(即重复处理)*/
9           t=t*i;
10          i++;               /*i的值增加1。与++i语句和i=i+1语句都等价*/
11      }
12      printf("%d\n", t);     /*输出t的值*/
13  
14      return 0;
15  }
```

请注意:存放累乘积的变量必须先赋"1"值,因为在C语言中局部变量在被赋值前是随机数。

例4.3 编程计算$1×2×3×…×n$(可简写为n!)的值。

【分析】 这道题类似于例4.2,算法设计如下:
Step1 输入阶段。因为n的值不确定,所以首先要输入一个值给n。
Step2 处理阶段。变量t用于存放累乘积,然后

i=1时,   t=t***1**;
i=2时,   t=t***2**;
⋮   ⋮
i=n时,   t=t***n**;

这些语句非常类似,只是 i 的值从 1 变化到 n。于是可以写成:

循环执行,i 的值从 1 变化到 n{
    t=t * i;
}

Step3 输出阶段。输出计算结果 t。

实现代码如下。

```
1   #include<stdio.h>
2   int main()
3   {
4       int n, i;
5       long int t1;                /* long int t 与 long t 等价 */
6       unsigned long int t2;
7
8       printf("please input n(n>=0): ");
9       scanf("%d", &n);
10
11      t1=1;
12      t2=1;
13      i=1;
14      while(i<=n){
15          t1 *= i;
16          t2 *= i;
17          i++;
18      }
19      printf("%d != %ld \n", n, t1);
20      printf("%d != %lu \n", n, t2);
21
22      return 0;
23  }
```

我们来看看下面的运行结果,当 $1 \leqslant n \leqslant 12$ 时,能得到正确结果,其他情况得到错误结果,比较夸张的是当 n=40、60 时,居然结果为 0。

(正确)
please intput n(n>=0): 12
12 != 479001600
12 != 479001600
(以下全部错误)
please intput n(n>=0): 13
13 != 1932053504
13 != 1932053504
please intput n(n>=0): 14
14 != 1278945280

```
14 !=1278945280
please intput n(n>=0): 15
15 !=2004310016
15 !=2004310016
please intput n(n>=0): 25
25 !=2076180480
25 !=2076180480
please intput n(n>=0): 40
40 !=0
40 !=0
please intput n(n>=0): 60
60 !=0
60 !=0
```

怎么会出现这种结果？我们来分析：

%ld 和 %lu 分别是以带符号和无符号形式输出十进制长整型数据。

long int 和 unsigned long int 的取值范围分别是 $-2^{31} \sim (2^{31}-1)$ 和 $0 \sim (2^{32}-1)$，而 $2^{31}=2147483648, 2^{32}=4294967296$，所以当 n>12 时，n! 的结果超过了它们的取值范围。把变量 t2 的数据类型改为 double 试试。当 n=60 时，那么 n! 的结果正确吗？当 n=1000，那么 n! 的结果正确吗？为什么？有解决办法吗？请大家思考。

例 4.4 编程计算如下数列的和，要保证每项的绝对值大于或等于 10^{-4}，结果保留 4 位小数。

$$1-\frac{1}{2}+\frac{1}{3}-\frac{1}{4}+\cdots+\frac{1}{99}-\frac{1}{100}+\cdots+(-1)^{i+1}\frac{1}{i}+\cdots$$

输入样例：

本题无输入。

输出样例：

0.6931

【分析】 这是一个累加问题，本质上与例 4.1 没有区别，但是例 4.1 是一个循环次数确定的循环，而这道题循环次数不确定，只是有一个循环结束条件，即直到最后一项的绝对值小于 10^{-4}。算法设计如下：

Step1 处理阶段。变量 sum 用于存放累加和，然后

```
i=1 时,    sum=sum+1/1;
i=2 时,    sum=sum-1/2;
i=3 时,    sum=sum+1/3;
i=4 时,    sum=sum-1/4;
   ⋮          ⋮
i=99 时,   sum=sum+1/99;
i=100 时,  sum=sum-1/100;
   ⋮          ⋮
```

这些语句非常类似,只是 i 的值在变化,导致 sum 所加的项也在不断地变化。用 item 来表示第 i 项,当 i 是奇数时 item 为 1/i,当 i 是偶数时 item 为 −1/i,所以我们可以把它统一成 item=±1/i。但是,在 C 语言中,如果 i 为整数,当 i>1 时,1/i=0,所以改成 item=±1.0/i。

于是上面那些语句可以写成:

循环执行,i 的值不断变化,直到最后一项的绝对值小于 10^{-4} {
  sum=sum+item;
}

Step2 输出阶段。输出计算结果 sum。

实现代码如下。

```
1   #include<stdio.h>
2   #include<math.h>
3   #define LIMIT 0.0001
4   int main()
5   {
6       int i;
7       double sum, item;
8
9       sum=0;
10      i=1;
11      item=1;                 /*第1项*/
12      while(fabs(item)>=LIMIT){
13          sum=sum+item;
14
15          /*计算下一项*/
16          i++;
17          if(i%2!=0){         /*i为奇数*/
18              item=1.0/i;
19          }
20          else{               /*i为偶数*/
21              item=-1.0/i;
22          }
23      }
24      printf("%.4f\n", sum);
25
26      return 0;
27  }
```

请注意,第 17 行也可写成 if(i%2),由于 if 语句只是测试表达式的值,非零为真,零为假。

本题的正负号,还可以用一个变量 flag 来控制。设第 1 项的 flag=1;第 2 项的 flag

=-flag,即 flag=-1;第 3 项的 flag=-flag,即 flag=1;以此类推,把上面的程序修改成如下实现形式。

```
1   #include<stdio.h>
2   #include<math.h>
3   #define LIMIT 0.0001
4   int main()
5   {
6       int i, flag;
7       double sum, item;
8
9       sum=0;
10      i=1;
11      item=1;                    /*第1项*/
12      flag=1;
13      while(fabs(item)>=LIMIT){
14          sum=sum+item;
15
16          /*计算下一项*/
17          i++;
18          flag=-flag;
19          item=flag*1.0/i;
20      }
21      printf("%.4f\n", sum);
22
23      return 0;
24  }
```

4.3 for 循环

for 循环语句的语法如下：

for(表达式 1; 表达式 2; 表达式 3)
　　语句

此循环语句,首先计算表达 1 的值 1 次。接着,计算表达式 2 的值,如果其值为真(即非 0),则执行语句,然后计算表达式 3 的值,并再次计算表达式 2 的值,这一循环过程一直进行下去,直到该表达式 2 的值为假(即 0)为止,跳出 for 循环,执行 for 循环语句后面的部分。for 循环语句的执行流程如图 4-2 所示。

for 循环语句一般等价于下列 while 语句：

表达式 1;
while(表达式 2){
　　语句

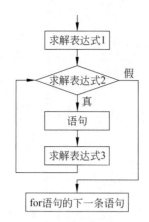

图 4-2　for 循环语句的执行流程

  表达式 3
}

但当 while 循环或 for 循环语句中包含 continue 语句时,上述两者之间就不一定等价了。
  说明:
  (1) 最常见的情况是,表达式 1 与表达式 3 是赋值表达式或函数调用,表达式 2 是关系表达式。
  (2) 这 3 个组成部分中的任何部分都可以省略,但分号必须保留。如:

```
for(; ;){
    …
}
```

是一个"无限"循环语句,这种语句需要借助其他手段(如 break 语句或 return 语句)才能终止执行。
  如果省略测试条件,即表达式 2,则认为其值永远为真。
  (3) 在设计程序时,到底选用 while 循环语句还是 for 循环语句,主要取决于问题的本身和程序设计人员的个人偏好。
  例如,在下列语句中:

```
/*跳过空白符*/
while((c=getchar())==' ' || c =='\n' || c =='\t')
    ;
```

没有设定初值或重新设定值的操作,所以选用 while 循环语句更为自然一些。
  如果语句中需要执行简单的初始化与变量递增,使用 for 语句更合适一些,它将循环控制语句集中放在循环的开头,结构更紧凑、更清晰。通过下列语句可以很明显地看出这一点:

```
for(i=0; i<n; i++){
    …
```

}

例 4.5 写出下列程序的运行结果。

```
1  #include<stdio.h>
2  int main()
3  {
4      int k;
5      double s;
6      s=0;
7      for(k=0; k<7; k++){
8          s += k/2;
9      }
10     printf("%d,%f\n", k, s);
11     return 0;
12 }
```

运行结果:

7, 9.000000

【运行结果分析】 这是一道读程序题。根据我们前面介绍的读程序的三遍原则。

第一遍,整体读程序,我们知道没有自定义函数,只有一个 main()函数,这是每个 C 语言程序必须具有的。

第二遍,读 main()函数,main()函数的结构也比较简单,主要有一条 for 循环语句。

第三遍,从 main()函数入口模拟程序的执行,分析每条语句。下面就是程序的分析过程。

1. 程序从 main()函数入口。
2. 第 4 行,声明一个整型变量 k。
3. 第 5 行,声明一个实型变量 s。
4. 第 7 行~第 9 行,是一条 for 循环语句。现在来模拟执行。

(1) 做表达式 1,k=0,k<7 成立,做循环:

k/2=0,s+=k/2,则 s=0。

(2) 做表达式 3,k++,k=1,k<7 成立,做循环:

k/2=0,请注意这里是两个整数相除,结果取整。s+=k/2,则 s=0。

(3) 做表达式 3,k++,k=2,k<7 成立,做循环:

k/2=1,s+=k/2,则 s=1。

(4) 做表达式 3,k++,k=3,k<7 成立,做循环:

k/2=1,请注意这里是两个整数相除,结果取整。s+=k/2,则 s=2。

(5) 做表达式 3,k++,k=4,k<7 成立,做循环:

4/2=2,s+=k/2,则 s=4。

(6) 做表达式 3,k++,k=5,k<7 成立,做循环:

k/2=2,请注意这里是两个整数相除,结果取整。s+=k/2,则 s=6。

(7) 做表达式 3，k++，k=6，k<7 成立，做循环：
k/2=3，s+=k/2，则 s=9。

(8) 做表达式 3，k++，k=7，k<7 不成立，跳出 for 循环，做 for 循环语句的下一条语句，即做第 10 行语句。

5. 执行第 10 行，输出 k 和 s 的值。
6. 执行第 11 行，整个程序结束。

例 4.6 编程计算 $1×2+3×4+5×6+7×8+\cdots+99×100$ 的值。

输入样例：

本题无输入。

输出样例：

169150

【分析】 这是一个累加问题。算法设计如下：

Step1 处理阶段。变量 sum 用于存放累加和，循环体为：sum=sum+第 i 项，第 i 项为 i*(i+1)。我们选用 for 循环语句，让 i 从 1 变到 99，步长为 2。

Step2 输出阶段。输出计算结果 sum。

实现代码如下。

```
1   #include<stdio.h>
2   int main()
3   {
4       int i, sum;
5
6       sum=0;
7       for(i=1; i<=99; i=i+2){
8           sum=sum+i * (i+1);
9       }
10
11      printf("%d\n", sum);
12
13      return 0;
14  }
```

例 4.7 编程计算如下数列的和：

$$sum = 1 + \frac{1}{1×2×3} + \frac{1}{2×3×4} + \cdots + \frac{1}{99×100×101}$$

输入样例：

本题无输入。

输出样例：

sum=1.249950

【分析】 这是一个累加问题。算法设计如下：

Step1　处理阶段。变量 sum 用于存放累加和,循环体为:sum=sum+第 i 项,第 i 项为 item=1/((i−1)∗i∗(i+1))。我们选用 for 循环语句,让 i 从 2 变到 100,步长为 1。

要注意在 C 语言中,当(i−1)∗i∗(i+1)>1 时,1/((i−1)∗i∗(i+1))=0,所以写成 item=1.0/((i−1)∗i∗(i+1))。

Step2　输出阶段。输出计算结果 sum。

实现代码如下。

```
1   #include<stdio.h>
2   int main()
3   {
4       int i;
5       double sum, item;
6
7       sum=1.0;                    /*第1项单独考虑,sum初值为第1项*/
8       for(i=2; i<=100; i++){
9           item=1.0/((i-1)*i*(i+1));
10          sum +=item;             /*此语句等价于 sum=sum+item*/
11      }
12
13      printf("sum=%f\n", sum);
14
15      return 0;
16  }
```

4.4　do-while 循环

while 和 for 这两种循环在循环体执行前对终止条件进行测试,与此相反,C 语言中的第三种循环即 do-while 循环则在循环体执行后测试终止条件,这样循环体至少被执行一次。

do-while 循环语句的语法如下:

do{
　　语句
}while(表达式);

此循环先执行循环体中的语句部分,然后求表达式的值。如果表达式的值为真,则再次执行语句,依此类推。当表达式的值变为假时,循环终止。do-while 循环语句的执行流程如图 4-3 所示。

例 4.8　写出下列程序的运行结果。

```
1   #include<stdio.h>
2   int main()
3   {
```

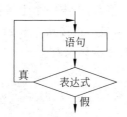

图 4-3 do-while 循环语句的执行流程

```
 4      int a=1, b=7;
 5      do{
 6          b=b / 2;
 7          a +=b;
 8      }while(b>1);
 9      printf("%d\n", a);
10      return 0;
11  }
```

运行结果：

5

【运行结果分析】 这是一道读程序题。根据我们前面介绍的读程序的三遍原则。

第一遍，整体读程序，我们知道没有自定义函数，只有一个 main() 函数，这是每个 C 语言程序必须具有的；

第二遍，读 main() 函数，main() 函数的结构也比较简单，主要有一条 do-while 循环语句；

第三遍，从 main() 函数入口模拟程序的执行，分析每条语句。下面就是程序的分析过程。

1. 程序从 main() 函数入口。
2. 第 4 行，声明两个整型变量 a 和 b 并赋初值，a＝1，b＝7。
3. 第 5～8 行，是一条 do-while 循环语句。现在来模拟执行。
（1）做循环：
执行第 6 行，b=b/2，请注意这里是两个整数相除，结果取整，所以 b＝3；
执行第 7 行，a＋＝b，a＝4。
（2）执行第 8 行，进行循环条件判断，此时 b＝3，b＞1 条件成立，做循环：
执行第 6 行，b=b/2，请注意这里是两个整数相除，结果取整，所以 b＝1；
执行第 7 行，a＋＝b，所以 a＝5。
（3）执行第 8 行，进行循环条件判断，此时 b＝1，b＞1 条件不成立，跳出 do-while 循环，即跳到 do-while 循环语句的下一条语句，即做第 9 行语句。
4. 执行第 9 行，输出 a 的值。
5. 执行第 10 行，整个程序结束。

例 4.9 将军有一队兵，他想知道有多少人，便让士兵排队报数：按从 1 至 5 报数，最末一个士兵报的数为1;按从1至6报数,最末一个士兵报的数为5;按从1至7报数,最末一个士兵报的数为4;最后再按从1至11报数,最末一个士兵报的数为10。你知道将军至少有多少兵吗?

输入样例：

本题无输入。

输出样例：

2111

【分析】 设将军的兵数为x。

(1) 按从1至5报数,最末一个兵报的数为1,则x%5=1；

(2) 按从1至6报数,最末一个士兵报的数为5,则x%6=5；

(3) 按从1至7报数,最末一个士兵报的数为4,则x%7=4；

(4) 最后再按从1至11报数,最末一个士兵报的数为10,则x%11=10。

兵数x必须满足这四种情况,而兵数x未知,要求的又是至少的兵数,怎么办？我们可以采取地毯式的搜索,即从1开始,一个数一个数的判断,看它是否满足,第一个满足四种情况的数就是至少的兵数x。

实现代码如下。

```
1   #include<stdio.h>
2   int main()
3   {
4       int x;
5
6       x=1;
7       do{
8           x++;
9       }while(!(x%5==1 && x%6==5 && x%7==4 && x%11==10));
10
11      printf("x=%d\n", x);
12
13      return 0;
14  }
```

请注意,第9行也可写成

while(x%5!=1 || x%6!=5 || x%7!= 4 || x%11!=10)

4.5 三种循环语句的比较

三种循环语句在处理循环问题时,一般可以相互替代。

对于循环次数固定的问题,用for循环语句实现比较简单；对于循环次数不确定的问题,可以用while循环语句或do-while循环语句实现。

各种循环语句中执行循环体、判断循环条件的顺序为:
(1) while 循环语句和 for 循环语句均是先判断,后执行。
(2) do-while 语句是先执行,后判断。

4.6 循环结构的嵌套

一个循环体内又包含另一个完整的循环结构,称为循环的嵌套。请注意:循环体不允许交叉!

while 循环语句、for 循环语句和 do-while 循环语句,这三种循环语句可以同类嵌套,也可以不同类互相嵌套。

例 4.10 编程计算 1!＋2!＋…＋10! 的值。

输入样例:

本题无输入。

输出样例:

1!+2!+…+10!=4037913

【分析】 这实质上也是一个累加问题,只不过它的每一项又是通过累乘求得。算法设计如下:

Step1 处理阶段。变量 sum 用于存放累加和,然后

i=1 时,   sum=sum+**1!**;
i=2 时,   sum=sum+**2!**;
⋮   ⋮
i=10 时,   sum=sum+**10!**;

这些语句非常类似,只是 i 的值从 1 变化到 10。于是可以写成:

```
for(i=1; i<=10; i++){
    sum=sum+i!;
}
```

Step2 输出阶段。输出计算结果 sum。

在 Step1,C 语言中 i! 不能表示 i 的阶乘,现在的关键问题是求 i 的阶乘。怎么求?我们前面学过求 n!,把求 n! 换成求 i! 即可,代码如下:

```
/*求 i 的阶乘,结果放在变量 t 中 */
t=1;
for(j=1; j<=i; j++){
    t=t*j;
}
```

i! 求得了,问题就迎刃而解了,请看图 4-4,求 i! 用右边的代码代替即可。

现在整理代码如下:

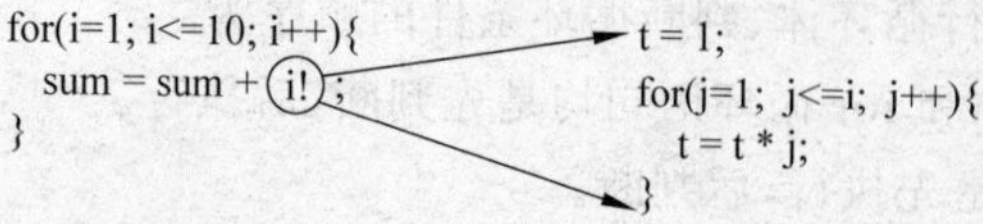

```
for(i=1; i<=10; i++){            t = 1;
    sum = sum + i!;              for(j=1; j<=i; j++){
}                                    t = t * j;
                                 }
```

图 4-4 求 i!

```
for(i=1; i<=10; i++){
    /*求i的阶乘,结果放在变量t中*/
    t=1;
    for(j=1; j<=i; j++){
        t=t*j;
    }
    sum=sum+t;
}
```

实现代码如下:

```
1   #include<stdio.h>
2   int main()
3   {
4       int i, j;
5       int t, sum;
6   
7       sum=0;
8       for(i=1; i<=10; i++){
9           /*求i的阶乘,结果放在变量t中*/
10          t=1;
11          for(j=1; j<=i; j++){
12              t=t*j;
13          }
14  
15          sum=sum+t;
16      }
17      printf("1!+2!+…+10!=%ld\n", sum);
18  
19      return 0;
20  }
```

请思考,这道题有没有别的实现方法?上面程序是用了一个双重循环来解决问题的,能不能用单重循环解决这个问题?有没有一种结构,这种结构的功能就是求阶乘的,类似于我们前面所用到的 fabs()函数?

例4.11 写出下列程序的运行结果。

```
1   #include<stdio.h>
2   int main()
```

```
 3    {
 4        int i, k=0, b;
 5
 6        for(i=1; i<=10; i++){
 7            b=i%2;
 8            while(b-->=0){
 9                k++;
10            }
11        }
12
13        printf("%d,%d\n", k, b);
14
15        return 0;
16    }
```

运行结果:

15,-2

【运行结果分析】 这是一道读程序题。根据我们前面介绍的读程序的三遍原则。

第一遍,整体读程序,我们知道没有自定义函数,只有一个 main() 函数,这是每个 C 语言程序必须具有的。

第二遍,读 main() 函数,main() 函数的结构也比较简单,主要有一条 for 循环语句,在 for 循环语句内又嵌套了一条 while 循环语句。

第三遍,从 main() 函数入口模拟程序的执行,分析每条语句。下面就是程序的分析过程。

1. 程序从 main() 函数入口。
2. 第 4 行,声明三个整型变量 i、k 和 b,对 k 赋初值 0,即 k=0。
3. 第 6~11 行,是一条 for 循环语句。现在来模拟执行。
(1) i=1,i≤10 成立,做外循环:
执行第 7 行,b=i%2,请注意这里是两个整数相除,结果取整,那么 b=1。
A. b≥0 成立,决定做内循环,然后 b--,b=0。
执行第 9 行,k++,k=1。
B. b≥0 成立,决定做内循环,然后 b--,b=-1。
执行第 9 行,k++,k=2。
C. b=-1,b≥0 不成立,决定不做内循环,然后 b--,b=-2。
(2) i++,i=2,i≤10 成立,做外循环:
执行第 7 行,b=i%2,请注意这里是两个整数相除,结果取整,那么 b=0。
A. b≥0 成立,决定做内循环,然后 b--,b=-1。
执行第 9 行,k++,k=3。
B. b=-1,b≥0 不成立,决定不做内循环,然后 b--,b=-2。
⋮

(9) i++,i=9,i<=10 成立,做外循环:

执行第 7 行,b=i%2,请注意这里是两个整数相除,结果取整,b=1。

A. b>=0 成立,决定做内循环,然后 b--,b=0。

执行第 9 行,k++,k=13。

B. b>=0 成立,决定做内循环,然后 b--,b=-1。

执行第 9 行,k++,k=14。

C. b=-1,b>=0 不成立,决定不做内循环,然后 b--,b=-2。

(10) i++,i=10,i<=10 成立,做外循环:

执行第 7 行,b=i%2,请注意这里是两个整数相除,结果取整,b=0。

A. b>=0 成立,决定做内循环,然后 b--,b=-1。

执行第 9 行,k++,k=15。

B. b=-1,b>=0 不成立,决定不做内循环,然后 b--,b=-2。

(11) i++,i=11,i<=10 不成立,跳出 for 外循环,即跳到 for 循环语句的下一条语句。

4. 执行第 13 行,输出 k 和 b 的值。

5. 执行第 15 行,整个程序结束。

例 4.12 编写程序打印如下给定的图案。

输入样例:

本题无输入。

输出样例:

```
*
**
***
****
```

【分析】 解决这个问题,我们要找到行数与"*"数量的关系。根据所给的图案,行数与"*"数的关系如下:

行数(i)	"*"数(i)
1	1
2	2
3	3
4	4

由分析知道,行数与"*"数相等,也就是当行数为 i,那么"*"数也为 i。我们可以采取双重循环,用外循环控制行数,即:

```
for(i=1; i<=4; i++){
    输出 i 个"*"
}
```

请看图 4-5,输出"*"用右边的代码代替即可。

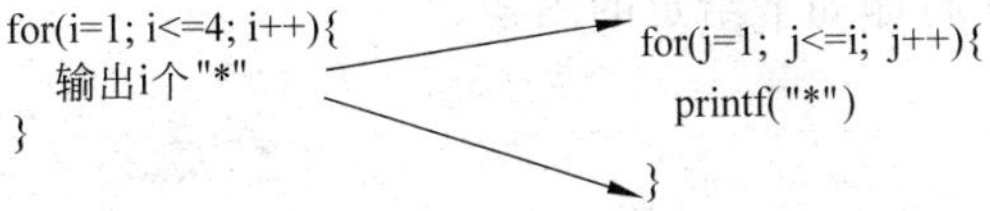

```
for(i=1; i<=4; i++){              for(j=1; j<=i; j++){
    输出i个"*"                         printf("*")
}                                 }
```

图 4-5 输出"*"

现在整理代码如下:

```
for(i=1; i<=4; i++){
    for(j=1; j<=i; j++){
        printf("*");
    }
    printf("\n");
}
```

实现代码如下:

```
1  #include<stdio.h>
2  #define N  4
3  int main()
4  {
5      int i, j;
6
7      for(i=1; i<=N; i++){        /*此循环控制"*"的行数*/
8          for(j=1; j<=i; j++){    /*此循环控制第 i 行的"*"数*/
9              printf("*");
10         }
11         printf("\n");
12     }
13
14     return 0;
15 }
```

请注意,上面程序中的行数不直接写"4",而是用define定义了一个符号常量N,它的值等于4,这样做比较灵活,如果输出类似的图案,只不过是多几行,修改第2行即可。还要注意第11行,如果把这行去掉,看看会出现什么情况。

有人说,你这样写太麻烦了,第 7~12 行,我能不能如下这样写?

```
printf("*");
printf("**");
printf("***");
printf("****");
```

可以。因为这道题除了要求输出给定的图案,没有其他的要求。但是,如果要求你输出类似图案有几百行,这种解决办法就不切实际了。我们写的程序就是用于解决实际问题,问题不同或问题的要求不同,自然所写的程序也就不同。

例 4.13 编写程序打印如下给定的图案。

输入样例:

本题无输入。

输出样例:

```
   $
  $$$
 $$$$$
$$$$$$$
 $$$$$
  $$$
   $
```

【分析】 解决这个问题,我们要找到行数与"$"数量的关系。我们把这个图案分成上下两部分。

(1) 对于上半部分图案,行数、"$"数量与左侧空格数的关系如下:

行数(i)	左侧空格数(4-i)	"$"数(2*i-1)
1	3	1
2	2	3
3	1	5
4	0	7

(2) 对于下半部分图案,行数、"$"数量与左侧空格数的关系如下:

行数(i)	左侧空格数(i)	"$"数(n-2*i)
1	1	n-2*1
2	2	n-2*2
3	3	n-2*3

上下两部分的规律找到了,就可以分别解决这个问题。实现代码如下。

```
1  #include<stdio.h>
2  #define N 7
3  int main()
4  {
5      int i, j, m;
6
7      m=(N+1)/2;
8
9      for(i=1; i<=m; i++){           /*输出上半部分图案*/
```

```
10      for(j=1; j<=m-i; j++){          /*此循环控制空格数*/
11          putchar(' ');
12      }
13      for(j=1; j<=2*i-1; j++){        /*此循环控制"$"符数*/
14          putchar('$');
15      }
16      putchar('\n');
17  }
18
19  for(i=1; i<m; i++){                 /*输出下半部分图案*/
20      for(j=1; j<=i; j++){            /*此循环控制空格数*/
21          putchar(' ');
22      }
23      for(j=1; j<=N-2*i; j++){        /*此循环控制"$"符数*/
24          putchar('$');
25      }
26      putchar('\n');
27  }
28
29  return 0;
30 }
```

4.7 break 语句与 continue 语句

break 和 continue 语句用于改变控制流。

break 语句结束循环,即用于从 while、for 与 do-while 等循环中提前退出,接着执行该语句之后的第一条语句,就如同从 switch 语句中提前退出一样。当 break 语句在嵌套循环中的内层循环中,一旦执行 break 语句,就会立刻跳出最近的一层循环体,并将控制权交给循环体外的下一行程序。

continue 语句结束本次循环,即用于使 while、for 或 do-while 语句开始下一次循环的执行。在 while 与 do-while 语句中,continue 语句的执行意味着立即执行条件判断部分;在 for 循环中,则意味着立即执行表达式3。

注意,continue 语句只作用于循环语句,不作用于switch 语句。

例 4.14 写出下列程序的运行结果。

```
1  #include<stdio.h>
2  int main()
3  {
4      int n;
5
6      for(n=1; n<=5; n++){
7          if(n%2!=0){
```

```
 8              printf("*");
 9          }
10          else{
11              continue;
12          }
13          printf("#");
14      }
15      printf("$\n");
16
17      return 0;
18  }
```

运行结果：

##*#$

【运行结果分析】 这是一道读程序题。根据我们前面介绍的读程序的三遍原则。

第一遍，整体读程序，我们知道没有自定义函数，只有一个 main() 函数，这是每个 C 语言程序必须具有的。

第二遍，读 main() 函数，main() 函数的结构也比较简单，主要有一条 for 循环语句，在 for 循环语句中有 if-else 二分支语句。

第三遍，从 main() 函数入口模拟程序的执行，分析每条语句。下面就是程序的分析过程。

1. 程序从 main() 函数入口。

2. 第 4 行，声明一个整型变量 n。

3. 第 6~14 行，是一条 for 循环语句。现在来模拟执行。

(1) n=1,n<=5 成立，做循环：

n%2=1,表达式 n%2!=0 为**真**,做 if 分支,输出"*"。

然后执行第 13 行，输出"#"。

(2) 做表达式 3(即 n++),n=2,n<=5 成立，做循环：

n%2=0,表达式 n%2!=0 为**假**,做 else 分支,然后执行第 11 行(即 continue 语句)，结束本次循环。

(3) 做表达式 3(即 n++),n=3,n<=5 成立，做循环：

n%2=1,表达式 n%2!=0 为**真**,做 if 分支,输出"*"。

然后执行第 13 行，输出"#"。

(4) 做表达式 3(即 n++),n=4,n<=5 成立，做循环：

n%2=0,表达式 n%2!=0 为**假**,做 else 分支,然后执行第 11 行(即 continue 语句)，语句结束本次循环。

(5) 做表达式 3(即 n++),n=5,n<=5 成立，做循环：

n%2=1,表达式 n%2!=0 为**真**,做 if 分支,输出"*"。

然后执行第13行,输出"#"。

(6) 做表达式3(即n++),n=6,n≤5不成立,跳出for循环,即跳到for循环语句的下一条语句。

4. 执行第15行,输出"$",然后换行。

5. 执行第17行,整个程序结束。

例4.15 写出下列程序的运行结果。

```
1   #include<stdio.h>
2   int main()
3   {
4       int k=0;
5       char c='A';
6
7       do{
8           switch(c++){
9               case 'A':
10                  k++;
11                  break;
12              case 'B':
13                  k--;
14                  break;
15              case 'C':
16                  k+=2;
17              case 'D':
18                  k=k%5;
19                  continue;
20              case 'E':
21                  k=k*10;
22              default:
23                  k=k/3;
24          }
25          k++;
26      }while(c<'H');
27
28      printf("k=%d\n", k);
29
30      return 0;
31  }
```

运行结果:

k=2

【运行结果分析】 这是一道读程序题。根据我们前面介绍的读程序的三遍原则。

第一遍,整体读程序,我们知道没有自定义函数,只有一个main()函数,这是每个

C语言程序必须具有的。

第二遍,读 main()函数,main()函数的结构也比较简单,主要有一条 do-while 循环语句,在 do-while 循环语句内有一条 switch 多路分支语句。

第三遍,从 main()函数入口模拟程序的执行,分析每条语句。下面就是程序的分析过程。

1. 程序从 main()函数入口。
2. 第 4 行、第 5 行后,k=0,c='A'。
3. 第 7~26 行,是一条 do-while 循环语句。现在来模拟执行。

(1) 做循环:

执行 switch 语句,因为 c='A',首先决定做 case 'A'分支,然后 c++,即 c='B'。

执行第 10 行(即 k++),k=1,然后跳出 switch 语句,即跳到 switch 语句的下一条语句。

执行第 25 行(即 k++),k=2。

(2) 因为 c='B',c<'H'成立,继续做循环:

执行 switch 语句,首先决定做 case 'B'分支,然后 c++,现在 c='C'。

执行第 13 行(即 k--),k=1,然后跳出 switch 语句,即跳到 switch 语句的下一条语句。

执行第 25 行(即 k++),k=2。

(3) 因为 c='C',c<'H'成立,继续做循环:

执行 switch 语句,首先决定做 case 'C'分支,然后 c++,现在 c='D'。

执行第 13 行(即 k+=2),k=4。继续向下执行 case 'D'分支,执行第 18 行(即 k=k%5),k=4,然后做 continue,结束本次循环,进行 do-while 循环条件判断。

(4) 因为 c='D',c<'H'成立,继续做循环:

执行 switch 语句,首先决定做 case 'D'分支,然后 c++,现在 c='E'。

执行第 18 行(即 k=k%5),k=4,然后做 continue,结束本次循环,进行 do-while 循环条件判断。

(5) 因为 c='E',c<'H'成立,继续做循环:

执行 switch 语句,首先决定做 case 'E'分支,然后 c++,现在 c='F'。

执行第 21 行(即 k=k*10),k=40。继续向下 default 分支,执行第 23 行(即 k=k/3),k=13,然后跳出 switch 语句,即跳到 switch 语句的下一条语句。

执行第 25 行(即 k++),k=14。

(6) 因为 c='F',c<'H'成立,继续做循环:

执行 switch 语句,首先决定做 default 分支,然后 c++,现在 c='G'。

执行第 23 行(即 k=k/3),k=4,然后跳出 switch 语句,即跳到 switch 语句的下一条语句。

执行第 25 行(即 k++),k=5。

(7) 因为 c='G',c<'H'成立,继续做循环:

执行 switch 语句,首先决定做 default 分支,然后 c++,现在 c='H'。

执行第 23 行(即 k＝k/3),k＝1,然后跳出 switch 语句,即跳到 switch 语句的下一条语句。

执行第 25 行(即 k＋＋),k＝2。

(8) 因为 c＝'H',c＜'H'不成立,跳出循环,即跳到 do-while 循环语句的下一条语句。

4. 执行第 28 行,输出 k 的值。

5. 执行第 30 行,整个程序结束。

例 4.16　打印 1～1000 中能同时被 3 和 5 整除的前 10 个数。

输入样例:

本题无输入。

输出样例:

15 30 45 60 75 90 105 120 135 150

【分析】　有两种方法可以解决这个问题:

第 1 种方法:从 1 开始找能同时被 3 和 5 整除的前 10 个数。

第 2 种方法:因为 3×5＝15,所以 15 的倍数一定能同时被 3 和 5 整除,于是可以从 15 开始找前 10 个 15 的倍数。

这两种方法都需要计数,以保证只需找 1～1000 中符合条件的前 10 个数。现在选择第一种方法实现此功能。实现代码如下。

```
1   #include<stdio.h>
2   int main()
3   {
4       int k, n=0;
5
6       for(k=1; k<=1000; k++){
7           if(k%3==0 && k%5==0){
8               n++;
9               printf("%d ", k);
10              if(n==10){
11                  break;
12              }
13          }
14      }
15      printf("\n");
16
17      return 0;
18  }
```

例 4.17　编程计算半径为 1～15 的圆的面积,如果超过 400 就输出。

输入样例:

本题无输入。

输出样例:

```
square=452.389349
square=530.929166
square=615.752169
square=706.858358
```

【分析】 因为圆半径变化的范围已确定,我们选择 for 循环,又因为根据半径得到的圆面积,它是否输出是有条件的,我们选择 continue 语句。实现代码如下。

```
1  #include<stdio.h>
2  #define PI 3.1415927
3  int main()
4  {
5      int r;
6      double area;
7  
8      for(r=1; r<=15; r++){
9          area=PI * r * r;
10         if(area<=400.0){
11             continue;
12         }
13         printf("square=%lf\n", area);
14     }
15 
16     return 0;
17 }
```

4.8　goto 语句与标号

C 语言提供了不可随意滥用的 goto 语句以及标记跳转位置的标号。goto 语句的一般形式为:

goto 标号;

标号的命名同变量命名的形式相同,标号的后面要紧跟一个冒号。标号可以位于对应的 goto 语句所在函数的任何语句的前面。标号的作用域是整个函数。

从理论上讲,goto 语句是没有必要的,实践中不使用 goto 语句也可以很容易地写出代码。但是,在某些场合下 goto 语句还是用得到的。最常见的用法是终止程序在某些深度嵌套的结构中的处理过程,例如一次跳出两层或多层循环,这种情况下使用 break 语句是不能达到目的的,它只能从最内层循环退出到上一级的循环。

所有使用了 goto 语句的程序代码都能改写成不带 goto 语句的程序,但可能会增加一些额外的重复测试或变量。

建议尽可能少使用 goto 语句。

4.9 专题1：正整数的拆分

例4.18 编程输出所有水仙花数。所谓水仙花数是指一个3位自然数,其各位数字的立方和等于该数本身。例如,153是一水仙花数,因为 $153=1^3+5^3+3^3$。

输入样例：

本题无输入。

输出样例：

153
370
371
407

【分析】 根据水仙花数的定义,它首先是一个三位自然数,那就意味着它的范围是[100,999];然后要满足其各位数字的立方和等于该数本身,那么就必须对这个数进行分解,求出它的个位、十位、百位。

假设n是一个三位数,我们来分解它的各位数字：

```
a=n%10;                    /*个位*/
b=(n/10)%10;               /*十位*/
c=n/100;                   /*百位*/
```

如果满足 $n=a^3+b^3+c^3$,那么n就是一个水仙花数。

实现代码如下。

```
1   #include<stdio.h>
2   int main()
3   {
4       int i;
5       int a, b, c;
6   
7       for(i=100; i<=999; i++){
8           a=i%10;                    /*求个位*/
9           b=(i/10)%10;               /*求十位*/
10          c=i / 100;                 /*求百位*/
11          if(i==a*a*a+b*b*b+c*c*c){
12              printf("%d\n", i);
13          }
14      }
15  
16      return 0;
17  }
```

例 4.19 从键盘读入一个整数,统计该数的位数。

输入样例 1:

785

输出样例 1:

It has 3 digits.

输入样例 2:

0

输出样例 2:

It has 1 digits.

【分析】

(1) 一个整数由多位数字组成,统计过程需要一位位地数,因此这是一个循环过程,循环次数由整数本身的位数决定。由于需要处理的数据有待输入,故无法事先确定循环次数,所以这时选用 while 循环或 do-while 循环比较好。

(2) 那么循环条件该怎么确定呢?我们可以让整数 n 整除 10,整除 10 后减少一位个位数,生成一个新数(n=n/10),同时用于统计位数的变量值增加 1。然后用生成的新数 n 继续整除 10,直到新数为 0 为止,也就是说,循环条件为 n!=0。

(3) 那么用 while 循环还是用 do-while 循环呢?如果用 while 循环,当 n=0 时,循环一次都不做,那么用于统计位数的变量值为 0,这与 0 的实际位数为 1 不相符合,故采用 do-while 循环,它至少做一次循环。

实现代码如下。

```
1   #include<stdio.h>
2   int main()
3   {
4       int n, count;
5
6       scanf("%d", &n);
7       count=0;
8       do{
9           n=n/10;
10          count++;
11      }while(n!=0);
12      printf("It has %d digits.\n", count);
13
14      return 0;
15  }
```

例 4.20 正整数 n 若是它平方数的尾部,则称 n 为同构数。例如,6 是其平方数 36

的尾部,25 是其平方数 625 的尾部,6 与 25 都是同构数。要求找出 99 以内的所有同构数。

输入样例:
本题无输入。
输出样例:

1
5
6
25
76

【分析】 对这个问题,我们有两种解决方法。

第 1 种方法:

(1) 当 $1\leqslant n\leqslant 9$ 时,我们可以取 n^2 最后 1 位,判断它是否等于 n,如果等于 n 就是同构数。

(2) 当 $10\leqslant n\leqslant 99$ 时,我们可以取 n^2 最后 2 位,判断它是否等于 n,如果等于 n 就是同构数。

实现代码如下。

```
1   #include<stdio.h>
2   int main()
3   {
4       int n;
5
6       for(n=1; n<=99; n++){
7           if(n*n%10==n || n*n%100==n){
8               printf("%d\n", n);
9           }
10      }
11
12      return 0;
13  }
```

第 2 种方法:

(1) 对于整数 n,先求出它的位数 bit,那么就可以只取 n*n 最后的 bit 位,记为 rest。

(2) 然后比较 rest 与 n 的大小。如果相等,则 n 就是同构数,输出;否则不是。

实现代码如下。

```
1   #include<stdio.h>
2   #include<math.h>
3   int main()
4   {
5       int n, m, rest;
```

```
 6        int bit, number;
 7
 8        for(n=1; n<=99; n++){
 9            m=n;
10
11            /*判断m有几位*/
12            bit=0;
13            do{
14                m=m/10;
15                bit++;
16            }while(m!=0);
17
18            number=pow(10, bit);
19            rest=n*n %number;              /*取n*n最后的bit位*/
20
21            if(n==rest){
22                printf("%d\n", n);
23            }
24        }
25
26        return 0;
27    }
```

请大家比较上面求解99以内的所有同构数的两种方法,说说它们的优缺点。

4.10 专题2:迭代法

迭代法是用计算机解决问题的一种基本方法。迭代法也称辗转法,是一种不断用变量的旧值递推新值的过程。

利用迭代法解决问题,需要做好以下三方面的工作:

(1) 确定迭代变量。在可以用迭代算法解决的问题中,至少存在一个直接或间接地不断由旧值递推出新值的变量,这个变量就是迭代变量。

(2) 建立迭代关系式。所谓迭代关系式,是指如何从变量的旧值推出新值的公式(或关系)。迭代关系式的建立是解决迭代问题的关键,通常可以使用递推或倒推的方法来完成。

(3) 对迭代过程进行控制。什么时候结束迭代过程,这是编写迭代程序必须考虑的问题,不能让迭代过程无休止地重复执行下去。迭代过程的控制通常可分为两种情况:一种是所需的迭代次数是一个确定的值,可以计算出来,这种情况可以构建一个固定次数的循环来实现对迭代过程的控制;另一种是所需的迭代次数无法确定,这种情况需要进一步确定用来结束迭代过程的条件。

例 4.21 编写程序计算 $x+\dfrac{x^2}{2!}+\dfrac{x^3}{3!}+\cdots+\dfrac{x^n}{n!}$ 的值。

输入样例:

1.2 10

输出样例:

2.32

【分析】 这是一个递推问题。我们不妨假设第 1 项为 u_1，第 2 项为 u_2，第 3 项为 u_3…根据题意，则有：

$$u_1 = x$$
$$u_2 = u_1 * \frac{x}{2}$$
$$u_3 = u_2 * \frac{x}{3}$$
$$\cdots$$

根据这个规律，可以归纳出下面的递推公式：

$$u_n = u_{n-1} * \frac{x}{n}$$

因为是 u_1 是已知的，如果定义迭代变量为 u，则可以将上面的递推公式转换成如下的迭代公式：

$$u = u * \frac{x}{i} \quad (2 \leq i \leq n)$$

u 的初值为 x，让计算机对这个迭代关系重复执行 n-1 次，就可以计算出此式的和。

实现代码如下。

```
1   #include<stdio.h>
2   int main()
3   {
4       int i, n;
5       double x, sum;
6       double u;
7   
8       scanf("%lf%d", &x, &n);
9       sum=u=x;
10      for(i=2; i<=n; i++){
11          u=u*x/i;
12          sum=sum+u;
13      }
14      printf("%.2f\n", sum);
15  
16      return 0;
17  }
```

例 4.22 验证谷角猜想。日本数学家谷角静夫在研究自然数时发现了一个奇怪现象：对于任意一个自然数 n，若 n 为偶数，则将其除以 2；若 n 为奇数，则将其乘以 3，然后再加 1。如此经过有限次运算后，总可以得到自然数 1。人们把谷角静夫的这一发现叫作"谷角猜想"。编写一个程序，由键盘输入一个自然数 n，把 n 经过有限次运算后，最终变成自然数 1 的全过程打印出来。

输入样例：

10

输出样例：

5 16 8 4 2 1

【分析】 设迭代变量为 n，按照谷角猜想，可以得到两种情况下的迭代关系式：当 n 为偶数时，n＝n/2；当 n 为奇数时，n＝n＊3+1。

这个迭代过程需要重复执行多少次，才能使迭代变量 n 最终变成自然数 1，这是我们预先不知道的。因此，还需要进一步确定用来结束迭代过程的条件。仔细分析题目要求不难看出，对任意给定的一个自然数 n，只要经过有限次运算后，能够得到自然数 1，就已经完成了验证工作。因此，用来结束迭代过程的条件可以定义为：n＝1。

实现代码如下。

```
1   #include<stdio.h>
2   int main()
3   {
4       int n;
5   
6       scanf("%d", &n);
7       do{
8           if(n%2 ==0){
9               n=n/2;
10          }
11          else{
12              n=n * 3+1;
13          }
14          printf("%d ", n);
15      }while(n!=1);
16      printf("\n");
17  
18      return 0;
19  }
```

例 4.23 阿米巴用简单分裂的方式繁殖，它每分裂一次要用 3 分钟。将若干个阿米巴放在一个盛满营养参液的容器内，45 分钟后容器内充满了阿米巴。已知容器最多可以装 2^{20} 个阿米巴。试问，开始的时候往容器内放了多少个阿米巴？

输入样例：

本题无输入。

输出样例：

32

【分析】 阿米巴每 3 分钟分裂一次，那么从开始将阿米巴放入容器里面，到 45 分钟后充满容器，需要分裂 45/3＝15 次。根据题意，则有：

$$x_{15} = 2^{20}$$
$$x_{14} = x_{15}/2$$
$$x_{13} = x_{14}/2$$
$$\vdots$$

根据这个规律，可以归纳出下面的倒推公式：

$$x_{n-1} = x_n/2 \quad (n \geqslant 1)$$

因为第 15 次分裂之后的个数是已知的，如果定义迭代变量为 x，则可以将上面的倒推公式转换成如下的迭代公式：

$$x = x/2$$

x 的初值为第 15 次分裂之后的个数 2^{20}。

让这个迭代公式重复执行 15 次，就可以倒推出第 1 次分裂之前的阿米巴个数。

实现代码如下。

```
1  #include<stdio.h>
2  #include<math.h>
3  int main()
4  {
5      int i, x;
6
7      x=pow(2, 20);
8      for(i=15; i>=1; i--){
9          x=x/2;
10     }
11     printf("%d\n", x);
12
13     return 0;
14 }
```

4.11 应用实例：学生成绩管理

例 4.24 对 20 个学生的 3 门课程成绩（C 语言、英语、音乐）进行分类求和。

【分析】 这里有 3 门课程成绩，而且要求分类求和，即分别对 C 语言、英语、音乐求总分。这实质就是求和问题。

实现代码如下。

```
1   #include<stdio.h>
2   int main()
3   {
4       int i;
5       double c, english, music;
6
7       /*定义3个双精度浮点变量,并初始化为0,为存放累加和作准备*/
8       double totalC=0, totalE=0, totalM=0;
9
10      for(i=1; i<=20; i++){            /*对20个学生,循环20次*/
11          scanf("%lf%lf%lf", &c, &english, &music);
12
13          totalC +=c;                  /*对C语言课程求和*/
14          totalE +=english;            /*对英语课程求和*/
15          totalM +=music;              /*对音乐课程求和*/
16      }
17
18      printf("%.1f %.1f %.1f\n", totalC, totalE, totalM);   /*输出*/
19
20      return 0;
21  }
```

练　　习

一、单项选择题

1. 在 while(x)语句中的 x 与下面条件表达式等价的是(　　)。
   A. x==0　　　　B. x==1　　　　C. x!=1　　　　D. x!=0
2. 在 while(!x)语句中的!x 与下面条件表达式等价的是(　　)。
   A. x!=0　　　　B. x==1　　　　C. x!=1　　　　D. x==0
3. 有以下程序段,while 循环执行的次数是(　　)。

   ```
   int  k=0;
   while(k=1){
       k++;
   }
   ```

   A. 无限次　　　　　　　　　　　　B. 有语法错,不能执行
   C. 一次也不执行　　　　　　　　　D. 执行1次
4. 下列程序的运行结果是(　　)。

   ```
   #include<stdio.h>
   int main()
   ```

```
{
    int  k=5;
    while(--k){
        printf("%d", k-=3);
    }
    printf("\n");
    return 0;
}
```

   A. 1   B. 2   C. 4   D. 死循环

5. 下列程序的运行结果是(　　)。

```
#include<stdio.h>
int main()
{
    int  k=0, n=2;
    while(k++&& n++>2);
    printf("%d %d\n", k, n);
    return 0;
}
```

   A. 0 2   B. 1 3   C. 5 7   D. 1 2

6. 下列程序段的运行结果是(　　)。

```
int i=0;
while(i++<=2);
printf("%d", i);
```

   A. 2   B. 3   C. 4   D. 无结果

7. 下列程序的运行结果是(　　)。

```
#include<stdio.h>
int main()
{
    int  c=0, k;
    for(k=1; k<3; k++){
        switch(k){
            default:
                c +=k;
            case 2:
                c++;
                break;
            case 4:
                c +=2;
                break;
        }
    }
```

```
        printf("%d\n", c);
        return 0;
}
```

  A. 3   B. 5   C. 7   D. 9

8. 下列程序的运行结果是(　　)。

```
#include<stdio.h>
int main()
{
    int x=8;
    for(; x>0; x--){
        if(x%3){
            printf("%d,", x--);
            continue;
        }
        printf("%d,", --x);
    }
    return 0;
}
```

  A. 7,4,2,   B. 8,7,5,2,   C. 9,7,6,4,   D. 8,5,4,2,

9. 对于下列程序段,描述正确的是(　　)。

```
int  x=-1;
do{
x=x*x;
}while(!x);
```

  A. 死循环   B. 循环执行两次

  C. 循环执行一次   D. 有语法错误

10. 若使下列程序的输出值为8,则应该从键盘输入的n的值是(　　)。

```
#include<stdio.h>
int main()
{
    int  i=1, sum=0, n;
    scanf("%d", &n);
    do{
        i+=2;
        sum+=i;
    }while(i!=n);
    printf("%d", sum);
    return 0;
}
```

  A. 1   B. 3   C. 5   D. 7

11. 以下叙述中正确的是( )。

  A. break 语句只能用于 switch 语句中

  B. continue 语句的作用是使程序的执行流程跳出包含它的所有循环

  C. break 语句只能用在循环体内和 switch 语句体内

  D. 在循环体内使用 break 语句和 continue 语句的作用相同

二、填空题

1. 下列程序的功能是：输出 100 以内(不含 100)能被 3 整除且个位数为 6 的所有整数。请填空。

```c
#include<stdio.h>
int main()
{
    int  i, j;
    for(i=0; _____; i++){
        j=i*10+6;
        if(_____){
            continue;
        }
        printf("%d ", j);
    }
    return 0;
}
```

2. 下列程序段的输出结果是( )。

```c
int  k, s;
for(k=s=0; k<10 && s<=10; s+=k){
    k++;
}
printf("k=%d, s=%d", k, s);
```

3. 下列程序段的输出结果是( )。

```c
int  k, x;
for(k=0, x=0; k<=9 && x!=10; k++){
    x+=2;
}
printf("%d, %d", k, x);
```

4. 输入整数 n(n>0)，求 m 使得 2 的 m 次方小于或等于 n、2 的 m+1 次方大于或等于 n。

```c
#include<stdio.h>
int main()
{
    int  m=0, t=1, n;
```

```
        while(_____);
        while(!(t<=n && t*2>=n)){
            _____;
            m++;
        }
        printf("%d\n",m);

        return 0;
    }
```

三、写出下面程序的运行结果

1. 程序运行时输入：1 -2 3 -4 5 ↙

```
#include<stdio.h>
int main()
{
    int  i, n;
    for(i=1; i<=5; i++){
        scanf("%d", &n);
        if(n <=0){
            continue;
        }
        printf("n=%d\n", n);
    }
    printf("Program is over!\n");
    return 0;
}
```

2.

```
#include<stdio.h>
int main()
{
    int  i=0;
    while(i<3){
        switch(i++){
            case 0:
                printf("fat");
                break;
            case 1:
                printf("hat");
            case 2:
                printf("cat");
            default:
                printf("Oh no!");
```

```
        }
        putchar('\n');
    }
    return 0;
}
```

3. 程序运行时,输入:A1290 ↙

```
#include <stdio.h>
int main()
{
    char c;
    while((c=getchar())!='0'){
        switch(c){
            case '1':
            case '9':
                continue;
            case 'A':
                putchar('a');
                continue;
            default:
                putchar(c);
        }
    }
    return 0;
}
```

4. 程序运行时输入:4 ↙

```
#include<stdio.h>
int main()
{
    int  n, s=0;
    scanf("%d", &n);
    while(n--){
        s +=n;
    }
    printf("%d %d\n", n, s);
    return 0;
}
```

5.
```
#include<stdio.h>
int main()
{
    int  n=0, k=4;
```

```c
    for(; n<k;){
        n++;
        if(n%2==0){
            continue;
        }
        k--;
    }
    printf("n=%d, k=%d\n", n, k);
    return 0;
}
```

6.

```c
#include<stdio.h>
int main()
{
    int  n=0, k=4;
    while(n<k){
        n++;
        if(n%2 ==0){
            break;
        }
        k--;
    }
    printf("n=%d, k=%d\n", n, k);
    return 0;
}
```

7.

```c
#include <stdio.h>
int main()
{
    int  i, j, sum;
    for(i=3; i>=1; i--){
        sum=0;
        for(j=1; j<=i; j++){
            sum +=i * j;
        }
    }
    printf("%d\n", sum);
    return 0;
}
```

8.

```c
#include <stdio.h>
```

```
int main()
{
    int  i, j;
    for(i=1; i<=3; i++){
        for(j=i; j>=1; j--){
            printf(" * ");
        }
        printf("\n");
    }
    return 0;
}
```

9. 程序运行时输入：4 ↙

```
#include<stdio.h>
int main()
{
    int  j, k, n;
    float  f, s;

    scanf("%d", &n);
    s=0;
    f=1;
    for(k=1; k<=n; k++){
        for(j=1; j<k; j++){
            f=f * k;
        }
        s=s+f;
        printf("%.0f#", s);
    }

    return 0;
}
```

四、程序设计题

1. 给定一个正整数 n(0＜n＜1000)，计算 s＝1＋2＋…＋n。

输入样例：

100

输出样例：

5050

2. 编程计算 $1^2+2^2+3^2+\cdots+n^2$ 的值，其中 n(1≤n≤100)由键盘输入。

输入样例：

20

输出样例:

2870

3. 从键盘任意输入某班 20 个学生的成绩,打印最高分,并统计不及格学生的人数。

输入样例:

71 72 73 74 75 80 81 82 83 84 85 90 90 91 93 94 60 45 59 50

输出样例:

94 3

4. 设计程序,找出 5000 以内符合条件的自然数以及它们的总个数。条件是:千位数字与百位数字之和等于十位数字与个位数字之和,且千位数字与百位数字之和等于个位数字与千位数字之差的 10 倍。

输入样例:
本题无输入。

输出样例:

1982 2873 3764 4655
4

5. 输入一个正整数 n,找出构成它的最小的数字,用该数字组成一个新数,新数的位数与原数相同。

输入样例:

543278

输出样例:

222222

6. 编程计算 1+2/3+3/5+4/7+5/9+… 的前 n 项之和,其中 n 由键盘输入,结果保留 6 位小数。

输入样例:

20

输出样例:

11.239837

7. 有一分数序列 2/1,3/2,5/3,8/5,13/8,21/13,… 求出这个数列的前 50 项之和。

输入样例:
本题无输入。

输出样例:

74.155944

8. 编程计算 a＋aa＋aaa＋…＋aa…a 的值,其中 a 是一个数字,n 表示 a 的位数,其中 a 和 n 由键盘输入。例如,3＋33＋333＋3333＝3702(此时 a＝3,n＝4)。

输入样例:

3 4

输出样例:

a+aa+aaa+…=3702

9. 一个球从 100 米高度落下,每次落地后都反弹至原高度一半的位置,再落下。计算第 10 次落地时小球共经过的距离。

输入样例:

本题无输入。

输出样例:

299.61

10. 编程计算并打印一元二次方程 $ax^2＋bx＋c＝0$ 的根,a、b、c 由键盘输入,其中 a 不等于 0。要求考虑一元二次方程根的所有情况:(1)有两个相等的实数根;(2)有两个不等的实数根;(3)有两个虚数根。

输入样例:

1 4 4
1 5 6
1 4 7

输出样例:

x1=x2=-2.00
x1=-2.00 x2=-3.00
x1=-2.00+1.73i x2=-2.00-1.73i

11. 在正整数中找一个最小的数,此数被 3、5、7、9 除余数分别为 1、3、5、7。

输入样例:

本题无输入。

输出样例:

313

12. 计算 $\sqrt{2}＋\sqrt{3}＋\cdots\sqrt{10}$ 的和,结果保留 10 位小位。

输入样例:

本题无输入。

输出样例:

21.4682781862

13. 数列第1项为81,此后各项均为它前1项的正平方根,统计该数列前30项之和,结果保留3位小数。

输入样例:

本题无输入。

输出样例:

121.336

14. 设计程序,求满足条件pow(1.05,n)<1e6<pow(1.05,n+1)的n及其相应的pow(1.05,n)。

输入样例:

本题无输入。

输出样例:

283,992136.979

15. 输入一批学生的成绩,遇0或负数则输入结束,编程统计并输出优秀(score≥85)、通过(60≤score<85)和不及格(score<60)的学生人数。

输入样例:

68 70 59 40 89 97 73 20 100 0

输出样例:

[85,100]:3
[60,85):3
(0,60):3

16. 利用公式 π/4≈1−1/3+1/5−1/7+⋯ 计算 π 的近似值,要保证每项的绝对值大于或等于1e−6。

输入样例:

本题无输入。

输出样例:

3.141591

17. 利用 $\dfrac{\pi}{2}=\dfrac{2}{1}\times\dfrac{2}{3}\times\dfrac{4}{3}\times\dfrac{4}{5}\times\dfrac{6}{5}\times\dfrac{6}{7}\times\cdots$ 前200项之积,计算 π 的值。

输入样例:

本题无输入。

输出样例:

3.133787

18. 计算下列数列的和,要保证每项的绝对值大于或等于1e−6。

$$s=1-\dfrac{1}{3!}+\dfrac{1}{5!}-\dfrac{1}{7!}+\dfrac{1}{9!}-\dfrac{1}{11!}+\cdots$$

输入样例:

本题无输入。

输出样例:

0.841471

19. 编程计算如下数列和,要保证每项的绝对值大于或等于 10^{-5},结果保留 5 位小数。

$$s = \frac{1}{x} - \frac{2}{x^2} + \cdots + (-1)^{n+1}\frac{n}{x^n} + \cdots$$

输入样例:

3

输出样例:

0.18749

20. 已知如下的输入样例和输出样例,请编程。

输入样例:

无。

输出样例:

```
*****
 *****
  *****
   *****
    *****
```

21. 输入 n(0<n<10)后,输出一个数字金字塔。

输入样例:

4

输出样例:

```
   1
  222
 33333
4444444
```

22. 编程序找出 1000 之内的所有完数。如果一个数恰好等于它的因子之和,这个数就称为"完数"。例如,6 的因子为 1、2、3,而 6=1+2+3,因此 6 是"完数"。

输出样例:

本题无输入。

输出样例:

6

28
496

23. 统计满足条件 x*x+y*y+z*z==2000 的所有整数解的个数。

输入样例:

本题无输入。

输出样例:

144

24. a、b、c 均为 [1,100] 之间的整数,统计使等式 c/(a*a+b*b)=1 成立的所有解的个数。说明:若 a=1、b=3、c=10 是 1 个解,那么 a=3、b=1、c=10 也是 1 个解。

输入样例:

本题无输入。

输出样例:

69

25. 设 z=f(x,y)=10*cos(x−4)+5*sin(y−2),若 x 和 y 均取 [0,10] 之间的整数,找出使 z 为最小值的 x1 和 y1。

输入样例:

本题无输入。

输出样例:

1,7

26. 已知公鸡每只 5 元、母鸡每只 3 元、小鸡 1 元 3 只。求出用 100 元买 100 只鸡的所有解。注意:按照公鸡、母鸡、小鸡的次序输出它们的只数。

输入样例:

本题无输入。

输出样例:

0,25,75
3,20,77
4,18,78
7,13,80
8,11,81
11,6,83
12,4,84

第 5 章 输入与输出

本章要点：
- 常用输入、输出函数的使用；
- 简单的数据处理。

在程序的运行过程中，往往需要由用户输入一些数据，这些数据经机器处理后要输出反馈给用户。通过数据的输入/输出来实现人与计算机之间的交互，所以在程序设计中，输入/输出语句是一类必不可少的重要语句。

在 C 语言中，没有专门的输入/输出语句，所有的输入/输出操作都是通过对标准 I/O 库函数的调用来实现的。

最常用的输入/输出函数有 getchar()、putchar()、scanf()、printf()。ANSI 标准精确地定义了这些库函数，所以，在任何可以使用 C 语言的系统中都有这些函数的兼容形式。如果程序的系统交互部分仅仅使用了标准库提供的功能，则可以不加修改地从一个系统移植到另一个系统中。

5.1 getchar()函数

getchar()函数的原型如下：

```
int getchar(void);
```

此函数的功能是从 stdio 流中读字符。C 语言中，在没有输入时，getchar()函数将返回一个特殊值，这个特殊值与任何实际字符都不同，这个值称为 EOF(End Of File,文件结束)，它的值通常是-1。

getchar()函数只能接受单个字符，如果输入的是数字也按字符处理。输入多于一个字符时，只接收第一个字符。使用本函数前必须包含文件"stdio.h"。

例 5.1 输入一行字符，分别统计出其中空格或回车、数字和其他字符的个数。

输入样例：

```
beautiful 2010 heihei
```

输出样例：

```
sumWhite=3
sumNumber=4
```

sumOther=15

实现代码如下。

```
1   #include<stdio.h>
2   int main()
3   {
4       int c;
5       int sumWhite=0;         /*空格或回车的个数*/
6       int sumNumber=0;        /*数字的个数*/
7       int sumOther=0;         /*其他字符的个数*/
8       while((c=getchar())!=EOF){
9           if(c=='\n' || c==' '){
10              sumWhite++;
11          }
12          else if(c>='0' && c<='9'){
13              sumNumber++;
14          }
15          else{
16              sumOther++;
17          }
18      }
19      printf("sumWhite=%d\n", sumWhite);
20      printf("sumNumber=%d\n", sumNumber);
21      printf("sumOther=%d\n", sumOther);
22      return 0;
23  }
```

在程序中测试符号常量 EOF，而不是测试－1，这可以使程序更具有可移植性。ANSI 标准强调，EOF 是负的整数值，但没有必要一定是－1。因此，在不同的系统中，EOF 可能具有不同的值。在像 Microsoft 公司的 Windows 这样的系统中，EOF 是通过输入＜ctrl＋z＞的方式来输入的。

在声明变量 c 的时候，必须让它大到足以存放 getchar()函数返回的任何值。这里不把 c 声明成 char 类型，是因为它必须足够大，除了能存储任何可能的字符外还要能存储文件结束符 EOF，因此，将 c 声明成 int 类型。

EOF 定义在头文件＜stdio.h＞中，是一个整型数。

5.2　putchar()函数

putchar()函数的原型如下：

int putchar(int);

该函数的功能是将指定的表达式的值所对应的字符输出到标准输出终端上。表达式可以是字符型或整型,它每次只能输出一个字符。

如果没有发生错误,则函数 putchar()将返回输出的字符;如果发生了错误,则返回 EOF。使用本函数前必须包含文件"stdio.h"。

例 5.2 把从键盘输入的大写字母,转换成小写字母输出到显示器。

输入样例:

e

输出样例:

E

【分析】 大写字母 A~Z 的 ASCII 码为 65~90,小写字母的 ASCII 码为 97~122,因此大写字母与小写字母的 ASCII 码相差 32。

实现代码如下。

```
1  #include<stdio.h>
2  int main()
3  {
4      char ch;
5      ch=getchar();
6      putchar(ch+32);
7      return 0;
8  }
```

例 5.3 把从键盘输入的字符逐个输出到显示器。

输入样例:

The C Programming Language

输出样例:

The C Programming Language

【分析】 根据题意,此过程由下列两个步骤构成:

Step1 读入一个字符。

Step2 如果该字符不是文件结束符,则输出这个字符,重复 Step1;否则结束。

实现代码如下。

```
1  #include<stdio.h>
2  int main()
3  {
4      int ch;                    /*定义整型变量*/
5
6      ch=getchar();              /*读入一个字符*/
7      while(ch!=EOF){
8          putchar(ch);           /*输出一个字符*/
```

```
 9          ch=getchar();                    /*读入一个字符*/
10     }
11
12     return 0;
13 }
```

例 5.4 统计输入中的行数及字符数。

输入样例：

The
C
Programming
Language

输出样例：

4 27

【分析】 标准库保证输入文本流以行序列的形式出现，每一行均以换行符'\n'结束。因此，统计行数等价于统计换行符的个数。而字符计数，就是读一个字符，计数一次。

实现代码如下。

```
 1 #include<stdio.h>
 2 int main()
 3 {
 4     /*定义3个整型变量,并且给变量 nLine 和 nChar 赋初值 0*/
 5     int c, nLine=0, nChar=0;
 6
 7     /*每次读一个字符,直到文件结束*/
 8     while((c=getchar())!=EOF){
 9         nChar++;                           /*字符计数*/
10         if(c =='\n'){                      /*如果读入的字符是换行符*/
11             nLine++;    /*nLine 的值增加 1。此语句与 nLine=nLine+1 语句等价*/
12         }
13     }
14     printf("%d %d\n", nLine, nChar);
15
16     return 0;
17 }
```

标准库提供的输入/输出模型非常简单。无论文本从何处输入，输出到何处，其输入/输出都是按照字符流的方式处理。文本流是由多行字符构成的字符序列，而每行字符则由 0 个或多个字符组成，行末是一个换行符'\n'。标准库负责使每个输入/输出流都能够遵守这一模型。使用标准库的 C 语言程序员不必关心在程序之外这些行为是如何表示的。

5.3 printf()函数

printf()函数的原型如下:

int printf(char * format, arg1, arg2, …);

函数 printf()在输出格式 format 的控制下,将其参数进行转换与格式化,并在标准输出设备上打印出来。它的返回值为打印的字符数。

格式字符串包含两种类型的对象:普通字符和转换说明。

(1) 在输出时,普通字符将原样不动地复制到输出流中,而转换说明并不直接输出到输出流中,而是用于控制 printf()中参数的转换和打印。

(2) 每个转换说明都由一个百分号字符(即%)开始,并以一个转换字符结束。

(3) 在字符%和转换字符中间可能依次包含下列组成部分:

- 负号:用于指定被转换的参数按照左对齐的形式输出。
- 数:用于指定最小字段宽度。转换后的参数将打印不小于最小字段宽度的字段。如果有必要,字段左边(如果使用左对齐的方式,则为右边)多余的字符位置用空格填充以保证最小字段宽。
- 小数点:用于将字段宽度和精度分开。
- 小数点后的数:用于指定精度,即指定字符串中要打印的最多字符数、浮点数小数点后的位数。
- 字母 h 或 l:字母 h 表示将整数作为 short 类型打印,字母 l 表示将整数作为 long 类型打印。

printf()函数基本的转换说明如表 5-1 所示。

表 5-1　printf()函数基本的转换说明

字符	参数类型;输出形式
d, i	int 类型;十进制数
o	int 类型;无符号八进制数(没有前导 0)
x, X	int 类型;无符号十六进制数(没有前导 0x 或 0X)
u	int 类型;无符号十进制数
c	int 类型;单个字符
s	char * 类型;顺序打印字符串中的字符,直到遇到 '\0' 或已打印了由精度指定的字符数为止
f	double 类型;十进制小数[-]m.dddddd,其中 d 的个数由精度指定(默认值为 6)
e, E	double 类型,以指数形式输出单、双精度实数;十进制小数[-]m.dddddd e±xx 或[-]m.dddddd E±xx,其中 d 的个数由精度指定(默认值为 6)
g, G	double 类型,以%f 或%e 中较短的输出宽度输出单、双精度实数
p	void * 类型;指针(取决于具体实现)
%	不转换参数;打印一个百分号%

说明：

(1) 如果%后面的字符不是一个转换说明，则该行为是未定义的。

(2) 在转换说明中，宽度或精度可以用星号"*"表示，这时，宽度或精度的值通过转换下一参数（必须为 int 类型）来计算。

(3) printf()函数使用第一个参数判断后面参数的个数及类型。如果参数的个数不够或者类型错误，则将得到错误的结果。请注意下面两个函数调用之间的区别：

```
printf(s);                    /* 如果字符串 s 含有字符%，输出将出错 */
printf("%s", s);              /* 正确 */
```

例 5.5 写出下列程序的运行结果。

实现代码如下。

```
1   #include<stdio.h>
2   int main()
3   {
4       char * s="hello, world";
5
6       printf("%s\n", s);
7       printf("%10s\n", s);
8       printf("%.10s\n", s);
9       printf("%-10s\n", s);
10      printf("%.15s\n", s);
11      printf("%-15s\n", s);
12      printf("%15.10s\n", s);
13      printf("%-15.10s\n", s);
14
15      return 0;
16  }
```

运行结果：

```
hello, world
hello, world
hello, wor
hello, world
hello, world
hello, world
     hello, wor
hello, wor
```

5.4　scanf()函数

输入函数 scanf()对应于输出函数 printf()，它在后者相反的方向上提供同样的转换功能。

由于 C 语言的规则以及输出方向的不同转换，scanf()和 printf()有着很多不对称的地方,最重要的不对称性在于:printf()需要从其调用函数处获得多个值;而 scanf()则要将多个值返回给它的调用函数。

具有变长参数表的 scanf()函数的原型如下:

int scanf(char * format, …);

scanf()函数从标准输入中读取字符序列,按照 format 中的格式说明对字符序列进行解释,并把结果保存到其余的参数中。

除格式参数 format 外,其他所有参数都必须是指针,用于指定经格式转换后的相应输入保存位置。

当 scanf()函数扫描完其格式串或者碰到某些输入无法与格式控制说明匹配的情况时,该函数将终止,同时,成功匹配并赋值的输入项的个数将作为函数值返回,所以该函数的返回值可以用来确定已匹配的输入项的个数。

如果到达文件的结尾,该函数将返回 EOF。注意,返回 EOF 与 0 是不同的,0 表示下一个输入字符与格式串中的第一个格式说明不匹配,下一次调用 scanf()函数将从上一次转换的最后一个字符的下一个字符开始继续搜索。

格式串通常都包含转换说明,用于控制输入的转换。格式串可能包含以下部分:
- 空格或制表符:在处理过程中将被忽略。
- 普通字符(不包括%):用于匹配输入流中的下一个非空白符字符。
- 转换说明:依次由一个%、一个可选的赋值禁止字符 * 、一个可选的数值(指定最大字段宽度)、一个可选的 h、l 或 L 字符(指定目标对象的宽度)以及一个转换字符组成。

scanf 函数基本的转换说明如表 5-2 所示。

表 5-2 scanf()函数基本的转换说明

字 符	输入数据;参数类型
d	十进制整数;int * 类型
i	整数;int * 类型,可以是八进制(以 0 开头)或十六进制(以 0x 或 0X 开头)
o	八进制整数(可以以 0 开头,也可以不以 0 开头);int * 类型
u	无符号十进制整数;unsigned int * 类型
x	十六进制整数(可以以 0x 或 0X 开头,也可以不以 0x 或 0X 开头);int * 类型
c	字符;char * 类型,将接下来的多个输入字符(默认为一个字符)存放到指定位置。该转换规范通常不跳过空白符。如果需要读入下一个非空白符,可以使用%1s
s	字符串(不加引号);char * 类型,指向一个足以存放该字符串(还包括尾部的字符'\0')的字符数组。字符串的末尾将被添加一个结束符'\0'
e, f, g	浮点数,它可以包括正负号(可选)、小数点(可选)及指数部分(可选);float * 类型
%	字符%;不进行任何赋值操作

说明:

(1) 转换说明 d、i、o、u 及 x 的前面可以加上字符 h 或 l。前缀 h 表明参数表的相应参数是一个指向 short 类型而非 int 类型的指针,前缀 l 表明参数表的相应参数是一个指向 long 类型的指针。

(2) 转换说明 e、f 和 g 的前面也可以加上前缀 l,它表明参数表的相应参数是一个指向 double 类型而非 float 类型的指针。

(3) scanf()函数忽略格式串中的空格和制表符。此外,在读取输入值时,它将跳过空白符(空格、制表符、换行符等)。

(4) 如果要读取格式不固定的输入,最好每次读入一行,然后再用 scanf()函数将合适的格式分离出来读入。

(5) scanf()函数可以和其他输入函数混合使用。无论调用哪个输入函数,下一个输入函数的调用将从 scanf()没有读取的第一个字符处开始读取数据。

5.5 应用实例:求和

在本节中给出了一些求和实例,主要是帮助大家解决多组数据的输入和输出问题的。

例 5.6 计算 a+b。输入数据首先包括一个整数 t,表示输入数据的组数。然后是 t 行,每行有两个整数 a、b,这两个整数用空格隔开。对于每组输入数据 a 和 b,输出一行,即 a+b 的值。

输入样例:

```
2
1 5
10 20
```

输出样例:

```
6
30
```

【分析】 根据题意可知,输入的组数由第 1 行的 t 所决定。我们可以采用 for 循环或 while 循环来解决这个问题。

方法 1:用 for 循环实现。实现代码如下。

```
1  #include<stdio.h>
2  int main()
3  {
4      int t, i;
5      int a, b;
6      scanf("%d", &t);
7      for(i=1; i<=t; i++){
8          scanf("%d%d", &a, &b);
9          printf("%d\n", a+b);
10     }
11     return 0;
```

```
12  }
```

方法 2：用 while 循环实现。实现代码如下。

```
1  #include<stdio.h>
2  int main()
3  {
4      int t;
5      int a, b;
6      scanf("%d", &t);
7      while(t--){
8          scanf("%d%d", &a, &b);
9          printf("%d\n", a+b);
10     }
11     return 0;
12 }
```

例 5.7 计算 a+b。输入数据有多组，每组占一行，它有两个整数 a、b，这两个整数用空格隔开，如果 a=0 并且 b=0，则表示输入结束，该行不做处理。对于每组输入数据 a 和 b，输出一行，即 a+b 的值。

输入样例：

1 5
10 20
0 0

输出样例：

6
30

【分析】 根据题意可知，输入数据有多组，但是并没有说到底有多少组，那输入数据什么时候结束呢？直到 a=0 并且 b=0 时输入就结束。

实现代码如下。

```
1  #include<stdio.h>
2  int main()
3  {
4      int a, b;
5      while(1){
6          scanf("%d%d", &a, &b);
7          if(a==0 && b==0){
8              break;
9          }
10         printf("%d\n", a+b);
11     }
12     return 0;
```

```
13  }
```

例 5.8 计算 a+b。输入数据有多组,每组占一行,它有两个整数 a、b,这两个整数用空格隔开。对于每组输入数据 a 和 b,输出一行,即 a+b 的值。

输入样例:

1 5
10 20

输出样例:

6
30

【分析】 根据题意可知,输入数据有多组,但是并没有说到底有多少组,那输入数据什么时候结束呢?直到文件尾时输入就结束。

实现代码如下。

```
1  #include<stdio.h>
2  int main()
3  {
4      int a, b;
5      while(scanf("%d%d", &a, &b)!=EOF){
6          printf("%d\n", a+b);
7      }
8      return 0;
9  }
```

例 5.9 计算一些整数的和。输入数据首先是一个整数 t,表示测试实例的组数。然后是 t 行,每组测试实例的第一个数 n,表示在同一行里接着下来有 n 个整数。对于每组输入数据,输出一行,即 n 个数的和。

输入样例:

2
4 1 2 3 4
5 1 2 3 4 5

输出样例:

10
15

【分析】 根据题意可知,输入数据有多组,组数由第 1 行的 t 决定。每组的第 1 个数为 n,n 为求和整数的个数。

实现代码如下。

```
1  #include<stdio.h>
```

```
 2   int main()
 3   {
 4       int t;
 5       int i, n;
 6       int a, sum;
 7
 8       scanf("%d", &t);
 9       while(t--){
10           scanf("%d", &n);
11
12           sum=0;
13           for(i=1; i<=n; i++){            /*输入与求和同时进行*/
14               scanf("%d", &a);
15               sum=sum+a;
16           }
17
18           printf("%d\n", sum);
19       }
20
21       return 0;
22   }
```

例 5.10 计算一些整数的和。输入数据有多组,每组占一行。每组测试数据的第一个数 n,表示在同一行里接着下来有 n 个整数。如果 n=0,则表示输入结束,该行不做处理。对于每组输入数据,输出一行,即 n 个数的和。

输入样例:

4 1 2 3 4
5 1 2 3 4 5
0

输出样例:

10
15

【**分析**】 根据题意可知,输入数据有多组,每组的第 1 个数为 n,n 为求和整数的个数。当 n=0 时就输入就结束。
实现代码如下。

```
1   #include<stdio.h>
2   int main()
3   {
4       int i, n;
5       int a, sum;
```

```
 6
 7      while(1){
 8          scanf("%d", &n);
 9          if(n==0){
10              break;
11          }
12
13          sum=0;
14          for(i=1; i<=n; i++){            /*输入与求和同时进行*/
15              scanf("%d", &a);
16              sum=sum+a;
17          }
18
19          printf("%d\n", sum);
20      }
21
22      return 0;
23  }
```

例5.11 计算一些整数的和。输入数据有多组,每组测试实例的第一个数n,表示在同一行里接着下来有n个整数。对于每组输入数据,输出一行,即n个数的和。

输入样例:

4 1 2 3 4
5 1 2 3 4 5

输出样例:

10
15

【**分析**】 根据题意可知,输入数据有多组,但是并没有说到底有多少组,那输入数据什么时候结束呢?直到文件尾时输入就结束。每组的第1个数为n,n为求和整数的个数。

实现代码如下。

```
 1  #include<stdio.h>
 2  int main()
 3  {
 4      int i, n;
 5      int a, sum;
 6
 7      while(scanf("%d", &n)!=EOF){
 8          sum=0;
 9          for(i=1; i<=n; i++){
```

```
10            scanf("%d", &a);
11            sum=sum+a;
12        }
13        printf("%d\n", sum);
14    }
15    return 0;
16 }
```

例 5.12 计算 a+b。输入数据有多组,每组占一行,它有两个整数 a、b,这两个整数用空格隔开。对于每组输入数据 a 和 b,输出一行,即 a+b 的值,每个 a+b 的值后面有一个空行。

输入样例:

1 5
10 20

输出样例:

6

30

【分析】 根据题意可知,输入数据有多组,但是并没有说到底有多少组,那输入数据什么时候结束呢? 直到文件尾时输入就结束。此题还要注意输出格式,每个 a+b 的值后面有一个空行。

实现代码如下。

```
1  #include<stdio.h>
2  int main()
3  {
4      int a, b;
5      while(scanf("%d%d", &a, &b)!=EOF){
6          printf("%d\n\n", a+b);
7      }
8      return 0;
9  }
```

例 5.13 计算一些整数的和。输入数据首先是一个整数 t,表示测试实例的组数。然后是 t 行,每组测试实例的第一个数 n,表示在同一行里接着下来有 n 个整数。对于每组输入数据,输出一行,即 n 个数的和。每行输出数据之间有一个空行。

输入样例:

3
4 1 2 3 4
5 1 2 3 4 5

3 1 2 3

输出样例：

10

15

6

【**分析**】 根据题意可知，输入数据有多组，组数由第1行的t所决定。每组的第1个数为n，n为求和整数的个数。输出有要求，每行输出数据之间有一个空行。

实现代码如下。

```
1   #include<stdio.h>
2   int main()
3   {
4       int t, k;
5       int i, n;
6       int a, sum;
7
8       scanf("%d", &t);
9       for(k=1; k<=t; k++){
10          scanf("%d", &n);
11          sum=0;
12          for(i=1; i<=n; i++){
13              scanf("%d", &a);
14              sum=sum+a;
15          }
16          printf("%d\n", sum);
17          if(k!=t){
18              printf("\n");
19          }
20      }
21      return 0;
22  }
```

练　　习

一、单项选择题

1. 设变量已正确定义，以下不能统计出一行中输入字符个数（不包含回车符）的程序段是(　　)。

　　A．n=0; while((ch=getchar())!='\n')n++;

　　B．n=0; while(getchar()!='\n')n++;

C. for(n=0; getchar()!='\n'; n++);

D. n=0; for(ch=getchar(); ch!='\n'; n++);

2. 以下不是死循环的语句为(   )。

   A. for(;;x+=k);

   B. while(1){x++};

   C. for(k=10;;k--)sum+=k;

   D. for(;(c=getchar())!='\n';) printf("%c", c);

3. 下列程序段的输出结果是(   )。

```
for(i=0; i<4; i++, i++){
    for(k=1; k<3; k++){
        putchar('*');
    }
}
```

A. ********   B. ****   C. **   D. *

二、写出下面程序的运行结果

1. 程序运行时输入：12345#

```
#include<stdio.h>
int main()
{
    char c;
    for(c=getchar(); getchar()!='#'; c=getchar()){
        putchar(c);
    }
    return 0;
}
```

2. 程序运行时输入：abcdefg $ abcdefg

```
#include<stdio.h>
int main()
{
char c;
while((c=getchar())!='$'){
    putchar(c);
    }
    printf("End!\n");
    return 0;
}
```

3. 程序运行时输入：c2470f?

```
#include <stdio.h>
int main()
```

```c
{
    char ch;
    long number=0;
    
    while((ch=getchar())<'0' || ch>'6');
    while(ch!='?' && ch>='0' && ch<='6'){
        number=number*7+ch-'0';
        printf("%ld#", number);
        ch=getchar();
    }
    
    return 0;
}
```

4. 程序运行时输入：2008✓

```c
#include<stdio.h>
int main()
{
    char c;
    int n=0;
    while((c=getchar())!='\n'){
        if(c>='0' && c<='9'){
            n=n*10+c-'0';
        }
    }
    printf("value=%d\n", n);
    return 0;
}
```

5. 程序运行时输入：InternetaDelopers

```c
#include<stdio.h>
int main()
{
    char c;
    int v0=0, v1=0, v2=0;
    do{
        switch(c=getchar()){
            case 'a': case 'A':
                break;
            case 'e': case 'E':
            case 'i': case 'I':
            case 'o': case 'O':
            case 'u': case 'U':
                v1+=1;
```

```
                continue;
            default:
                v0+=1;
                v2+=1;
        }
    }while(c!='\n');
    printf("v0=%d, v1=%d, v2=%d\n", v0, v1, v2);
    return 0;
}
```

三、程序设计题

1. 编写一个统计空格符、制表符与换行符个数的程序。

输入样例：

we 45   * &y
3   r#
$ 1

输出样例：

3 1 3

2. 输入一个正整数 n(n＜7)，输出 n 行由大写字母 A 开始构成的三角形字符阵列图形。

输入样例：

4

输出样例：

ABCD
EFG
HI
J

第 6 章

函 数

本章要点：
- 函数的定义、函数的调用以及函数的声明；
- 函数的参数传递和返回值；
- 函数的嵌套调用、函数的递归调用；
- 外部变量、内部变量、静态变量、寄存器变量；
- 最大公约数的求解。

结构化程序设计是把模块分割方法作为对大型系统进行分析的手段，使其最终转化为三种基本结构（即顺序结构、分支结构、循环结构），其目的是解决由许多人共同开发大型软件时如何高效率地完成可靠系统的问题。

C 语言程序设计就是结构化程序设计，它通过函数来体现模块化程序设计。我们可以把大的计算任务分解成若干个较小的任务，较小的任务用函数来实现，程序设计人员可以基于函数进一步构造程序，而不需要重新编写一些代码。

一个设计得当的函数可以把程序中不需要了解的具体操作细节隐藏起来，从而使整个程序结构更加清晰，便于程序的编写、阅读和调试。

在 C 语言中，一个函数就是一个程序模块。一个 C 语言程序至少有一个以 main 为名的主函数，主函数是整个程序的入口和正常的出口。一个比较复杂的程序是由多个函数构成的，从 main 函数出发，通过函数调用，使得这些函数成为一个整体。

C 语言程序一般都由许多小的函数组成，而不是由少量较大的函数组成，这充分考虑了函数的高效性和易用性这两个因素。

6.1 实例导入

例 6.1 输入 m、k，然后计算组合数：$C_m^k = \dfrac{m!}{k!(m-k)!}(0 \leqslant m, k \leqslant 12)$。

输入样例：

5 3

输出样例：

【分析】 这道题主要求三个阶乘：m!、k! 和(m－k)!，最后按照计算组合数的公式算出结果。请注意 m、k 的范围"0≤m,k≤12"，正因为给定了 m、k 的范围，下面的程序中我们计算阶乘时就可以用 int 数据类型。

实现代码如下。

```
1   #include<stdio.h>
2   int main()
3   {
4       int i;
5       int m, k, result;
6       int t1, t2, t3;
7
8       scanf("%d%d", &m, &k);
9
10      /*求 m 的阶乘*/
11      t1=1;
12      for(i=1; i<=m; i++){
13          t1 *= i;
14      }
15
16      /*求 k 的阶乘*/
17      t2=1;
18      for(i=1; i<=k; i++){
19          t2 *= i;
20      }
21
22      /*求 m-k 的阶乘*/
23      t3=1;
24      for(i=1; i<=m-k; i++){
25          t3 *= i;
26      }
27
28      result=t1/(t2 * t3);
29
30      printf("%d\n", result);
31
32      return 0;
33  }
```

现在我们来看这三段有灰色底纹的代码，这三段代码的结构相同，功能也相同（都是计算阶乘），分别计算 m!、k! 和(m－k)!。看上去比较累赘，不够简洁。有没有办法解决这个问题呢？

当然有。我们可以把有灰色底纹的这三段代码用一段代码来替代，也就是自定义一个函数，这个函数的功能就是计算阶乘，至于是计算 m!、k!，还是计算(m－k)!，那就由实参来决定。现在对上面的程序进行改进：

实现代码如下。

```
1   #include<stdio.h>
2   int fact(int n);                          /*函数的声明*/
3   int main()
4   {
5       int m, k, result;
6       int t1, t2, t3;
7
8       scanf("%d%d", &m, &k);
9
10      /*函数的调用。三次调用函数,分别计算 m!、k!和(m-k)!*/
11      t1=fact(m);
12      t2=fact(k);
13      t3=fact(m-k);
14
15      result=t1/(t2*t3);
16
17      printf("%d\n", result);
18
19      return 0;
20  }
21  int fact(int n)          /*函数的定义。定义计算 n!的函数*/
22  {
23      int i, t;
24
25      t=1;
26      for(i=1; i<=n; i++){
27          t=t*i;
28      }
29
30      return t;
31  }
```

改进的程序比原来的程序简洁明了,而且易懂。

有人说,我不这样认为啊,不就是三段代码变成了一段代码吗？而且改进的程序很麻烦,又是函数定义,又是函数声明,又是函数调用,不如原程序来得简单,我只需要复制两次,然后稍做修改就行了。大家想想,如果要对这些复制的代码做修改,必须每段都修改,这时就很容易出现错误,而且麻烦。

当然我们这个程序代码量小,确实看不出来有太大的优势,但如果是几百行、几千行,甚至是几百万行代码,这些都放在一个 main()函数中,那么你想读懂它,就是一件非常困难的事了。

自定义一个求阶乘的函数，以后只要是需要求阶乘，就可以把第 21～31 行的求阶乘的函数定义直接拿过来用。

还有，我们每次写 C 语言程序，首先就把头文件"stdio.h"包含进来，这个头文件中的 scanf()函数和 printf()函数是用来完成输入、输出功能的，这两个函数就是别人已经写好的，你只管拿过来用，而不需要每次写 C 语言程序，先要写完成输入、输出功能的代码。现在，大家有没有觉得确实比较方便呢？

6.2　函数的基本知识

在 C 语言中，函数(function)是构成程序的基本模块，C 语言程序可以看成是变量定义和函数定义的集合。程序的执行从 main()函数的入口开始，到 main()函数的出口结束，中间可以调用很多函数。

函数之间的通信可以通过函数参数、函数返回值、外部变量进行。函数在源文件中出现的次序可以是任意的。只要保证每一个函数不被分离到多个文件中，源程序就可以分成多个文件。

根据函数的用途，将函数分为以下三类：

(1) 求值类函数。使用函数是为了求一个值，如例 6.1，求阶乘的函数。

(2) 判断类函数。使用函数是为了检查一个判断是否成立，如例 6.3，判断一个数是否为水仙花数。

(3) 操作类函数。使用函数是为了实现某一个功能或者完成某一项操作，如例 6.4，重复打印给定字符 n 次。

从使用者的角度，将函数分为以下两类：

(1) 标准库函数。前面章节中介绍了一些 ANSI C 标准定义的标准库函数，如 printf()、scanf()、sqrt()等。符合 ANSI C 标准的 C 语言的编译器，都必须提供这些常用的库函数。

此外，还有第三方函数库可供用户使用，它们不在 ANSI C 标准范围内，是由其他厂商自行开发的 C 语言函数库，能扩充 C 语言在图形、网络、数据库等方面的功能，用于完成 ANSI C 中不包含的功能。

(2) 自定义函数。如果库函数不能满足程序设计者的编程需要，那么就需要他们自己来编写函数，完成自己所需要的功能，这类函数称为自定义函数。如 6.1 中的计算阶乘的函数 fact()就是自定义函数。

本章重点讲解自定义函数。

6.2.1　函数的定义

函数的定义就是编写一个函数，实现所需要的功能。函数的定义分为两部分：函数首部和函数体。函数首部包含函数返回值类型、函数名、形式参数(简称为形参)声明表等内容。函数体是函数功能的具体实现。函数定义的格式如下：

```
返回值类型  函数名(形参声明表)
{
    声明和语句
}
```

(1) 函数名：是任何有效的标识符。

(2) 形参声明表：如果函数带有形参，则要声明它们，多个形参要用逗号隔开，并且每个形参都要指明它的数据类型；如果没有形参，可使用 void 进行声明，也可以不写，但括号不能省略。形参名是任何有效的标识符。

(3) 返回值类型：如果有的函数定义中省略了返回值类型，则默认为 int 类型，但建议无论什么情况均写上返回值类型。函数可以通过 return 语句向调用者返回值，return 语句的后面可以跟任何表达式，格式为：

```
return(表达式);
```

此处的括号是可选的。在必要时，表达式将被转换为函数的返回值类型。函数也可以忽略返回值，而且 return 语句的后面也不一定需要表达式。

当 return 语句的后面没有表达式时，函数将不向调用者返回值。当函数执行到最后的右花括号而结束执行时，控制同样也会返回给调用者(不返回值)。

如果某个函数从一个地方返回时有返回值，而从另一个地方返回时没有返回值，该函数并不非法，但可能是一种出问题的征兆。在任何情况下，如果函数没有成功地返回一个值，则它的"值"肯定是无用的。

函数定义中的各构成部分都可以省略。最简单的函数如下：

```
dummy(){}
```

该函数不执行任何操作也不返回任何值。这种不执行任何操作的函数有时很有用，它可以在程序开发期间用以保留位置，留待以后填充代码。

函数体中也可以定义自己的变量，称为内部变量(或局部变量)。它与其他函数中的变量不相冲突。

提示：C 语言的函数定义是互相平行的、独立的，也就是说，在定义函数时，一个函数内不能包含另一个函数。

6.2.2 函数的调用

函数的调用就是使用一个已经存在的函数。它包含函数名和实际参数(简称为实参)列表。函数调用的格式如下：

```
函数名(实参列表);
```

实参与形参的个数相同、数据类型相同或者赋值兼容、次序一致。每个实参为一个表达式，实参与实参之间的逗号是分隔符，而不是顺序求值的逗号运算符，它不保证参数的求值顺序从左至右进行，参数的求值顺序由具体实现确定。

在使用函数时可以把函数看作一个"黑盒"，只要将数据传送给它，就能得到需要的结果,而外部程序并不知道函数内部的工作过程,也不需要知道,外部程序仅限于给函数输入什么以及函数输出什么。

按函数调用在程序中出现的位置来分,有以下三种方式:

(1) 函数的调用作为一条语句,如:

printf("Hello,World!\n");

(2) 函数的调用出现在一个表达式中,这时要求函数带回一个确定的值以参加表达式的运算,如:

x=2 * fact(5);

(3) 函数的调用作为一个函数的实参,如:

printf("%d", fact(5));

C语言是以传值的方式将参数值传递给被调用函数,这样,被调用函数不能直接修改主调函数中变量的值。

必要时,也可以让函数能够修改主调函数中的变量值。这种情况下,调用者需要向被调用函数提供待设置值的变量的地址(地址就是指向变量的指针),而被调用函数则需要将对应的参数声明为指针类型,并通过它间接访问变量。这个知识点在后面的章节中介绍。

传值调用的利大于弊。在被调用函数中,参数可以看作是便于初始化的局部变量,因此额外使用的变量更少,这样程序可以更紧凑、更简洁。

C语言程序从main()函数的起始处开始执行,程序在执行过程中如果遇到了对其他函数的调用,则暂停当前函数的执行,保存下一条指令的地址(即返回地址,作为从被调用函数返回后继续执行的入口点),并保存现场(中间变量等是现场的内容),然后转到被调用函数的入口地址执行被调用函数。当遇到return语句或者被调用函数结束时,则恢复先前保存的现场,并从先前保存的返回地址开始继续执行。

例 6.2 写出下列程序的运行结果。

```
1   #include<stdio.h>
2   void fun(int x);
3   int main()
4   {
5       int k, x=2;
6       for(k=0; k<2; k++){
7           fun(x);
8           printf("main():x=%d\n", x);
9       }
10      return 0;
11  }
12  void fun(int x)
13  {
14      int y=10;
15      x +=y;
```

```
16      printf("fun():x=%d\n", x);
17  }
```

运行结果:

```
fun():x=12
main():x=2
fun():x=12
main():x=2
```

【运行结果分析】 这是一道读程序题。根据我们前面介绍的读程序的三遍原则。

第一遍,整体读程序,我们知道有 main() 和 fun() 这两个函数。main() 函数是主函数,这是每个 C 语言程序必须具有的,fun() 函数是一个自定义函数,它的功能非常简单,只做简单的运算,然后输出结果。

第二遍,读 main() 函数,main() 函数的结构也比较简单,主要有一条 for 循环语句,在这条 for 语句中,调用 fun() 函数。我们画图表示 main() 和 fun() 这两个函数的关系,如图 6-1 所示。

图 6-1 中的箭头表示调用关系,弧尾表示调用者(即 main() 函数),弧头表示被调用者(即 fun() 函数)。

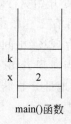

图 6-1 调用函数之间的关系

第三遍,从 main() 函数入口模拟程序的执行,分析每条语句。下面就是程序的分析过程。

1. main() 函数是 C 语言程序的入口。首先,main() 函数的第 5 行,为内部变量 k、x 分配存储单元,并将 x 初始化为 2。

因为 k 是内部变量,此时 k 单元中的值是随机数,我们用空白表示。

2. 做 for 循环。

(1) 做 k=0,此时 k=0,k<2 成立,做循环。

调用 fun(x) 函数。把实参 x 的值传递给形参 x。形参是局部变量,函数调用时,就为它分配存储单元。

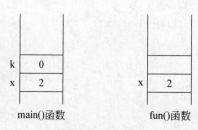

接着下来,执行 fun()函数。

执行 int y=10;语句后,各存储单元的值变化如下所示。

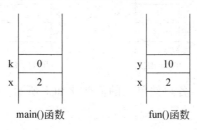

执行 x += y;语句后,各存储单元的值变化如下所示。

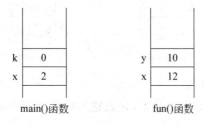

执行第 16 行,输出 x 的值。

执行第 17 行,fun()函数执行结束,释放它的局部变量所占的存储单元。各存储单元的值变化如下所示。

执行第 8 行,输出 x 的值。

(2) 做 k++,此时 k=1,k<2 成立,做循环。

调用 fun(x)函数。把实参 x 的值传递给形参 x。形参是局部变量,函数调用时,就为它分配存储单元。

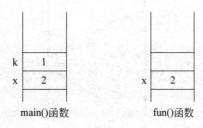

接着下来,执行 fun()函数。

执行 int y=10;语句后,各存储单元的值变化如下所示。

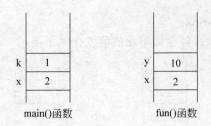

执行 x += y；语句后，各存储单元的值变化如下所示。

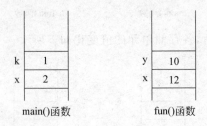

执行第 16 行，输出 x 的值。

执行第 17 行，fun()函数执行结束，释放它的局部变量所占的存储单元。各存储单元的值变化如下所示。

执行第 8 行，输出 x 的值。

(3) 做 k++，此时 k=2，k<2 不成立，跳出循环，执行第 10 行(即 return 0)，程序结束。

例 6.2 程序的执行过程也可以用图 6-2 描述，标号说明程序的执行顺序。

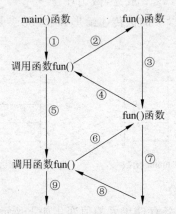

图 6-2　函数的调用和返回过程

从图6-2中可以看出，main()函数两次调用了fun()函数，这是由循环语句决定的。

6.2.3 函数的声明

通常函数在使用前要声明。函数声明的格式如下：

返回值类型　函数名(形参声明表);

函数声明也叫函数原型，可以把函数返回值的数据类型、函数期望接收到的形参个数、形参的数据类型以及这些形参的顺序告诉编译器。编译器使用函数原型来测试函数的调用。

如math库中sqrt()的函数原型为：

double sqrt(double x);

这个原型说明函数sqrt()有一个double类型形式参数，它的返回值类型也是double。

原型只指定调用程序和函数之间传递的值的类型，从原型中看不出定义函数的真正语句，也不知道函数的功能。把参数名包含在函数原型中，这是为了进行文档说明，编译器会忽略这些参数名。

提示：函数与调用它的函数放在同一源文件中，如果类型不一致，编译器就会检测到该错误。但是，如果函数是单独编译的(这种可能性更大)，这种不匹配的错误就无法检测到，最后的结果值毫无意义。

提示：函数的声明不是必需的，如果函数的定义在使用它之前，就不需要进行函数声明。

我们刚刚学了函数的定义、函数的调用、函数的声明，现在来看两个例子，遇到具体问题我们怎么分析，怎么写函数，怎么用函数。

例6.3　编程输出所有水仙花数。所谓水仙花数是指一个三位自然数，其各位数字的立方和等于该数本身。

输入样例：

本题无输入。

输出样例：

153
370
371
407

【分析】 根据水仙花数的定义，它首先是一个三位自然数，那就意味着它的范围是[100,999]；然后要满足其各位数字的立方和等于该数本身，那么就必须对这个数进行分解，求出它的个位、十位、百位。

假设n是一个三位数，我们来分解它的各位数字：

```
a=n%10;                    /*个位*/
b=(n/10)%10;               /*十位*/
```

```
c=n/100;                              /*百位*/
```

如果满足 $n=a^3+b^3+c^3$，那么 n 就是一个水仙花数。

现在，我们可以自定义一个函数，它的功能就是用于判断所给定的数是否是水仙花数，那么此函数的有一个形参就够了。

把 n 作为形参，也就是说 n 是任意的，只要你给我一个 n，我就判断你是否是水仙花数。这类似于，工厂工人要判断刚生产的一件产品是否合格，工人只要用一台机器 machineX 去检测一下就可以了，machineX 就会告诉他们是否合格，至于 machineX 是怎么判断的，他们就不用关心了。

我们来写一下这个函数：

```
int judge(int n)
{
    int a, b, c;

    a=n%10;                           /*个位*/
    b=(n/10)%10;                      /*十位*/
    c=n/100;                          /*百位*/

    if(n==a*a*a+b*b*b+c*c*c){         /*如果符合条件,那么 n 就是水仙花数*/
        return 1;
    }
    else{
        return 0;
    }
}
```

如果 n 是水仙花数返回"1"；否则返回"0"。这是因为 C 语言没有布尔类型这种数据类型，它用"0"表示假，用"非 0"表示真，也就是说可以返回"除 0"以外的任何值来表示真，但我们习惯上用返回"1"来表示真。

int judge(int n)中的 n 是形参，不是具体的，它的值是从实参而来。这类似于刚刚所说的 machineX 是检测 A 产品，还是 B 产品，还是 C 产品，这由工人所决定。工人给它 A 产品，它就检测 A 产品，工人给它 B 产品，它就检测 B 产品，只要是 machineX 能检测的就行。

到这里我们才完成了一个函数的定义，judge()函数已具备了判断一个数是否是水仙花数的功能，但还没有用起来，你想用它就必须进行函数调用。这类似于，工厂中的用于判断产品是否合格的 machineX 就在那里，而工人并没有拿产品让它检测，那么这台机器就在休息，要让它工作，就必须拿产品让它检测。

现在，我们来完成这个程序。实现代码如下。

```
1  #include<stdio.h>
2  int judge(int n);                  /*函数的声明*/
3  int main()
```

```
 4   {
 5       int i;
 6
 7       for(i=100; i<=999; i++){
 8           if(judge(i)!=0){              /*函数的调用*/
 9               printf("%d\n", i);
10           }
11       }
12
13       return 0;
14   }
15   /*函数的定义。定义判断n是否为水仙花数的函数,是返回1,不是返回0*/
16   int judge(int n)
17   {
18       int a, b, c;
19
20       a=n%10;                           /*个位*/
21       b= (n/10)%10;                     /*十位*/
22       c=n/100;                          /*百位*/
23
24       if(n==a*a*a+b*b*b+c*c*c){         /*如果符合条件,那么n就是水仙花数*/
25           return 1;
26       }
27       else{
28           return 0;
29       }
30   }
```

judge()函数的功能是判断所给定的n是否为水仙花数,所以它属于判断类函数。请注意,24行代码是"==",而不是"="。第8行可以写成if(judge(i))。

例6.4 编写程序,重复打印如下给定字符n次。

输入样例：

@ 5

输出样例：

@@@@@

【分析】 根据题意,要重复打印给定字符n次,这里就要知道两个信息：(1)给定的字符；(2)需要重复的次数。

我们写一个函数来实现这个功能,那么这个函数就必须知道这两个信息,所以它的形参应该有两个。

实现代码如下。

```
 1   #include<stdio.h>
```

```
 2    void printChar(char ch, int count);      /*函数的声明*/
 3    int main()
 4    {
 5        int n;
 6        char c;
 7
 8        c=getchar();
 9        scanf("%d", &n);
10        printChar(c, n);                      /*函数的调用*/
11
12        return 0;
13    }
14    void printChar(char ch, int count)        /*函数的定义*/
15    {
16        int i;
17        for(i=1; i<=count; i++){
18            putchar(ch);
19        }
20        printf("\n");
21    }
```

printChar()函数的功能是根据给定的字符和需要重复打印的次数,重复输出字符即可,它不需要把值返回调用它的函数,所以它属于操作类函数。

6.2.4 函数设计的基本原则

如果某一功能重复实现三遍以上,就应该考虑将其写成函数。这样不仅能使程序的结构更清晰,而且有利于模块的复用。从根本上讲,函数设计要遵循"信息隐藏"的指导思想,即把与函数有关的代码和数据对程序的其他部分隐藏起来。在设计函数时,在函数规模、函数功能以及函数接口等方面,需要遵循以下原则:

(1)函数的规模要小。尽量控制在 50 行以内,因为这样的函数更容易维护,出错概率要小。

(2)函数的功能要单一。不要让它身兼数职,即不要设计具有多种用途的函数。

(3)每个函数只有一个入口、一个出口。因此,尽量不要使用全局变量向函数传递信息。

(4)由于并非所有的编译器都能捕获实参与形参类型不匹配的错误,所以程序设计人员在函数调用时应确保函数的实参类型与形参类型相匹配。在程序开头进行函数原型声明,并将函数参数的类型书写完整,没有参数时用 void 声明,这有助于编译器进行类型匹配检查。

(5)当函数需要返回值时,应确保函数中的所有控制分支都有返回值。函数没有返回值时应用 void 声明。

6.3　函数的嵌套调用

虽然 C 语言不能嵌套定义函数,但可以嵌套调用函数,也就是说,在调用一个函数的过程中,又调用了另外一个函数。

如例 6.4,main()函数中又调用了 printChar()函数,这就是函数的嵌套调用。例 6.4 程序的执行过程如图 6-3 所示,标号说明程序的执行顺序。

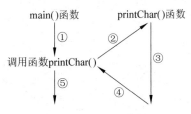

图 6-3　函数的嵌套调用

6.4　函数的递归调用

在高级语言中,调用自己和其他函数并没有本质的不同。我们把一个直接调用自己或通过一系列的调用语句间接地调用自己的函数,称为递归函数。直接调用自己,称为直接递归;间接调用自己,称为间接递归。

根据思想方法,大体上可以把递归技术分为两种类型:基于归纳法的递归和基于分治法的递归。前者是把归纳法的思想应用于算法设计之中;后者则是把问题划分成一个或多个子问题来递归地进行求解。这里只介绍基于归纳法的递归。

例 6.5　用递归的方法求 n!(0≤n≤12)。

输入样例 1:

4

输出样例 1:

4!=24

输入样例 2:

-4

输出样例 2:

n<0, data error!

【分析】　求阶乘太容易了!我们前面刚刚写过这个程序,是用迭代实现的。但这里我们换一种思路,用递归来实现求阶乘。根据阶乘的定义,有如下公式:

$$n! = \begin{cases} 1 & n=0,1 \\ n \times (n-1)! & n>1 \end{cases}$$

根据这个公式,可以把求 n!,转换为求(n-1)!;要求(n-1)!,又可转换为求(n-2)!,以此类推。

实现代码如下。

```
1   #include<stdio.h>
2   int fact(int n);
3   int main()
4   {
5       int n, result;
6
7       scanf("%d", &n);
8       if(n<0){
9           printf("n<0, data error!");
10          return 0;
11      }
12
13      result=fact(n);
14      printf("%d!=%d\n", n, result);
15
16      return 0;
17  }
18
19  int fact(int n)
20  {
21      int f;
22      if(n==0 || n==1){
23          f=1;
24      }
25      else{
26          f=n * fact(n-1);
27      }
28      return f;
29  }
```

当 n=4 时,我们来模拟代码中的 fact()函数的执行过程,如图 6-4 所示。

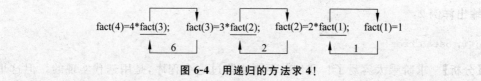

图 6-4 用递归的方法求 4!

写递归程序最怕的就是陷入永不结束的无穷递归中,所以,每个递归程序必须有一个条件，满足时递归不再进行，即不再引用自身而是退出。比如上面的例子，总有一次递归会使得 n＝0 或 n＝1 的，就样就不用继续递归了，从而能结束程序。

迭代和递归的区别是：迭代使用的是循环结构，递归使用的选择结构。递归能使程序的结构更清晰、更简洁、更容易让人理解。但是大量的递归调用会建立函数的副本，会耗费大量的时间和空间，而迭代不需要反复调用函数和占用额外的内存。因此我们应该视不同情况而选择不同的实现方式。

例 6.6 有 n 个人坐在一起，第 n 个人比第 n－1 个人大 2 岁，第 n－1 个人比第 n－2 个人大 2 岁，依此类推。已知第一个人 15 岁，请问第 n 个人多少岁？

输入样例：

5

输出样例：

23

【分析】 根据题意可知：

$$age(n)=age(n-1)+2$$
$$age(n-1)=age(n-2)+2$$
$$\cdots$$
$$age(2)=age(1)+2$$
$$age(1)=15$$

即：

$$age(n)=\begin{cases} 15 & (n=1) \\ age(n-1)+2 & (n>1) \end{cases}$$

实现代码如下。

```
1   #include<stdio.h>
2   int calAge(int n);
3   int main()
4   {
5       int n;
6
7       scanf("%d", &n);
8       printf("%d\n", calAge(n));
9
10      return 0;
11  }
12
13  int calAge(int n)
14  {
15      int age;
16
```

```
17      if(n==1){
18          age=15;
19      }
20      else{
21          age=calAge(n-1)+2;
22      }
23
24      return age;
25  }
```

例6.7 写出下面程序的运行结果。

```
1   #include<stdio.h>
2   void fun(int);
3   int main()
4   {
5       int a=3;
6       fun(a);
7       printf("\n");
8       return 0;
9   }
10
11  void fun(int n)
12  {
13      if(n>0){
14          --n;
15          fun(n);
16          printf("%d", n);
17      }
18  }
```

运行结果:

012

【运行结果分析】 当n=3时,我们来模拟代码中的fun()函数的执行过程,如图6-5所示。

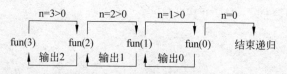

图 6-5 模拟 fun()函数的执行过程

程序从 main()函数入口,先调用 fun(3),在 fun(3)中调用 fun(2),在 fun(2)中调用 fun(1),在 fun(1)中调用 fun(0),此时 n=0,条件不成立,这时开始一层一层返回,返回到 fun(1),在 fun(1)中 if 语句的第一条调用完了(刚返回的),因为--n,此时 n=0,输出

0,这时 fun(1)全部执行完毕,返回到 fun(2)。

同样,fun(2)中 if 语句的第一条调用完了(刚返回的),因为――n,此时 n=1,输出 1,这时 fun(2)全部执行完毕,返回到 fun(3)。

同样,fun(3)中 if 语句中的第一条调用完了(刚返回的),因为――n,此时 n=2,输出 2,这时 fun(3)全部执行完毕,返回到主函数 main()。执行第 7 行代码,第 8 行代码,整个程序结束。

例 6.8 汉诺塔问题。

一块板上有三根针 A、B、C。A 针上套有 64 个大小不等的圆盘,大的在下,小的在上,如图 6-6 所示。要把这 64 个圆盘从 A 针移动到 C 针上,每次只能移动一个圆盘,移动时可以借助 B 针进行,但在任何时候,任何针上的圆盘都要保持大盘在下,小盘在上。请编写程序解决这个问题。

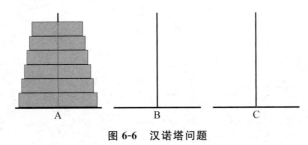

图 6-6 汉诺塔问题

输入样例:

3

输出样例:

The steps to moving 3 disks:
A-->C
A-->B
C-->B
A-->C
B-->A
B-->C
A-->C

【分析】 假设 A 上有 n 个盘子。

如果 n=1,则将圆盘从 A 直接移到 C。

如果 n=2,则:

　　将 A 上的 n−1(等于 1)个圆盘移到 B 上;

　　再将 A 上的 1 个圆盘移到 C 上;

　　最后将 B 上的 n−1(等于 1)个圆盘移到 C 上。

如果 n=3,则:

　　将 A 上的 n−1(等于 2)个圆盘移到 B 上(借助 C);

将A上的1个圆盘移到C；

将B上的n-1(等于2)个圆盘移到C上(借助A)。

从上面的分析可以看出，当n大于等于2时，移动的过程可分解为3个步骤：

第1步：把A上的n-1个圆盘移到B上(借助C)；

第2步：把A上的1个圆盘移到C上；

第3步：把B上的n-1个圆盘移到C上(借助A)。

其中第1步和第2步是类同的。

实现代码如下。

```
1   #include<stdio.h>
2   void hanoi(int n, char x, char y, char z);
3   int main()
4   {
5       int n;
6
7       /* Input the number of disks: */
8       scanf("%d", &n);
9
10      printf("The steps to moving %d disks:\n", n);
11      hanoi(n, 'A', 'B', 'C');
12
13      return 0;
14  }
15
16  /* 将x座上的n个圆盘移到z座(借助y座) */
17  void hanoi(int n, char x, char y, char z)
18  {
19      if(n==1){
20          printf("%c-->%c\n", x, z);
21      }
22      else{
23          hanoi(n-1, x, z, y);         /* 把x座上的n-1个圆盘移到y座(借助z座) */
24          printf("%c-->%c\n", x, z);   /* 把x座上的1个圆盘移到z座 */
25          hanoi(n-1, y, x, z);         /* 把y座上的n-1个圆盘移到z座(借助x座) */
26      }
27  }
```

当n=3时，我们来模拟代码中的hanoi()函数的执行过程，如图6-7所示，标号说明程序的执行顺序。

提示：

(1) 递归并不节省存储器的开销，因为在递归调用过程中必须在某个地方维护一个存储处理值的栈。

(2) 递归的执行速度并不快，但递归代码比较紧凑，并且比相应的非递归代码更易于

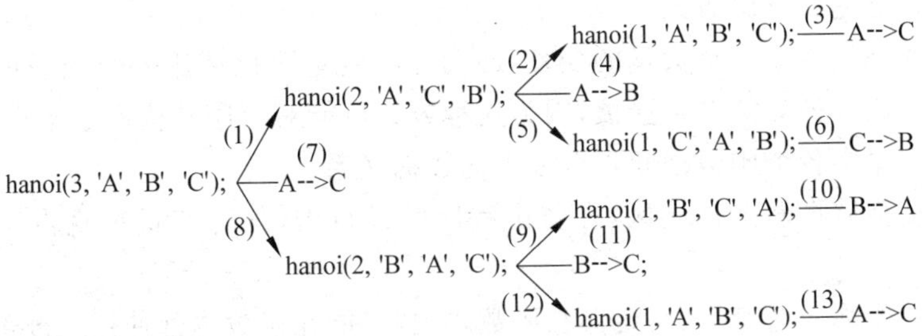

```
                                    hanoi(1, 'A', 'B', 'C');  (3)  A-->C
                          (2)      (4)
            hanoi(2, 'A', 'C', 'B');     A-->B
      (1)                          (5)  hanoi(1, 'C', 'A', 'B');  (6)  C-->B
hanoi(3, 'A', 'B', 'C');  (7) A-->C
      (8)                               hanoi(1, 'B', 'C', 'A');  (10) B-->A
                                  (9)  (11)
            hanoi(2, 'B', 'A', 'C');     B-->C;
                                  (12) hanoi(1, 'A', 'B', 'C');  (13) A-->C
```

图 6-7　当 n＝3 时，解决汉诺塔问题时的程序执行过程

编写和理解。

（3）在描述树等递归定义的数据结构时使用递归尤其方便。

6.5　变量的存储类型

变量是对程序中数据的存储空间的抽象。C语言的数据有数据类型和存储类型两种属性。所以在定义一个变量时应该指出该变量的数据类型和存储类型，一个完整的变量的定义为：

存储类型标识符　数据类型标识符　变量名；

C语言有4种存储类型，即 auto（自动）、extern（外部）、static（静态）和 register（寄存器）。如果不指明变量的存储类型，则隐含为 auto 类型。

内存中供用户使用的存储空间分为程序区、动态存储区和静态存储区。程序区是用来存放程序代码的内存空间，动态存储区和静态存储区是用来存放数据的内存空间。程序代码和数据是分离的，这是面向过程的程序设计的特点。

静态存储区是指在程序的整个过程中固定分配给某些数据的存储单元，在程序的整个运行过程中都可以使用这些数据。

动态存储区是指存储数据的存储单元在程序的运行期间根据需要分配给不同的数据。

6.6　变量的类别

6.6.1　外部变量与内部变量

C语言程序可以看成由一系列的外部对象构成，这些外部对象可能是变量或函数。

外部变量也称全局变量，它定义在所有函数之外，因此可以在许多函数中使用。由于C语言不允许在一个函数中定义其他函数，因此函数本身是"外部的"。

通过同一个名字对外部变量的所有引用（即使这种引用来自于单独编译的不同函数）实际上都是引用同一个对象，标准中把这一性质称为外部链接。

因为外部变量可以在全局范围内访问，这就为函数之间的数据交换提供了一种可以代替函数参数与返回值的方式。

如果函数之间需要共享大量的变量,使用外部变量要比使用一个很长的参数表更方便、有效,但是这样做必须非常谨慎,因为这种方式可能对程序结构产生不良的影响,而且可能会导致程序中各个函数之间具有太多的数据联系。

外部变量存储在静态存储区,在整个程序的运行中,外部变量一直占用固定的存储单元。

内部变量也称局部变量,它定义在函数之内,只能在函数内部使用。外部变量的用途还表现在它们与内部变量相比具有更大的作用域和更长的生存期。

例 6.9 外部变量。

实现代码如下。

```
1   #include<stdio.h>
2
3   int n=69;
4
5   void output()
6   {
7       printf("output():%d\n", n);
8   }
9
10  int main()
11  {
12      printf("main():%d\n", n);
13
14      n=313;
15
16      output();
17
18      printf("main():%d\n", n);
19
20      return 0;
21  }
```

运行结果:

```
main():69
output():313
main():313
```

【运行结果分析】

(1) 程序从 main() 函数入口。

(2) 执行第 12 行,输出"main():69",然后换行。

(3) 执行第 14 行,外部变量被赋值为 313。

(4) 执行第 16 行,调用函数 output(),进入 output() 函数内部,执行第 7 行,输出

"output():313",然后换行,output()函数结束,返回 main()函数。

(5) 执行第 18 行,输出"main():313",然后换行。

(6) 执行第 20 行,整个程序结束。

6.6.2 静态变量

用 static 声明限定外部变量或函数,可以将其后声明的对象的作用域限定为被编译源文件的剩余部分。通过 static 限定外部对象,可以达到隐藏外部对象的目的。

static 也可用于声明内部变量。static 类型的内部变量是某个特定函数的局部变量,只能在该函数中使用,不管其所在函数是否被调用,它一直存在,即 static 类型的内部变量是一种只能在某个特定函数中使用但一直占据存储空间的变量。

例 6.10 局部静态变量的值具有可继承性。

实现代码如下。

```
1   #include<stdio.h>
2   void increment(void);
3   int main()
4   {
5       increment();
6       increment();
7       increment();
8       return 0;
9   }
10
11  void increment(void)
12  {
13      static int x=10;              /* x 为局部静态变量 */
14      x++;
15      printf("%d\n", x);
16  }
```

运行结果:

11
12
13

【运行结果分析】

(1) 程序从 main()函数入口。

(2) 执行第 5 行,调用函数 increment(),进入 increment()函数内部,执行第 13 行。此时 x=10,接着下来执行第 14 行,x=11,输出"11"并换行,increment()函数结束,返回 main()函数。

(3) 执行第 6 行,调用函数 increment(),进入 increment()函数内部。因为变量 x 是局部静态变量,它在程序编译的时候空间就已经分配好,并且赋好了初值 10,而且它的值可保持到下一次进入函数时,直到程序结束时才释放空间。第 13 行的赋初值语句不再执行,执行第 14 行,x=12,输出"12"并换行,increment()函数结束,返回 main()函数。

(4) 执行第 7 行,调用函数 increment(),进入 increment()函数内部。与上次调用同理,此时 x=12,执行第 14 行,x=13,输出"13"并换行,increment()函数结束,返回 main()函数。

(5) 执行第 8 行,整个程序结束。

6.6.3 寄存器变量

所谓寄存器变量(Register Variable)就是使用 CPU 的寄存器来存储变量,由于 CPU 的寄存器速度较快,因此可以加快变量存取的效率,通常用于那些存取十分频繁的变量。

声明寄存器变量 x:

```
register int x;
```

register 声明告诉编译器,它所声明的变量 x 在程序中使用频率较高,将 register 变量放在机器的寄存器中,这样可以使程序更小、执行速度更快。register 声明只适用于自动变量以及函数的形式参数。

实际使用时,底层硬件环境的实际情况对寄存器变量的使用会有一些限制。每个函数中只有很少的变量可以保存在寄存器中,且只允许某些类型的变量。但是,过量的寄存器声明并没有什么坏处,这是因为编译器可以忽略过量的或不支持的寄存器变量声明。

另外,无论寄存器变量实际上是不是存放在寄存器中,它的地址都是不能访问的。在不同的机器中,对寄存器变量的数目和类型的具体限制也是不同的。

6.7 变量的作用域与生存期

6.7.1 变量的作用域

变量的作用域是指程序中可以使用该变量的部分。

对于在函数开头声明的自动变量来说,其作用域是声明该变量的函数。不同函数中声明的具有相同名字的各个局部变量之间没有任何关系。函数的形参也是这样的,实际上可以将它看作是局部变量。

外部变量或函数的作用域从声明它的地方开始,到其所在的(待编译的)文件的末尾结束。如果要在外部变量的定义之前使用该变量,或者外部变量的定义与变量的使用不在同一个源文件中,则必须在相应的变量声明中强制性地使用关键字 extern,将外部变量的声明与定义严格区分开来。变量声明用于说明变量的属性(主要是变量的类型),而变量定义除此以外还将引起存储器的分配,如在外部变量的定义中必须指定数组的长度,但 extern 声明则不一定要指定数组的长度。

在一个源程序的所有源文件中,一个外部变量只能在某个文件中定义一次,而其他文件可以通过 extern 声明来访问它,定义外部变量的源文件中也可以包含对该外部变量的 extern 声明。

构成 C 语言程序的函数与外部变量可以分开进行编译。一个程序可以存放在几个文件中,原先已编译过的函数可以从库中进行加载。

6.7.2 变量的生存期

变量的生存期,即变量存在的时间。按生存期来区分,有动态存储和静态存储两种类型。动态存储是在调用函数时临时分配单元,如自动变量、寄存器变量、形式参数均是动态存储;而静态存储则是在程序整个运行期间都存在,如静态内部变量、静态外部变量和外部变量均是静态存储。

6.7.3 内存空间及分配方式

一个 C 语言程序的内存空间如下:

(1) 全局区,又称为静态区(static)。存放全局变量、静态常量、常量。程序结束后由系统释放。

(2) 栈区(stack)。由编译器自动分配和释放,存放为运行函数而分配的局部变量、函数形参、返回数据、返回地址等。其操作方式类似于数据结构中的栈。

(3) 堆区(heap)。一般由程序员分配和释放,若程序员不释放,程序结束时可能由操作系统回收。分配方式类似于链表。

(4) 文字常量区。常量字符串就是放在这里的。程序结束后由系统释放。

(5) 程序代码区。存放函数体的二进制代码。

C 语言程序的内存分配方式如下:

(1) 从静态存储区域分配。存储单元在程序编译的时候就已经分配好,这块存储单元在程序的整个运行期间都存在。例如,全局变量、static 变量。

(2) 从栈上分配。在执行函数时,局部变量的存储单元都可以在栈上分配,函数执行结束时这些存储单元自动被释放。栈内存分配运算内置于处理器的指令集中,效率很高,但是分配的内存容量有限。

(3) 从堆上分配,亦称动态内存分配。用 malloc() 函数可以申请任意多个存储单元,程序员可以自己决定在何时用 free() 函数释放存储单元。动态内存的生存期由程序员决定,使用非常灵活,但如果在堆上分配了空间,就有责任回收它,否则运行的程序会出现内存泄漏,频繁地分配和释放不同大小的堆空间将会产生堆内碎块。

例 6.11 外部变量的作用域。

实现代码如下。

```
1  #include<stdio.h>
2
3  void prt(void);
4
5  int x=1;                    /* 外部变量 x */
6
7  int main()
```

```
 8   {
 9       {
10           int x=2;                      /*局部变量 x*/
11           prt();
12           printf("2nd x=%d\n", x);
13       }
14
15       printf("1st x=%d\n", x);
16
17       return 0;
18   }
19
20   void prt(void)
21   {
22       int x=3;                          /*局部变量 x*/
23       printf("3th x=%d\n", x);
24   }
```

运行结果:

```
3th x=3
2nd x=2
1st x=1
```

【运行结果分析】

(1) 程序从 main() 函数入口。

(2) 第 9~13 行,是一个程序块,这个程序块中有一个局部变量 x,它可以隐藏程序块外与之同名的变量,它们之间没有任何关系,并在与左花括号匹配的右花括号出现之前一直存在,之后就销毁。执行第 10 行,块变量 x=2。

(3) 执行第 11 行,调用函数 prt(),进入 prt() 函数内部。执行第 22 行,函数 prt() 中的局部变量 x=3,它隐藏了这个函数块外与之同名的变量;然后执行第 23 行,输出:

```
3th x=3
```

接着 prt() 函数结束,返回 main() 函数。

(4) 执行第 12 行(此时的 x 是块局部变量),输出:

```
2nd x=2
```

紧接着程序块结束。

(5) 执行第 15 行(此时的 x 是外部变量),输出:

```
1st x=1
```

(6) 执行第 17 行,整个程序结束。

例 6.12 用 extern 扩展外部变量的作用域。

实现代码如下。

```
1   #include<stdio.h>
2
3   void gx()
4   {
5       extern int x, y;
6       x=13;
7       printf("gx(): x=%d\ty=%d\n", x, y);
8   }
9
10  void gy()
11  {
12      extern int x, y;
13      printf("gy(): x=%d\ty=%d\n", x, y);
14  }
15
16  int x, y;                              /*外部变量 x, y*/
17
18  int main()
19  {
20      printf("main: x=%d\ty=%d\n", x, y);
21      y=15;
22      gx();
23      gy();
24
25      return 0;
26  }
```

运行结果：

main: x=0   y=0
gx(): x=13   y=15
gy(): x=13   y=15

【运行结果分析】

(1) 程序从 main() 函数入口。

(2) 执行第 20 行,此时的 x 和 y 是外部变量,外部变量自动初始化为 0,所以输出：

main: x=0   y=0

接着执行第 21 行,y=15。

(3) 执行第 22 行,调用函数 gx(),进入 gx() 函数内部。第 5 行,这里的 x 和 y 就是第 16 行中所定义的外部变量 x 和 y,因为要在外部变量 x 和 y 的定义之前使用这两个变量,所以必须在相应的变量声明中强制性地使用关键字 extern。执行第 6 行,x=13,输出：

gx(): x=13   y=15

接着 gx()函数结束,返回 main()函数。

(4)执行第 23 行,调用函数 gy(),进入 gy()函数内部。第 12 行,与上面同理。执行第 13 行,输出:

gy(): x=13   y=15

接着 gy()函数结束,返回 main()函数。

(5)执行第 25 行,整个程序结束。

例 6.13 变量的作用域与生存期。

实现代码如下。

```
1   #include<stdio.h>
2
3   void other();
4
5   int i=1;
6
7   int main()
8   {
9       static int a;
10      int b=-10;
11      int c=0;
12
13      printf("-----MAIN-------\n");
14      printf("i:%d a:%d b:%d c:%d\n", i, a, b, c);
15
16      c=c+8;
17      other();
18
19      printf("-----MAIN-------\n");
20      printf("i:%d a:%d b:%d c:%d\n", i, a, b, c);
21
22      i=i+10;
23      other();
24
25      return 0;
26  }
27
28  void other()
29  {
30      static int a=2;
31      static int b;
32      int c=10;
```

```
33
34      a=a+2;
35      i=i+32;
36      c=c+5;
37
38      printf("-----OTHER------\n");
39      printf("i:%d a:%d b:%d c:%d\n", i, a, b, c);
40
41      b=a;
42  }
```

运行结果：

```
-----MAIN-----
i:1    a:0    b:-10   c:0
-----OTHER-----
i:33   a:4    b:0     c:15
-----MAIN-----
i:33   a:0    b:-10   c:8
-----OTHER-----
i:75   a:6    b:4     c:15
```

【运行结果分析】 这是一道读程序题。根据我们前面介绍的读程序的三遍原则。

第一遍，整体读程序，我们知道有 main() 和 other() 这两个函数，main() 函数是主函数，这是每个 C 语言程序必需的，other() 函数是一个自定义函数，它的功能非常简单，只做简单的运算，然后输出结果。

第二遍，读 main() 函数，main() 函数的结构也比较简单，只有一些赋值语句和输出语句，在 main() 函数中两次调用了 other() 函数。我们画图表示 main() 和 other() 这两个函数的关系，如图 6-8 所示。

第三遍，从 main() 函数入口模拟程序的执行，分析每条语句，主要是观看内存中的存储示意图。下面就是程序的分析过程。

（1）程序从 main() 函数入口。
（2）执行第 9～11 行后，此时内存中的存储示意图如图 6-9 所示。

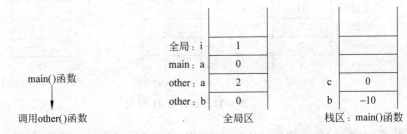

图 6-8 main() 与 other() 函数的关系　　　　图 6-9　执行第 9～11 行后

接着执行第 13 行、第 14 行，输出：

-----MAIN-----
i:1   a:0   b:-10   c:0

(3) 执行第 16 行(即 c=c+8),c=8,此时内存中的存储示意图如图 6-10 所示。

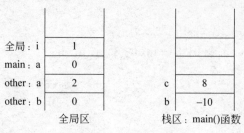

图 6-10 执行第 16 行后

(4) 执行第 17 行,调用函数 other(),进入 other()函数内部。因为变量 a 和 b 都是局部静态变量,它在程序编译的时候空间就已经分配好,并且都已赋好了初值 2 和 0,而且它的空间和值可保持,直到程序结束时才释放空间。第 30 行和第 31 行不再执行。执行第 32～36 行后,此时内存中的存储示意图如图 6-11 所示。

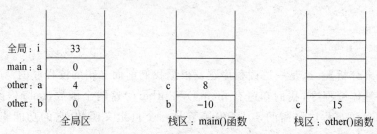

图 6-11 执行第 32～36 行后

接着执行第 38 行、第 39 行,输出:

-----OTHER-----
i:33   a:4   b:0   c:15

接着执行第 41 行,此时内存中的存储示意图如图 6-12 所示。

图 6-12 执行第 41 行后

紧接着,other()函数结束,other()函数中的动态局部变量 c 销毁,返回 main()函数。

(5) 执行第 19 行、第 20 行,输出:

-----MAIN-----
i:33   a:0   b:-10   c:8

执行第 22 行(即 i=i+10),i=43,此时内存中的存储示意图如图 6-13 所示。

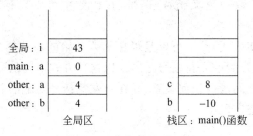

图 6-13 执行第 22 行后

(6) 执行第 23 行,调用函数 other(),进入 other()函数内部。与上面同理,第 30 行和第 31 行不再执行。执行第 32~36 行后,此时内存中的存储示意图如图 6-14 所示。

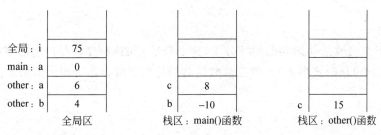

图 6-14 执行第 23 行后

接着执行第 38 行、第 39 行,输出:

-----OTHER-----
i:75   a:6   b:4   c:15

接着执行第 41 行,此时内存中的存储示意图如图 6-15 所示。

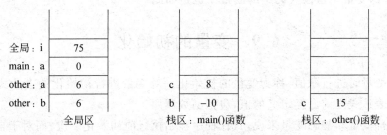

图 6-15 执行第 41 行后

紧接着,other()函数结束,other()函数中的动态局部变量 c 销毁,返回 main()函数。
(7) 执行第 25 行,整个程序结束。

提示:在一个好的程序设计风格的程序中,应该避免出现变量名隐藏外部作用域中相同名字的情况,因为这种情况很可能引起混乱和错误。

6.8 程序块结构

C语言不允许在函数中定义函数,但是,在函数中可以以程序块结构的形式定义变量。

变量的声明(包括初始化)除了可以紧跟在函数开始的左花括号之后,还可以紧跟在任何其他标识复合语句开始的左花括号之后。以这种方式声明的变量可以隐藏程序块外与之同名的变量,它们之间没有任何关系,并在与左花括号匹配的右花括号出现之前一直存在。例如,在下面的程序段中:

```
if(n>0){
    int i;
    for(i=0; i<n; i++){
        ...
    }
}
```

变量i的作用域是if语句的"真"分支,这个变量i与该程序块外声明的变量i无关。
自动变量(包括形式参数)也可以隐藏同名的外部变量。在下面的声明中:

```
int x;
int y;
void fun(double x)
{
    double y;
    ...
}
```

函数fun()内的变量x引用的是函数的形式参数,类型为double;而在函数fun()外,x是int类型的外部变量。这段代码中的变量y也是如此。

6.9 变量的初始化

在定义变量时进行赋值,称为变量的初始化。对变量进行初始化的表达式中可以包含任意在此表达式之前已经定义的值,包括函数调用。

对于外部变量和静态变量来说,只在程序开始执行前初始化一次;而对于自动变量和寄存器变量,则在每次进入函数或程序块时都将被初始化。

外部变量的初始化只能出现在其定义中。

在不进行显式初始化的情况下,外部变量和静态变量都将被隐式初始化,如果是数值类型就初始化为0,如果是字符类型则初始化为'\0',如果是字符数组则字符数组的每个元素均初始化为'\0',如果是指针则初始化为NULL,等等;而内部变量和寄存器变量的初值则没有定义,即初值为无用的信息。

6.10 预 处 理

以♯为开头的预处理指令并不专属于 C 语言语法的一部分,但仍可以被编译程序所接受,因为是在程序编译之前执行,所以称为预处理指令。预处理过程可能会包含一些操作:在要编译的文件中包含其他文件、符号常量和宏的定义、程序代码的条件编译以及预处理指令的条件执行。

♯include 指令和♯define 指令是两个最常用的预处理指令。预处理指令的特点如下:(1)以"♯"开头;(2)占单独书写行;(3)末尾不加分号。

6.10.1 文件包含

文件包含指令,即♯include 指令。将特定文件的副本包含到需要编译的文件中。♯include 指令有两种形式:

```
#include "文件名"
```

和

```
#include <文件名>
```

它们的差别在于预处理时查找包含文件的位置的不同。如果文件名在引号中,则在源文件所在位置查找该文件;文件名包含在尖括号中,则先在源文件所在位置查找该文件,如果没有找到该文件,则按照系统有关的方式来查找,通常是在预定义的目录中查找。

文件名在引号中,这种方法通常用于包含程序员自定义的头文件;而文件名在尖括号中,这种方法通常用于包含标准库的头文件。

被包含的文件本身也可包含♯include 指令。

♯include 指令是将所有声明捆绑在一起的较好的方法。它保证所有的源文件都具有相同的定义与变量声明,这样可以避免出现一些不必要的错误。显然,如果某个包含文件的内容发生了变化,那么所有依赖于该包含文件的源文件都必须重新编译。

♯include 指令能够实现多文件的组织。如果程序的各组成部分很长,可以把该程序分割到若干个源文件中。之所以分割成多个文件,主要是考虑在实际的程序中,它们分别来自于单独编译的库。分割时,必须考虑定义和声明在这些文件之间的共享问题,尽可能把共享的部分集中在一起,这样就只需要一个副本,修改程序时也容易保证程序的正确性。

总之,对于某些小程序,最好只用一个头文件存放程序中各部分共享的对象。较大的程序需要使用更多的头文件,我们需要精心地组织这些头文件。

6.10.2 宏替换

宏定义的形式如下:

```
#define 名字   替换文本
```

这是一种最简单的宏替换，后续所有出现名字记号的地方都将被替换为替换文本。

♯define 指令中的名字与变量名的命名方式相同。♯define 指令定义的名字的作用域从其定义点开始，到被编译的源文件的末尾处结束。

替换文本是 ♯define 指令行尾部的所有剩余部分内容，它可以是任意字符串，如：

```
#define  forever  for(; ;)
```

该指令为无限循环定义了一个新名字 forever。请注意，替换只对名字记号进行，对括在引号中的字符串不起作用。

通常情况下，♯define 指令占一行，但也可以把一个较长的宏定义分成若干行，这时需要在待续的行末尾加上一个反斜杠\。

宏定义也可以带参数，这样可以对不同的宏调用使用不同的替换文本。例如，下列宏定义定义了一个宏 max：

```
#define  max(A, B)  ((A)>(B)?(A):(B))
```

那么，语句：

```
x=max(p+q, r+s);
```

将被替换为下列形式：

```
x=((p+q)>(r+s)?(p+q):(r+s));
```

请注意，要适当使用圆括号以保证计算次序的正确性。

在宏定义中，作为参数的表达式有时会重复计算，如果表达式存在副作用，比如含有自增运算符或输入/输出，则会出现不正确的情况。但是，宏还是很有价值的。例如，<stdio.h>头文件中的 getchar() 函数与 putchar() 函数实际上常常被定义为宏，这样可以避免处理字符时调用函数所需的运行时开销。<ctype.h>头文件中定义的函数也常常是通过宏实现的。

可以通过 ♯undef 指令取消名字的宏定义，这样做可以保证后续的调用是函数调用，而不是宏调用。

形式参数不能用带引号的字符串替换。但是，如果在替换文本中，参数名以 ♯ 作为前缀，则结果将被扩展为由实际参数替换该参数的带引号的字符串。例如：

```
#define  dprint(expr)  printf(#expr "=%g\n", expr)
```

使用语句 dprint(x/y);调用该宏时，该宏将被扩展为：

```
printf("x/y" "=%g\n", x/y);
```

其中的字符串被连接起来了，这样，该宏调用的效果等价于：

```
printf("x/y =%g\n", x/y);
```

请注意，♯ 运算符必须被用在带有参数的宏中，因为 ♯ 的操作数是宏的参数。

♯♯运算符将连接两个标记。如果替换文本中的参数与 ♯♯ 相邻，则该参数将被实

际参数替换,♯♯与前后的空白符将被删除,并对替换后的结果重新扫描。例如,有如下的宏定义:

```
#define  paste(front, back)   front ##back
```

那么,宏调用 paste(name,1)的结果将建立记号 name1。

♯♯运算符必须有两个操作数,它的嵌套使用规则比较难以掌握。

例 6.14 写出下列程序的运行结果。

```
1  #include<stdio.h>
2  #define   A   10
3  #define   B   A-2
4  int main()
5  {
6      printf("%d,%d,%d,%d\n", A, B, B * 2, B * 3);
7      return 0;
8  }
```

运行结果:

10,8,6,4

【运行结果分析】 宏定义中也可以使用前面出现的宏定义。这里在定义 B 时用到了前面的 A。

在执行第 6 行时,B*2 展开为 A−2*2,所以得到的结果是 6;B*3 展开为 A−2*3,所以得到的结果是 4。要注意,这里没有任何括号,只是简单的替换。

例 6.15 写出下列程序的运行结果。

```
1  #include<stdio.h>
2  #define  f(a, b, x)    a * x+b
3  int main()
4  {
5      printf("%d, %d\n", f(3, 2, 1), f(6, 5, f(3, 2, 1)));
6      return 0;
7  }
```

运行结果:

5, 25

【运行结果分析】 在执行第 5 行时,f(3,2,1)展开为 3*1+2,所以得到的结果是 5;f(6,5,f(3,2,1))展开为 6*f(3,2,1)+5,再进一步展开为 6*3*1+2+5,所以得到的结果是 25。请注意,这里没有任何括号,只是简单的替换。

6.10.3 条件编译

条件编译使得程序员可以控制预处理指令的执行和程序代码的编译,通常用于帮助调试。

条件预处理指令可以用来计算整数常量表达式,而类型转换表达式、sizeof 表达式和枚举常量等等是不能在预处理指令中计算的。请注意,在♯define 中使用 sizeof 是合法的,因为预处理时并不计算♯define 语句中的表达式。

条件预处理指令的结构和 if 分支结构类似。它有三种形式:

(1) 第一种形式:

```
#ifdef    标识符
    程序段 1
[#else
    程序段 2]
#endif
```

如果标识符已被 ♯define 指令定义过,则对程序段 1 进行编译;否则对程序段 2 进行编译。如果没有程序段 2,本格式中的♯else 可以缺省。

(2) 第二种形式:

```
#ifndef    标识符
    程序段 1
[#else
    程序段 2]
#endif
```

如果标识符未被♯define 命令定义过,则对程序段 1 进行编译,否则对程序段 2 进行编译。如果没有程序段 2,本格式中的♯else 可以缺省。

(3) 第三种形式:

```
#if    表达式
    程序段 1
#else
    程序段 2
#endif
```

♯if 指令对其中的常量整型表达式进行求值,如值为真,则对程序段 1 进行编译,否则对程序段 2 进行编译。因此可以使程序在不同条件下,完成不同的功能。本格式中的♯else 通常不可以缺省。

在♯if 指令中可以使用表达式 defined(名字),该表达式的值遵循下列规则:当名字已经定义时,其值为 1;否则,其值为 0。

每个♯if 指令都必须以♯endif 指令结尾。

例如,为了保证 hdr.h 文件的内容只被包含一次,可以将该文件的内容包含在下列形式的条件语句中:

```
#if  !defined(HDR_H_H)
#define  HDR_H_H
```

```
/*hdr.h 文件的内容放在这里*/
#endif
```

或者

```
#ifndef  HDR_H_H
#define  HDR_H_H
/*hdr.h 文件的内容放在这里*/
#endif
```

6.11 专题 3：最大公约数的求解

给定两个整数 x 和 y，其最大公约数（Greatest Common Divisor，GCD）是能够同时被两个整数整除的最大数。下面介绍如下几种求解算法：brute-force 算法、欧几里德算法和更相减损法。

6.11.1 brute-force 算法

brute-force 算法测试每一种可能性。其算法步骤如下：

Step1 先猜测 x 和 y 的最大公约数为 y（确保 x≥=y），然后假设 divisor=y；

Step2 如果 x 不能整除 divisor 或 y 不能整除 divisor，那么 divisor 减 1，重复 Step2；否则 divisor 就是 x 和 y 的最大公约数，求解过程结束。

实现代码如下。

```
 1  int gcd(int x, int y)
 2  {
 3      int divisor, temp;
 4  
 5      if(x<y){                       /*这里的 if 语句,用于确保 x>=y*/
 6          temp=x;
 7          x=y;
 8          y=temp;
 9      }
10  
11      divisor=y;
12      while(x %divisor !=0 || y %divisor !=0){
13          divisor--;
14      }
15  
16      return divisor;
17  }
```

提示：语句

```
if(x<y){
    temp=x;
    x=y;
    y=temp;
}
```

用于确保 x≥y，即确保所猜测的最大公约数是 x 与 y 中的小者，这样可以减少循环次数，以减少程序的执行时间。

例如，当 x=12，y=48 时，如果有此条语句，则 divisor=12，while 循环一次也不执行，就找到了它们的最大公约数 12；否则，divisor=48，while 循环要执行 36 次，才能找到它们的最大公约数 12。

6.11.2 欧几里德算法

前面的 brute-force 算法不是一种有效的策略。例如，当 x=1 000 005，y=1 000 000 时，brute-force 算法在找到它们的最大公约数 5 之前，将运行 100 万次循环，如果采用欧几里德算法则很快就能找到答案。

欧几里德算法，也称辗转相除法。其算法步骤如下：
Step1 取 x 除以 y 的余数 r。
Step2 如果 r 等于 0，求解过程结束，y 就是两个整数的最大公约数；否则，设 x 等于原来的 y，y 等于 r，重复 Step1 和 Step2。

实现代码如下。

```
1   int gcd(int x, int y)
2   {
3       int r;
4
5       while((r=x%y)!=0){
6           x=y;
7           y=r;
8       }
9
10      return y;
11  }
```

欧几里德算法与 brute-force 算法相比有两处不同：一方面，它能更快地计算出结果；另一方面，很难证明它的正确性。

例 6.16 有理数相加。给定 n 个形如"分子/分母"的有理数，计算它们的和。每个输入只有一个测试样例，每个样例以一个正整数 n 开始，下一行是 n 个形如"a1/b1 a2/b2…"有理数。如果有负数，负号必须出现在分子上。对每个输入样例，输出有理数的和，形如"整数 分子/分母"，其中整数是和的整数部分，"分子"<"分母"，并且分子和分母没有公共因子。如果整数部分为 0，仅输出分数部分。

输入样例 1：

5
2/5 4/15 1/30 -2/60 8/3

输出样例 1：

3 1/3

输入样例 2：

2
4/3 2/3

输出样例 2：

2

输入样例 3：

3
1/3 -1/6 1/8

输出样例 3：

7/24

【分析】 边读有理数，边求最小公倍数，边求有理数的和，和的形式也是"分子/分母"，对所得的和进行处理，一定要注意负数的情况。这种方法节约空间。

实现代码如下。

```
1   #include<stdio.h>
2
3   int gcd(int a, int b)
4   {
5       int r;
6       while((r=a%b)!=0){
7           a=b;
8           b=r;
9       }
10      return b;
11  }
12  int lcm(int a, int b)
13  {
14      return a*b/gcd(a,b);
15  }
16  int main()
17  {
18      int i, n, x, t;
```

```
19      int deno, flag;
20      int a1, b1, a2, b2;
21
22      scanf("%d",&n);
23      scanf("%d/%d",&a1,&b1);
24      for(i=1; i<n; i++){
25          scanf("%d/%d",&a2,&b2);
26          deno=lcm(b1,b2);
27
28          a1=deno/b1 * a1+deno/b2 * a2;
29          b1=deno;
30      }
31
32      flag=1;                    /* 用 flag 表示正负数,flag=1 为正数,flag=-1 为负数 */
33      if(a1<0){
34          a1=-a1;
35          flag=-1;
36      }
37
38      x=a1/b1;                   /* 得到整数部分 */
39      a1=a1%b1;                  /* 得到分子 */
40      if(a1==0){
41          printf("%lld\n", x * flag);
42      }
43      else{
44          t=gcd(a1,b1);
45          a1=a1/t;
46          b1=b1/t;
47
48          if(x==0){
49              printf("%d/%d\n", a1 * flag, b1);
50          }
51          else{
52              printf("%d %d/%d\n", x * flag, a1 * flag, b1);
53          }
54      }
55
56      return 0;
57  }
```

6.11.3 更相减损法

我国早期解决求最大公约数问题的算法就是更相减损法,又称"等值算法"。

算法步骤如下:如果两个数不等,则以较大的数减去较小的数,接着把较小的数与所得的差比较,直到它们相等为止。

```
1   int gcd(int x, int y)
2   {
3       while(x!=y){
4           if(x>y){
5               x=x-y;              /*以较大的数减去较小的数*/
6           }
7           else{
8               y=y-x;              /*以较大的数减去较小的数*/
9           }
10      }
11
12      return  x;
13  }
```

练 习

一、单项选择题

1. 下面关于 main() 函数,叙述正确的是(　　)。
   A. main() 函数必须出现在所有函数之前
   B. main() 函数可以在任何地方出现
   C. main() 函数必须出现在所有函数之后
   D. main() 函数必须出现在固定位置

2. 对于一个正常运行和正常退出的 C 程序,以下叙述正确的是(　　)。
   A. 程序从 main() 函数第一条可执行语句开始执行,在 main() 函数结束
   B. 程序的执行总是从程序的第一个函数开始,在 main() 函数结束
   C. 程序的执行总是从 main() 函数开始,在最后一个函数中结束
   D. 从程序的第一个函数开始,在程序的最后一个函数中结束

3. 以下叙述中错误的是(　　)。
   A. 用户自定义的函数中可以没有 return 语句
   B. 用户自定义的函数中可以有多个 return 语句,以便可以调用一次返回多个函数值
   C. 用户自定义的函数中若没有 return 语句,则应当定义函数为 void 类型
   D. 函数的 return 语句中可以没有表达式

4. 以下错误的描述是(　　)。
   A. 不同的函数中可以使用相同名字的变量,互不干扰
   B. 形式参数都是局部变量
   C. 函数定义可以嵌套
   D. C 语言中的函数参数传递都是单向值传递

5. C语言中规定函数的返回值的类型是由(   )。

   A. return 语句中的表达式类型所决定

   B. 调用该函数时的主调用函数类型所决定

   C. 调用该函数时系统临时决定

   D. 在定义该函数时所指定的函数类型所决定

6. 下列程序的运行结果(   )。

   ```
   #include<stdio.h>
   int func(int a, int b)
   {
       return  (a+b);
   }
   int main()
   {
       int   r;
       int   x=2, y=5, z=8;
       r=func(func(x, y), z);
       printf("%d\n", r);
       return 0;
   }
   ```

   A. 12   B. 13   C. 14   D. 15

7. 函数 calPI 的功能是根据以下近似公式求 π 值：

   $$\frac{\pi \times \pi}{6} = 1 + \frac{1}{2 \times 2} + \frac{1}{3 \times 3} + \cdots + \frac{1}{n \times n}$$

   请你在下面程序中的画线部分填入(   )，完成求 π 的功能。

   ```
   #include<stdio.h>
   double calPI(long n)
   {
       long  i;
       double   s=0.0;
       for(i=1; i<=n; i++){
           s=s+_____;
       }
       return(sqrt(6*s));
   }
   ```

   A. 1.0/i/i   B. 1.0/i*i   C. 1/(i*i)   D. 1/i/i

8. 对于 C 语言的函数，下列叙述中正确的是(   )。

   A. 函数的定义不能嵌套，但函数调用可以嵌套

   B. 函数的定义可以嵌套，但函数调用不能嵌套

   C. 函数的定义和调用都不能嵌套

   D. 函数的定义和调用都可以嵌套

9. 以下叙述中,错误的是( )。
   A. 函数未被调用时,系统将不为形参分配内存单元
   B. 实参与形参的个数应相等,且类型相同或赋值兼容
   C. 实参可以是常量、变量或表达式
   D. 形参可以是常量、变量或表达式
10. 以下叙述中,不正确的是( )。
    A. 在同一C程序文件中,不同函数中可以使用同名变量
    B. 在main()函数体内定义的变量是全局变量
    C. 形参是局部变量,函数调用完成即失去意义
    D. 若同一文件中全局变量和局部变量同名,则全局变量在局部变量作用范围内不起作用
11. 凡是函数中未指定存储类别的局部变量其隐含的存储类别是( )。
    A. 自动(auto)   B. 静态(static)
    C. 外部(extern)   D. 寄存器(register)
12. 设函数中有整型变量n,为保证其在未赋值的情况下初值为0,应选择的存储类别是( )。
    A. auto   B. register
    C. static   D. auto 或 register
13. 在C语言中,只有在使用时才占用内存单元的变量,其存储类型是( )。
    A. auto 和 register   B. extern 和 register
    C. auto 和 static   D. static 和 register
14. 以下叙述中正确的是( )。
    A. 全局变量的作用域一定比局部变量的作用域范围大
    B. 静态(static)类型变量的生存期贯穿于整个程序的运行期间
    C. 函数的形参都属于全局变量
    D. 未在定义语句中赋初值的auto变量和static变量的初值都是随机值
15. 设程序中不再定义新的变量,那么在函数main()中可以使用的所有变量是( )。

```
#include<stdio.h>
int   z;
int fun(int x)
{
    static int   y;
    return(x+y);
}
int main()
{
    int a, b;
    printf("%d\n", fun(a));
```

        ...
    }

    A. a, b　　　　　B. a, b, z　　　　C. a, b, y, z　　　D. a, b, x, y, z

16. 下列程序的运行结果是(　　)。

    ```
    #include<stdio.h>
    void fun(int x, int y, int z);
    int main()
    {
        int  a=31;
        fun(5, 2, a);
        printf("%d\n", a);
        return 0;
    }
    void fun(int x, int y, int z)
    {
        z=x*x+y*y;
    }
    ```

    A. 0　　　　　　B. 29　　　　　　C. 31　　　　　　D. 无定值

17. 下列程序的运行结果是(　　)。

    ```
    #include<stdio.h>
    void fun(int p);
    int main()
    {
        int  a=1;
        fun(a);
        printf("%d\n", a);
        return 0;
    }
    void fun(int p)
    {
        int  d=2;
        p=d++;
        printf("%d", p);
    }
    ```

    A. 32　　　　　　B. 12　　　　　　C. 21　　　　　　D. 22

18. 下列程序的运行结果是(　　)。

    ```
    #include<stdio.h>
    int fun(int x, int y);
    int main()
    {
        int  k;
    ```

```
    int   j=1, m=1;
    k=fun(j, m);
    printf("%d", k);
    k=fun(j, m);
    printf("%d\n", k);
    return 0;
}
int fun(int x, int y)
{
    static int   m=0, i=2;
    i+=m+1;
    m=i+x+y;
    return m;
}
```

  A. 55　　　　　B. 511　　　　　C. 1111　　　　　D. 11,5

19. 下列程序的运行结果是(　　)。

```
#include<stdio.h>
int fun(int x, int y);
int main()
{
    int  a=3, b=4, c=5, d;
    d=fun(fun(a, b), fun(a, c));
    printf("%d\n", d);
    return 0;
}
int fun(int x, int y)
{
    return   (y-x)*x;
}
```

  A. 10　　　　　B. 9　　　　　C. 8　　　　　D. 7

20. 下列程序的运行结果是(　　)。

```
#include<stdio.h>
int fun(int x, int y);
int main()
{
    int  a=4, b=5, c=6;
    printf("%d\n", fun(2*a, fun(b, c)));
    return 0;
}
int fun(int x, int y)
{
    if(x==y){
```

```
            return x;
        }
        else{
            return(x+y)/2;
        }
    }
```

A. 3   B. 6   C. 8   D. 12

21. 下列程序的运行结果是(   )。

```
#include<stdio.h>
int fun(int x);
int main()
{
    int  z;
    z=fun(3);
    printf("%d\n", z);
    return 0;
}
int fun(int x)
{
    int  y;
    if(x==0 || x==1){
        return 3;
    }
    y=x*x-fun(x-2);
    return y;
}
```

A. 0   B. 9   C. 6   D. 8

22. 以下关于宏的叙述中正确的是(   )。

A. 宏名必须用大写字母表示

B. 宏定义必须位于源程序中所有语句之前

C. 宏替换没有数据类型限制

D. 宏调用比函数调用耗费时间

23. 以下叙述中错误的是(   )。

A. 在程序中凡是以"#"开始的语句行都是预处理命令行

B. 预处理命令行的最后不能以分号表示结束

C. #define MAX 是合法的宏定义命令行

D. C程序对预处理命令行的处理是在程序执行的过程中进行的

24. 下列程序段的输出结果是(   )。

```
#define  T    10
#define  MD   3*T
```

```
printf("%d", 30/MD);
```
A. 100   B. 1   C. 200   D. 50

25. 下列程序段的输出结果是(   )。

```
#define   A   10
#define   B   (A<A+2)-2
printf("%d", B*2);
```

A. －2   B. －3   C. －4   D. －5

26. 下列程序段的输出结果是(   )。

```
#define   F(x)   x-2
#define   D(x)   x*F(x)
printf("%d,%d", D(3), D(D(3)));
```

A. －13,7   B. 3,3   C. 3,4   D. 7,－13

27. 下列程序的运行结果是(   )。

```
#include<stdio.h>
#define  f(x)   x*x*x
int main()
{
    int  a=3;
    int  s, t;
    s=f(a+1);
    t=f((a+1));
    printf("%d,%d\n", s, t);
    return 0;
}
```

A. 10,64   B. 10,10   C. 64,10   D. 64,64

二、写出下面程序的运行结果

1.
```
#include<stdio.h>
int   a=5;
void   fun(int b);
int main()
{
    int   c=20;
    fun(c);
    a+=c;
    printf("%d\n", a);
    return 0;
}
void   fun(int b)
```

```
    {
        int  a=10;
        a+=b;
        printf("%d", a);
    }
```

2.

```
#include<stdio.h>
int  fun();
int main()
{
    int  a, b;
     a=fun();
    b=fun();
    printf("%d,%d\n", a, b);
    return 0;
}
int  fun()
{
    int  x=1;
    static int  y=1;
    x+=2;
    y+=2;
    return x+y;
}
```

3.

```
#include<stdio.h>
void  func();
int main()
{
    int  i;
    for(i=0; i<2; i++){
        func();
    }
    return 0;
}
void  func()
{
    static int  t=1;
    printf("t=%d\n", t++);
}
```

4.
```c
#include<stdio.h>
int  func(int i);
int main()
{
    int  i;
    for(i=3; i<5; i++){
        printf(" %d", func(i));
    }
    printf("\n");
    return 0;
}
int  func(int i)
{
    static int  k=10;
    for(; i>0; i--){
        k++;
    }
    return(k);
}
```

5.
```c
#include<stdio.h>
int  fun(int x);
int main()
{
    int  k;
    k=fun(3);
    printf("%d, %d\n", k, fun(k));
    return 0;
}
int  fun(int x)
{
    static  y=1;
    y++;
    x+=y;
    return  x;
}
```

6.
```c
#include<stdio.h>
void  fun(int x);
int main()
```

```
{
    fun(3);
    printf("\n");
    return 0;
}
void  fun(int x)
{
    if(x/2>0){
        fun(x/2);
    }
    printf("%d ", x);
}
```

7.

```
#include<stdio.h>
void  fun(int n);
int main()
{
    fun(-610);
    printf("\n");
    return 0;
}
void  fun(int n)
{
    if(n<0){
        putchar('-');
        n=-n;
    }
    if(n/10){
        fun(n/10);
    }
    putchar(n%10+'0');
}
```

8.

```
#include<stdio.h>
int  fun(int n);
int main()
{
    printf("%d\n", fun(3));
    return 0;
}
int fun(int n)
{
```

```
    return  (n<=0)?n: fun(n-1)+fun(n-2);
}
```

三、程序设计题

1. 某公司 1999 年年产量 11.5 万件,生产能力每年提高 9.8%,求出产量能超过 x 万件的年份,结果由函数 year 返回。

输入样例:

20

输出样例:

2005

2. 输出 6～5000 以内的所有亲密数对。若 a 与 b 是一对亲密数,则 a 的因子和等于 b,b 的因子和等于 a,但 a 不等于 b。例如,220 与 284 是一对亲密数,284 与 220 也是一对亲密数,因为 220=1+2+4+5+10+11+20+22+44+55+110=284,284=1+2+4+71+142=220。

输入样例:

本题无输入。

输出样例:

220,284
284,220
1184,1210
1210,1184
2620,2924
2924,2620

3. 设计程序,寻找并输出 0～999 之间的数 n 它满足 n、n*n、n*n*n 均为回文数。

输入样例:

本题无输入。

输出样例:

0 0 0
1 1 1
2 4 8
11 121 1331
101 10201 1030301
111 12321 1367631

4. 按下面要求编写程序:(1)定义函数 fun(n)计算 n+(n+1)+⋯+(2n-1),函数返回值类型为 double。(2)在 main()函数中,输入正整数 n,计算并输出下列算式的值。要求调用函数 fun(n)计算 n+(n+1)+⋯+(2n-1)。

$$s=1+\frac{1}{2+3}+\frac{1}{3+4+5}+\cdots+\frac{1}{n+(n+1)+\cdots+(2n-1)}$$

输入样例：

3

输出样例：

1.283333

5. 用递归方法求 n 阶勒让德多项式的值，递归公式为：

$$p_n(x) = \begin{cases} 1, & n=0 \\ x, & n=1 \\ ((2n-1)*x*p_{n-1}(x)-(n-1)*p_{n-2}(x))/n, & n>1 \end{cases}$$

x 和 n 从键盘输入。

输入样例：

0 1
1 2
3 1
4 5
6 9

输出样例：

1
2
1
2641
7544041

第 7 章 数　组

本章要点：
- 数组的概念、分类；
- 如何定义数组，如何引用数组元素，数组的定义与数组元素的引用的区别；
- 一维数组的输入与输出；
- 二维数组的输入与输出，二维数组的元素在内存中的存放方式；
- 字符串常量、字符串常量的结束符；
- 如何实现字符串的存储和操作；
- 字符串处理函数；
- 进制转换、素数判定。

前面使用过的数据类型有整型、实型和字符型，它们都属于基本数据类型。除此之外，C语言还提供了一些更为复杂的数据类型，称为构造类型或导出类型，它们是由基本类型按一定的规则组合而成的。

数组（array）是程序设计中经常使用的一种数据结构，它是最基本的构造类型，是一组相同类型数据的有序集合。它有两个显著的特征：

（1）数组是有序的。必须能把数组中的每个数组元素按顺序排列，这是第一个，这是第二个，等等。

（2）数组是同质的。一个数组中的每个数组元素的类型必须相同。

数组的分类：

（1）按数组的维数可分为：一维数组和多维数组。

（2）按数组的数组元素的类型不同，可分为：数值数组、字符数组、指针数组、结构数组等各种类型数组。

7.1　实例导入

例 7.1　读入 5 个整数，找出其中的最小值。

输入样例：

5 6 -5 7 9

输出样例：

min=-5

【分析】 5个整数可以一个一个的读取。假设第一个数是最小值 min，然后每个数依次与最小值 min 比较，找出真正的最小值。算法设计如下：

Step1　输入第一个数给 x，假设它是最小值，即 min＝x。

Step2　然后循环读入其余 4 个数。每读入一个数都与最小值 min 比较，如果刚读入的这个数比 min 还小，那么就更新最小值。

Step3　输出最小值 min。

实现代码如下。

```
1   #include<stdio.h>
2   int main()
3   {
4       int x;                  /*定义1个整型变量*/
5       int i, min;             /*定义2个整型变量*/
6
7       scanf("%d", &x);        /*输入第1个数据,假设它是最小值*/
8       min=x;
9
10      /*然后输入剩下的4个数据,边输入边比较*/
11      for(i=2; i<=5; i++){
12          scanf("%d", &x);
13
14          if(min>x){          /*如果刚读入的这个数比min还小,那么就更新最小值*/
15              min=x;
16          }
17      }
18
19      /*输出所找到的最小值*/
20      printf("min=%d\n", min);
21
22      return 0;
23  }
```

例 7.2 读入 5 个整数，找出其中的最小值，并且把最小值与第一个整数交换。

输入样例：

10 9 20 7 8

输出样例：

7 9 20 10 8

【分析】 这道题不仅要找出最小值，还要知道这个最小值所在的位置，这样才能实现最小值与第一个整数交换。

要记录输入的 5 个整数,就要采用一维数组 x,第 1 个输入的数据放入数组下标为 0 的位置,第 2 个输入的数据放入数组下标为 1 的位置,……,以此类推。算法设计如下:

Step1　输入 5 个整数,放入数组 x 中。

Step2　假设第 1 个数组元素是最小值,即 min＝x[0],并且用 k 记录最小值所在的下标,此时 k＝0。

Step3　然后循环。从第 2 个数组元素开始与最小值 min 比较,如果这个数比 min 还小,那么就更新最小值 min,同时还要更新记录数组元素下标的 k。

Step4　如果最小值所在的下标 k 不等于 0,那么就交换;否则不用交换。

Step5　输出结果。

实现代码如下。

```
1   #include<stdio.h>
2   #define M 5
3   int main()
4   {
5       int x[M];
6       int i, j, k, t;
7   
8       for(i=0; i<M; i++){            /*逐个输入数组元素*/
9           scanf("%d", &x[i]);
10      }
11  
12      /*找最小值所在的下标,用变量 k 记录。先假设第 1 个元素是最小值,即令 k=0*/
13      k=0;
14      for(j=1; j<M; j++){
15          if(x[k]>x[j]){
16              k=j;
17          }
18      }
19  
20      /*如果最小值所在的下标不是 0,则交换*/
21      if(k!=0){
22          t=x[0];
23          x[0]=x[k];
24          x[k]=t;
25      }
26  
27      for(i=0; i<M; i++){            /*逐个输出数组元素*/
28          printf("%d ", x[i]);
29      }
30      printf("\n");
31  
32      return 0;
```

```
33  }
```

请注意,第 5 行代码中的声明语句 int x[M],将变量 x 声明为由 M 个整数构成的数组。在 C 语言中,数组下标总是从 0 开始,因此该数组的 5 个元素分别为 x[0]、x[1]、x[2]、x[3]和 x[4]。

7.2 一维数组

只有一个下标变量的数组称为一维数组。本节我们讨论一维数值数组。

7.2.1 一维数组的定义

定义一个数组,需要明确数组名、数组元素的类型和数组的大小。一维数组定义的一般形式为:

类型说明符 数组名[常量表达式];

例如,int a[5];声明了一个名为 a 且拥有 5 个数组元素的数组,每个数组元素的类型都是整型。数组中的每一个数组元素都由对应的一个称为下标的数值确定。在 C 语言中,数组的下标从 0 开始到比数组长度小 1 的数为止,因此,这个数组的 5 个数组元素如下:a[0]、a[1]、a[2]、a[3]和 a[4]。

使用说明:

(1) 在定义数组时,不能在方括号中用变量来指定元素的个数,但是可以是符号常量或常量表达式。

例如,下面这样定义数组是错误的:

```
int  n;
scanf("%d", &n);
int  a[n];
```

下面这样定义数组也是错误的:

```
int  i=15;
int  data[i];
```

而下面这样定义数组是合法的:

```
#define  FD  5
int  a[3+2], b[7+FD];
```

在大多数情况下,应该用符号常量而不是具体的数值来指定数组的大小,这有利于程序员将来修改数组的大小。

(2) 数组名的命名规则符合标识符的命名规则,数组名不能与同一函数中的其他变量名相同。例如,下面这样定义数组是错误的:

```
int  a;
```

```
float   a[10];
```

7.2.2 一维数组元素的引用

数组元素的引用与数组的定义在形式上有些相似,但这两者具有完全不同的含义。

数组元素的引用要指定下标,形式为:

数组名[下标]

其中,下标可以是任何整型表达式,包括整型变量以及整型常量。

例如:

```
int   a[10], b[5];
int   i=1, j=2;
```

那么 a[5]、a[i+j]、a[i++]均是合法的数组元素。

```
a[1]=a[2]+b[1]+5;
a[i]=b[i];
b[i+1]=a[i+2];
```

均是合法的语句。

只能逐个引用数组元素,不能一次引用整个数组。例如:

```
int   a[10];
scanf("%d", a);              (×)
printf("%d ", a);            (×)
```

修改为:

```
for(i=0; i<10; i++){          /*输入*/
    scanf("%d", &a[i]);       (√)
}
for(i=0; i<10; i++){          /*输出*/
    printf("%d ", a[i]);      (√)
}
```

请注意,C 语言对数组的引用不检查数组边界,即当引用时下标越界(下标小于 0 或大于上界),C 语言编译系统不报错。但是会把数据写到其他变量所占的存储单元中,甚至写入程序代码段,使得程序运行中断或输出错误的结果。

7.2.3 一维数组的初始化

数组的初始化是指在数组声明时给数组元素赋初值。数组的初始化是在编译阶段进行的,这样会减少运行时间,提高效率。

(1) 给部分数组元素赋初值,未赋初值的数组元素值为 0。例如:

```
int   a[5]={6, 2, 3};
```

等价于：

a[0]=6; a[1]=2; a[2]=3; a[3]=0; a[4]=0;

（2）给全部数组元素赋初值。例如：

int a[5]={1, 2, 3, 4, 5};

等价于：

a[0]=1; a[1]=2; a[2]=3; a[3]=4; a[4]=5;

但当{ }中值的个数多于数组元素个数时，程序出错。例如：int a[3]={6，2，3，5，1};。
如果想使一个数组中全部数组元素的值为0，可以写成：

int a[5]={0, 0, 0, 0, 0};

或：

int a[5]={0};

但不能写成：int a[5]={0*5}。

在对全部数组元素赋初值时，可以不指定数组长度，例如：

int a[]={1, 2, 3, 4, 5};

在不进行初始化的情况下，外部数组和静态数组的数组元素都将被初始化为0，而内部数组的数组元素的初值则没有定义。

7.2.4 一维数组的应用举例

例7.3 已知a是一维数组，它的长度为N，对它进行倒置。
输入样例：

10 9 20 7 8

输出样例：

8 7 20 9 10

【分析】 第1种方法：采用一个与数组a大小相同的数组b，然后，

b[N-1]=a[0]
b[N-2]=a[1]
...
b[1]=a[N-2]
b[0]=a[N-1]

即b[N-1-i]=a[i]，就可以实现数组a的倒置。数组b是数组a倒置的结果。
实现代码如下。

1　#include<stdio.h>

```
2   #define N 5
3   int main()
4   {
5       int i;
6       int a[N], b[N];
7
8       for(i=0; i<N; i++){          /*逐个输入数组 a 的数组元素*/
9           scanf("%d", &a[i]);
10      }
11
12      for(i=0; i<N; i++){          /*倒置处理*/
13          b[N-1-i]=a[i];
14      }
15
16      for(i=0; i<N; i++){          /*逐个输出数组 b 的数组元素*/
17          printf("%d ", b[i]);
18      }
19      printf("\n");
20
21      return 0;
22  }
```

第 2 种方法：就地倒置。把数组 a 的前后数组元素进行交换，也就是：

a[0]与 a[N-1]交换
a[1]与 a[N-2]交换
…

即 a[i] 与 a[N－1－i]交换，一直交换到中间数组元素为止，就可以实现数组 a 的倒置。

实现代码如下。

```
1   #include<stdio.h>
2   #define N 5
3   int main()
4   {
5       int i, temp;
6       int a[N];
7
8       for(i=0; i<N; i++){          /*逐个输入数组 a 的数组元素*/
9           scanf("%d", &a[i]);
10      }
11
12      for(i=0; i<N/2; i++){        /*倒置处理*/
13          temp=a[i];
14          a[i]=a[N-1-i];
```

```
15          a[N-1-i]=temp;
16      }
17
18      for(i=0; i<N; i++){        /*逐个输出数组 b 的数组元素*/
19          printf("%d ", a[i]);
20      }
21      printf("\n");
22
23      return 0;
24  }
```

7.3 二维数组

C 语言支持多维数组,即二维及二维以上的数组。最常见的多维数组是二维数组,它主要用于表示二维表和矩阵。三维及三维以上的多维数组在 C 语言中虽然是合法的,但是很少出现。

操作多维数组常常要用到多重循环,一般每一重循环控制一维下标。用时要注意下标的位置和取值范围。

本节我们讨论二维数值数组。

7.3.1 二维数组的定义

二维数组定义的一般形式为:

类型说明符　数组名[常量表达式 1][常量表达式 2];

例如,

int a[3][4];

声明了一个名为 a 且拥有 12 个数组元素的二维数组,每个数组元素的类型为整型。也可以把数组 a 看作是一个一维数组,它有 3 个数组元素:a[0]、a[1]、a[2],这 3 个数组元素又是一个包含 4 个数组元素的一维数组,如下表所示。

a[0]	a[0][0]	a[0][1]	a[0][2]	a[0][3]
a[1]	a[1][0]	a[1][1]	a[1][2]	a[1][3]
a[2]	a[2][0]	a[2][1]	a[2][2]	a[2][3]

7.3.2 二维数组元素的引用

二维数组元素的引用形式为:

数组名[下标][下标]

其中下标可以是任何整型表达式,包括整型变量以及整型常量。例如,a[2][3]表示数组 a 的第 2 行第 3 列的元素。

数组元素可以出现在表达式中，也可以被赋值。例如，

```
int  a[3][4];
a[2][3]=10;
a[1][2]=2*a[2][3];
```

均是合法的语句。

只能逐个引用数组元素，不能一次引用整个数组。例如：

```
int  a[3][4];
scanf("%d", a);                    (×)
printf("%d ", a);                  (×)
```

修改为：

```
for(i=0; i<3; i++){                /*输入*/
    for(j=0; j<4; j++){
        scanf("%d", &a[i][j]);     (√)
    }
}
for(i=0; i<3; i++){                /*输出*/
    for(j=0; j<4; j++){
        printf("%d ", a[i][j]);    (√)
    }
}
```

7.3.3 二维数组的初始化

(1) 二维数组可按行分段赋初值，也可按行连续赋初值。

例如，按行分段赋值：

```
int [5][3]={{80, 75, 92}, {61, 65, 71}, {59, 63, 70}, {85, 87, 90},{76, 77, 85}};
```

例如，按行连续赋值：

```
int a[5][3]={80, 75, 92, 61, 65, 71, 59, 63, 70, 85, 87, 90, 76, 77, 85};
```

这两种赋初值的结果完全相同。

(2) 给部分数组元素赋初值，未赋初值的数组元素值为0。

例如，

```
int a[2][3]={{1}, {3}};
```

即：

$$\begin{bmatrix} 1 & 0 & 0 \\ 3 & 0 & 0 \end{bmatrix}$$

例如，

```
int a [3][4]={{1}, {0,6}, {0,0,11}};
```

即：

$$\begin{bmatrix} 1 & 0 & 0 & 0 \\ 0 & 6 & 0 & 0 \\ 0 & 0 & 11 & 0 \end{bmatrix}$$

(3) 给全部数组元素赋初值，那么第一维的长度可以不给出。

例如，

```
int a[][3]={1, 2, 3, 4, 5, 6, 7, 8, 9};
```

即：

$$\begin{bmatrix} 1 & 2 & 3 \\ 4 & 5 & 6 \\ 7 & 8 & 9 \end{bmatrix}$$

例如，

```
int a[][4]={{0, 0, 3}, {}, {0, 10}};
```

即：

$$\begin{bmatrix} 0 & 0 & 3 & 0 \\ 0 & 0 & 0 & 0 \\ 0 & 10 & 0 & 0 \end{bmatrix}$$

7.3.4 二维数组的应用举例

例 7.4 求二维数组的最大元素及其所在的行和列。

输入样例：

```
12 99 3 5
45 32 99 6
6 16 34 21
```

输出样例：

```
max=99, row=0, colum=1
max=99, row=1, colum=2
```

【分析】

(1) 从输入样例可知，最大值可能不止一个，所以要找出所有的最大值，并输出它们所在的行和列。

(2) 在此输入样例中，这是一个 3 行 4 列的数组。但我们最好把行数和列数定义为符号常量，这样便于以后修改行数和列数。

实现代码如下。

```
1   #include<stdio.h>
```

```
 2  #define M 3
 3  #define N 4
 4  int main()
 5  {
 6      int i, j, max;
 7      int a[M][N];
 8
 9      for(i=0; i<M; i++){              /*逐个输入数组元素*/
10          for(j=0; j<N; j++){
11              scanf("%d", &a[i][j]);
12          }
13      }
14
15      /*求最大值*/
16      max=a[0][0];
17      for(i=0; i<M; i++){
18          for(j=0; j<N; j++){
19              if(max<a[i][j]){
20                  max=a[i][j];
21              }
22          }
23      }
24
25      for(i=0; i<M; i++){              /*输出最大值及其所在的下标*/
26          for(j=0; j<N; j++){
27              if(a[i][j]==max){
28                  printf("max=%d,row=%d,colum=%d\n",a[i][j],i,j);
29              }
30          }
31      }
32
33      return 0;
34  }
```

例7.5 一个学习小组有5个人,每个人有3门课程的考试成绩。求每个人的平均成绩,结果保留1位小数。

输入样例:

100 75 92
61 65 71
59 63 90
85 87 90
86 97 85

输出样例:

100.0 75.0 92.0 89.0
61.0 65.0 71.0 65.7
59.0 63.0 90.0 70.7
85.0 87.0 90.0 87.3
86.0 97.0 85.0 89.3

【分析】 我们可以采用一个二维数组来存放 5 个人三门课的成绩,二维数组的每行表示一个人的三门课成绩,所以对每行求总成绩,然后再求出平均成绩。

实现代码如下。

```
1   #include<stdio.h>
2   #define M 5
3   #define N 4
4   int main()
5   {
6       int i, j;
7       double sum;
8       double a[M][N];
9
10      for(i=0; i<M; i++){
11          sum=0;
12          for(j=0; j<N-1; j++){
13              scanf("%lf", &a[i][j]);
14              sum=sum+a[i][j];
15          }
16          a[i][j]=sum/(N-1);
17      }
18
19      for(i=0; i<M; i++){
20          for(j=0; j<N; j++){
21              printf("%.1f ", a[i][j]);
22          }
23          printf("\n");
24      }
25
26      return 0;
27  }
```

例 7.6 矩阵的转置。

第 1 种情况: 如果矩阵不是方阵。设 a 是 M * N 的二维数组,则要定义另一个 N * M 的二维数组 b。例如,

$$\begin{bmatrix} 1 & 2 & 3 \\ 4 & 5 & 6 \end{bmatrix} \Rightarrow \begin{bmatrix} 1 & 4 \\ 2 & 5 \\ 3 & 6 \end{bmatrix}$$

实现代码如下。

```c
1  #include<stdio.h>
2  #define M 2
3  #define N 3
4  int main()
5  {
6      int i, j;
7      int a[M][N], b[N][M];
8
9      for(i=0; i<M; i++){              /*输入数组 a*/
10         for(j=0; j<N; j++){
11             scanf("%d", &a[i][j]);
12         }
13     }
14
15     for(i=0; i<M; i++){              /*转置处理*/
16         for(j=0; j<N; j++){
17             b[j][i]=a[i][j];
18         }
19     }
20
21     for(i=0; i<N; i++){              /*输出数组 b*/
22         for(j=0; j<M; j++){
23             printf("%d ", b[i][j]);
24         }
25         printf("\n");
26     }
27
28     return 0;
29 }
```

第 2 种情况：如果矩阵是方阵。设 a 是 N * N 的二维数组，方阵的转置以对角线为基准，对应元素交换。例如，

$$\begin{bmatrix} 1 & 4 & 7 \\ 2 & 5 & 8 \\ 3 & 6 & 9 \end{bmatrix} \Rightarrow \begin{bmatrix} 1 & 2 & 3 \\ 4 & 5 & 6 \\ 7 & 8 & 9 \end{bmatrix}$$

实现代码如下。

```c
1  #include<stdio.h>
2  #define M 3
3  int main()
4  {
5      int i, j, temp;
```

```
6        int a[M][M];
7
8        for(i=0; i<M; i++){              /*输入数组a*/
9            for(j=0; j<M; j++){
10               scanf("%d", &a[i][j]);
11           }
12       }
13
14       for(i=0; i<M; i++){              /*转置处理*/
15           for(j=0; j<i; j++){
16               temp=a[i][j];
17               a[i][j]=a[j][i];
18               a[j][i]=temp;
19           }
20       }
21
22       for(i=0; i<M; i++){              /*输出数组a*/
23           for(j=0; j<M; j++){
24               printf("%d ", a[i][j]);
25           }
26           printf("\n");
27       }
28
29       return 0;
30   }
```

例7.7 矩阵的相乘。

输入样例：

请输入第1个矩阵：

1 5 6
3 2 8

请输入第2个矩阵：

1 2 3
4 5 6
7 8 9

输出样例：

63 75 87
67 80 93

【分析】矩阵可以用二维数组来表示。根据两个矩阵能相乘的条件，设矩阵A有M*L个元素，矩阵B有L*N个元素，则矩阵C=A*B有M*N个元素。矩阵C中的任一元素：

$$c[i][j] = \sum_{k=1}^{L}(a[i][k] \times b[k][j])$$

实现代码如下。

```
1   #include<stdio.h>
2   #define M 2
3   #define L 3
4   #define N 3
5   int main()
6   {
7       int i, j, k;
8       int a[M][L], b[L][N], c[M][N];
9
10      printf("请输入第 1 个矩阵:\n");
11      for(i=0; i<M; i++){              /*输入数组 a*/
12          for(j=0; j<L; j++){
13              scanf("%d", &a[i][j]);
14          }
15      }
16
17      printf("请输入第 2 个矩阵:\n");
18      for(i=0; i<L; i++){              /*输入数组 b*/
19          for(j=0; j<N; j++){
20              scanf("%d", &b[i][j]);
21          }
22      }
23
24      for(i=0; i<M; i++){              /*数组 a 与数组 b 相乘,相乘的结果放入数组 c 中*/
25          for(j=0; j<N; j++){
26              c[i][j]=0;
27              for(k=0; k<L; k++){
28                  c[i][j]=c[i][j]+a[i][k]*b[k][j];
29              }
30          }
31      }
32
33      for(i=0; i<M; i++){              /*输出数组 c*/
34          for(j=0; j<N; j++){
35              printf("%d ", c[i][j]);
36          }
37          printf("\n");
38      }
39
40      return 0;
```

```
41  }
```

7.4 字符数组

用来存放字符的数组是字符数组。字符数组中的一个数组元素存放一个字符。

7.4.1 字符数组的定义和引用

字符数组的定义类似于前面所讲解的一维数值数组和二维数值数组。例如：

```
char a[3], b[4][5];
```

引用字符数组的一个数组元素，得到一个字符，其引用形式与数值数组相同。

7.4.2 字符数组的初始化

1. 用字符赋值

逐个元素初始化，当初始化数据少于数组长度时，其余元素为"空"('\0')。例如：

```
char c[10]={'c',' ','p','r','o','g','r','a','m'};
```

其中，c[9]未赋值，由系统自动赋予空字符"\0"值。"\0"是一个特殊的字符，它的 ASCII 码值为 0。

指定初值时，若未指定数组长度，则长度等于初值个数。例如：

```
char c[]={'I',' ','a','m',' ','h','a','p','p','y'};
```

等价于：

```
char c[10]={'I',' ','a','m',' ','h','a','p','p','y'};
```

当初始化数据多于元素个数时，将出错。

2. 用字符串赋值

字符串是指一串字符，C 语言中规定字符串常量用双引号括起来，它有一个结束标志"\0"。

在 C 语言中没有专门的字符串变量，通常用一个字符数组来存放一个字符串。字符串就是字符型数组，只是这个数组的最后数组元素是一个字符串结束标志"\0"，也就是说字符串是一种以"\0"结尾的字符数组。

例如：

```
char ch[6]={"Hello"};
```

或

```
char ch[6]="Hello";
```

或

```
char ch[]="Hello";
```

	ch[0]	ch[1]	ch[2]	ch[3]	ch[4]	ch[5]
	H	e	l	l	o	\0
	72	101	108	108	111	0

例如：

char fruit[][7]={"Apple", "Orange", "Grape", "Pear", "Peach"};

	0	1	2	3	4	5	6
fruit[0]	A	p	p	l	e	\0	\0
fruit[1]	O	r	a	n	g	e	\0
fruit[2]	G	r	a	p	e	\0	\0
fruit[3]	P	e	a	r	\0	\0	\0
fruit[4]	P	e	a	c	h	\0	\0

有了"\0"标志后，就可用 strlen()函数而不必再用字符数组的长度来判断字符串的长度了。

字符串在存储时，系统自动在其后加上结束标志"\0"，但字符数组并不要求其最后一个元素是"\0"。例如：

```
#include<stdio.h>
int main()
{
    char c1[5]={'G', 'o', 'o', 'd', '!'};
    char c2[]="Good!";
    printf("%s\n", c1);        /*出错*/
    printf("%s\n", c2);        /*正确*/
}
```

出错的原因是：字符数组 c1 不能当作字符串使用，因为其最后一个元素不是结束标志"\0"。

7.4.3 字符数组的输入/输出

1. 逐个字符的输入/输出

```
char str[5];

for(i=0; i<5; i++){                 /*逐个字符的输入*/
    scanf("%c", &str[i]);           /*或 str[i]=getchar();*/
}

for(i=0; i<5; i++){                 /*逐个字符的输出*/
    printf("%c", str[i]);           /*或 putchar(str[i]);*/
}
```

2. 字符串形式的输入/输出

```
char str[5];
scanf("%s", str);                /*或gets(str);*/
printf("%s", str);               /*或puts(str)*/
```

提示：

（1）以字符串的形式输入/输出时，输入项和输出项均是字符数组名，而不是字符数组元素名。

（2）以字符串形式输入时，遇回车符结束，但获得的字符中不包含回车符本身，而是在字符串末尾添"\0"。

（3）以字符串形式输出时，遇"\0"结束，输出字符中不包含"\0"。若数组中包含一个以上的"\0"，遇第一个"\0"时结束。例如：

```
char str[]="Good!\0boy";
printf("%s\n", str);             /*或puts(str)*/
```

程序段的运行结果是：Good!

（4）用一个 scanf 函数输入多个字符串时，输入时以空格符作为字符串间的分隔。例如：

```
char str1[5], str2[5], str3[5];
scanf("%s%s%s", str1, str2, str3);
```

输入数据："How are you?"，则 str1、str2、str3 获得的数据如表 7-1 所示。

表 7-1　str1、str2、str3 的数据

H	o	w	\0	\0
A	r	e	\0	\0
Y	o	u	?	\0

注意：在输入时，scanf()函数和 getchar()函数都是读取到"回车符"就结束的，但回车符滞留在输入流缓冲区中。当下一次输入仍用 scanf()函数或 getchar()函数读入一个字符时，则读取缓冲区中的回车符从而导致结果不正确。但若下一次是用 scanf()函数读一个数字（或字符串）时，scanf()函数则会跳过空白字符（即空格符、制表符及换行符），可以正常输入。

例 7.8　写出下列程序的运行结果。

```
1  #include<stdio.h>
2  #include<string.h>
3  int main()
4  {
5      int i;
6      char a[7]="abcdef";
```

```
7       char b[4]="ABC";
8
9       strcpy(a, b);
10      printf("%s\n", a);
11      printf("%d\n", strlen(a));
12
13      for(i=0; i<7; i++){
14          printf("%c", a[i]);
15      }
16
17      return 0;
18  }
```

运行结果：

ABC
3
ABC ef

【运行结果分析】

(1) 对数组 a 和数组 b 初始化后，它们的数组元素的值为：

a[0]	a[1]	a[2]	a[3]	a[4]	a[5]	a[6]
a	b	c	d	e	f	\0

b[0]	b[1]	b[2]	b[3]
A	B	C	\0

(2) strcpy(a, b)操作后，数组 b 的各元素的值不变，数组 a 的各个数组元素的值为：

a[0]	a[1]	a[2]	a[3]	a[4]	a[5]	a[6]
A	B	C	\0	e	f	\0

7.4.4 字符数组的应用举例

例 7.9 输入一行字符，统计其中的单词数。单词之间用空格隔开。

输入样例：

My name is pingping.

输出样例：

4

【分析】

(1) 输入一个字符串存放在 str 字符数组中。初始时，单词标记 word＝0，单词计数器 num＝0。

(2) 对字符数组的每个元素进行判断。

A. 如果当前字符是空格,那么未出现新单词,置单词标记 word=0,单词数不累加。

B. 如果当前字符不是空格并且单词标记 word=0,那么置单词标记 word=1,表明新单词开始,单词数累加。

实现代码如下。

```
1   #include<stdio.h>
2   int main()
3   {
4       char str[1001];
5       int i, num, word;
6   
7       gets(str);
8       word=0;
9       num=0;
10      for(i=0; str[i]!='\0'; i++){
11          if(str[i]==' '){
12              word=0;
13          }
14          else if(word==0){
15              word=1;
16              num++;
17          }
18      }
19      printf("%d\n", num);
20  
21      return 0;
22  }
```

例 7.10 输入一行字符,统计其中的各个数字字符出现的次数。

输入样例:

Rrddui128880765uuii67ggi6

输出样例:

1 1 1 0 0 1 3 2 3 0

【分析】

(1) 因为要求统计各个数字字符出现的次数,于是用一个长度为 10 的整型数组 num 来存放,即用 num[0]存放数字字符 0 出现的次数,用 num[1]存放数字字符 1 出现的次数,…,num[9]存放数字字符 9 出现的次数。

(2) 逐个判断每个字符是否为数字字符,如果是数字字符,则相应的整型数组的元素加 1。例如,某个字符是'0',则 num[0]加 1。

(3) 存储累加和的变量必须赋初值为 0。

实现代码如下。

```
1   #include<stdio.h>
2   #include<ctype.h>
3   int main()
4   {
5       int i;
6       char str[100];
7       int num[10]={0};              /*数组的每个元素赋初值为 0*/
8
9       gets(str);
10      for(i=0; str[i]!='\0'; i++){
11          if(isdigit(str[i])){
12              num[str[i]-'0']++;
13          }
14      }
15
16      for(i=0; i<10; i++){
17          printf("%d ", num[i]);
18      }
19      printf("\n");
20
21      return 0;
22  }
```

请注意,因为程序中用到 isdigit()函数,所以要包含 ctype.h 头文件。

7.5 数组与函数参数

7.5.1 数组元素作函数实参

实参是表达式,而数组元素可以是表达式的组成部分,因此数组元素可以作为函数的实参。数组元素作为函数实参,与用普通变量作实参完全一样。

例 7.11 已知一维数组 x 和 y,数组元素 x[i]、y[i]表示平面第 i 点的坐标,求各点与点(1.0,1.0)的距离的总和,结果保留 3 位小数。

输入样例:

-1.5 2.1 6.3 3.2 -0.7 7.0 5.1 3.2 4.5 7.6
3.5 7.6 8.1 4.5 6.0 1.1 1.2 2.1 3.3 4.4

输出样例:

52.679

实现代码如下。

```
1   #include<stdio.h>
2   #include<math.h>
```

```
3   #define N 10                          /*宏定义*/
4
5   /*函数声明*/
6   double calDistance(double x1, double y1, double x2, double y2);
7
8   int main()
9   {
10      int i;
11      double s;
12      double x[N], y[N];
13
14      for(i=0; i<10; i++){
15          scanf("%lf", &x[i]);
16      }
17      for(i=0; i<10; i++){
18          scanf("%lf", &y[i]);
19      }
20
21      s=0;
22      for(i=0; i<10; i++){
23          s=s+calDistance(x[i], y[i], 1.0, 1.0);
24      }
25      printf("%.3f\n", s);
26
27      return 0;
28  }
29  double calDistance(double x1, double y1, double x2, double y2)
30  {
31      return   sqrt((x1-x2) * (x1-x2)+(y1-y2) * (y1-y2));
32  }
```

7.5.2 数组作函数实参

可以把数组作函数的参数。

数组作函数形参时,通常还要把数组的长度也作形参。

数组作函数实参时,是把实参数组的首地址值传递给形参数组,这样两个数组就共占同一段存储单元。

主调函数与被调函数分别定义为数组,且类型应一致。形参数组大小的第一维可不指定。形参数组名是地址变量,实参数组名是地址常量。

例7.12 写出下列程序的运行结果。设程序运行时输入:0 10 2 7↙。

```
1   #include<stdio.h>
2   void  fun(int v[]);
3   int main()
```

```
4   {
5       int i;
6       int a[4];
7       for(i=0; i<4; i++){
8           scanf("%d", &a[i]);
9       }
10      fun(a);
11      for(i=0; i<4; i++){
12          printf("%d ", a[i]);
13      }
14      printf("\n");
15      return 0;
16  }
17  void  fun(int v[])
18  {
19      int   i, j, t;
20      for(i=1; i<4; i++){
21          for(j=i-1; j>=0 && v[j]<v[j+1]; j--){
22              t=v[j];
23              v[j]=v[j+1];
24              v[j+1]=t;
25          }
26      }
27  }
```

例 7.13 有一个一维数组 score,内放 10 个学生成绩,求平均成绩。

输入样例:

95 98 81 56 77 99 100 67 61 85

输出样例:

average is: 81.90

实现代码如下。

```
1   #include<stdio.h>
2   #define M 10
3   double average(double array[], int n);
4   int main()
5   {
6       int i;
7       double score[M];
8
9       for(i=0; i<M; i++){           /*输入 M 个学生的成绩*/
10          scanf("%lf", &score[i]);
11      }
```

```
12        printf("average is: %5.2f\n", average(score, M));      /*输出*/
13
14        return 0;
15    }
16    double average(double array[], int n)
17    {
18        int i;
19        double sum;
20
21        sum=0;
22        for(i=0; i<n; i++){           /*求n个学生的总成绩*/
23            sum +=array[i];
24        }
25
26        return sum/n;                 /*求n个学生的平均成绩,并返回*/
27    }
```

说明:此题是要求10个学生成绩的平均成绩,非常简单,其实没有必要自定义一个函数来求解,但为了让读者学习如何自定义函数、如何调用自定义函数,所以以一个简单的例子示之。

例7.14 要求输出10行以内的杨辉三角。

输入样例:

5

输出样例:

```
1
1   1
1   2   1
1   3   3   1
1   4   6   4   1
```

【分析】 杨辉三角最本质的特征是,它的斜边都是由数字1组成的,它的一条直角(即首列)也都是由数字1组成的,而其余的数则等于它肩上的两个数之和。

实现代码如下。

```
1  #include<stdio.h>
2  #define N 11
3
4  /*函数声明*/
5  void yangHui(int a[][N], int n);
6  void output(int a[][N], int n);
7
8  int main()
9  {
```

```
10      int n;
11      int a[N][N];
12
13      scanf("%d", &n);                /*输入*/
14      yangHui(a, n);                  /*函数调用。生成杨辉三角*/
15      output(a, n);                   /*输出。输出杨辉三角*/
16
17      return 0;
18  }
19  void yangHui(int a[][N], int n)     /*函数定义*/
20  {
21      int i, j;
22
23      for(i=1; i<=n; i++){
24          for(j=1; j<=i; j++){
25              if(j==1 || j==i){
26                  a[i][j]=1;
27              }
28              else{
29                  a[i][j]=a[i-1][j-1]+a[i-1][j];
30              }
31          }
32      }
33  }
34  void output(int a[][N], int n)      /*函数定义*/
35  {
36      int i, j;
37
38      for(i=1; i<=n; i++){            /*输出*/
39          for(j=1; j<=i; j++){
40              printf("%5d", a[i][j]);
41          }
42          printf("\n");
43      }
44  }
```

7.6 查找和排序

查找和排序与数组的关系非常密切。查找是从数组中找出特定元素的过程；排序是重新排列数组的元素，使它们按某一事先确定的顺序存储的过程，如果数据量大，对信息进行排序的算法是至关重要的。

7.6.1 查找

本节主要介绍顺序查找和折半查找。

1. 顺序查找

顺序查找的思想是,所给关键字与数组中各元素逐个比较,直到成功或失败。

实现代码如下。

```
1   /*在数组中顺序查找等于 key 的元素,若找到,则返回该元素在数组中的下标,否则返回-1*/
2   int seqSearch(int x[], int n, int key)
3   {
4       int i;
5
6       i=n-1;
7       while(i>=0 && x[i]!=key){
8           i--;
9       }
10
11      return i;
12  }
```

2. 折半查找

折半查找又称为二分查找,它要求待查找的数组必须是有序的。

折半算法思想是,先将数组中间位置的数组元素与查找数比较,如果两者相等,则查找成功;否则利用中间位置数组元素将数组分成前、后两个子数组,如果查找数大于中间位置数组元素,则进一步查找后一子数组,否则进一步查找前一子数组。

实现代码如下。

```
1   int binSearch(int x[], int n, int key)
2   {
3       int low, high, mid;
4
5       low=0;
6       high=n-1;
7       while(low <=high){
8           mid= (low+high)/2;
9           if(key<x[mid]){              /*进一步查找前一子数组*/
10              high=mid-1;
11          }
12          else if(key>x[mid]){         /*进一步查找后一子数组*/
13              low=mid+1;
14          }
15          else{                        /*找到了匹配的值,就返回所在的下标*/
16              return mid;
17          }
18      }
19      return -1;                       /*没有匹配的值,就返回-1*/
20  }
```

7.6.2 排序

我们主要介绍选择排序和冒泡排序。

1. 选择排序

假设排序结果为升序,选择排序的算法步骤如下:

(1) 在未排序的 n 个数(a[0]~a[n−1])中找最小数所对应的下标 k。如果 k≠0,将 a[k]与 a[0]交换。

(2) 在剩下未排序的 n−1 个数(a[1]~a[n−1])中找最小数所对应的下标 k。如果 k≠1,将 a[k]与 a[1]交换。

……

(3) 在剩下未排序的两个数(a[n−2]和 a[n−1])中找最小数所对应的下标 k。如果 k≠(n−2),将 a[k]与 a[n−2]交换。

实现代码如下。

```
1   /*选择排序(结果升序)*/
2   void selectSort(int a[], int n)
3   {
4       int i, j, k, t;
5   
6       for(i=0; i<n-1; i++){
7           k=i;
8           for(j=i+1; j<n; j++){
9               if(a[k]>a[j]){
10                  k=j;
11              }
12          }
13          if(k!=i){
14              t=a[i];
15              a[i]=a[k];
16              a[k]=t;
17          }
18      }
19  }
```

假设,数组 a 的长度为 5,其数组元素是:10、3、17、19 和 1,对它进行选择排序(结果升序),则数组元素值的变化如表 7-2 所示。

表 7-2 数组元素值的变化

i	k	a[0]	a[1]	a[2]	a[3]	a[4]	说　　明
		10	3	17	19	1	
0	4	1	3	17	19	10	第 0 趟:a[0]与 a[4]交换

续表

i	k	a[0]	a[1]	a[2]	a[3]	a[4]	说　　明
1	1	1	3	17	19	10	第1趟:不交换
2	4	1	3	10	19	17	第2趟:a[2]与a[4]交换
3	4	1	3	10	17	19	第3趟:a[3]与a[4]交换

2. 冒泡排序

冒泡排序的算法思想是:反复扫描待排序的数组,在扫描的过程中顺次比较相邻的两个元素的大小,若逆序就交换位置。

假设排序结果为升序,冒泡排序的算法步骤如下:

(1) 在未排序的 n 个数(a[0]~a[n-1])中,如果相邻的两个数组元素 a[j]>a[j+1](j∈[0,n-2]),则 a[j]与 a[j+1]交换。

(2) 在剩下未排序的 n-1 个数(a[0]~a[n-2])中,如果相邻的两个数组元素 a[j]>a[j+1](j∈[0,n-3]),则 a[j]与 a[j+1]交换。

……

(3) 在剩下未排序的两个数(a[0]~a[1])中,如果相邻的两个数组元素 a[j]>a[j+1](j=0),则 a[j]与 a[j+1]交换。

实现代码如下。

```
1   /*冒泡排序(结果升序)*/
2   void bubbleSort(int a[], int n)
3   {
4       int i, j, t;
5   
6       for(i=0; i<n-1; i++){              /*第i趟比较*/
7           for(j=0; j<(n-1)-i; j++){      /*第i趟中两两比较(n-1)-i次*/
8               if(a[j]>a[j+1]){
9                   t=a[j];
10                  a[j]=a[j+1];
11                  a[j+1]=t;
12              }
13          }
14      }
15  }
```

假设,数组 a 的长度为 5,其数组元素是:10、3、17、19 和 1,则第 0 趟数组元素值的变化如图 7-1 所示。

每一趟数组元素值的变化如表 7-3 所示。

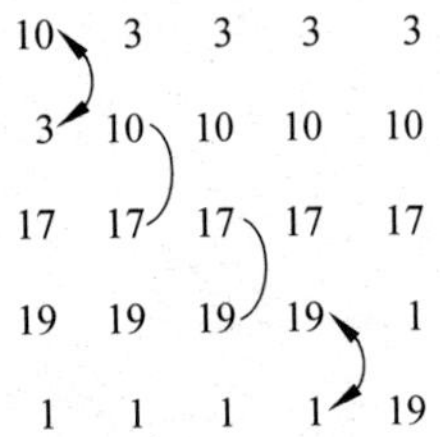

```
      10    3    3    3    3
       3   10   10   10   10
      17   17   17   17   17
      19   19   19   19    1
       1    1    1    1   19
```

图 7-1 冒泡排序第 0 趟数组元素值的变化

表 7-3 数组元素值的变化

	第 0 趟	第 1 趟	第 2 趟	第 3 趟
a[0]	10	3	3	3	1
a[1]	3	10	10	1	3
a[2]	17	17	1	10	10
a[3]	19	1	17	17	17
a[4]	1	19	19	19	19

例 7.15 有 5 个字符串，按照从小到大进行排序。每个字符串的长度不超过 100。

输入样例：

Apple
Orange
Grape
Pear
Peach

输出样例：

Apple
Grape
Orange
Peach
Pear

【分析】 读入 5 个字符串，放入一个二维字符数组中，一行放一个字符串，定义二维数组长度时要考虑字符串的最大长度。然后调用排序函数进行从小到大的排序。

实现代码如下。

```
1  #include<stdio.h>
2  #include<string.h>
3  #define N 5
4  void selectSort(char a[][101], int n);
5  int main()
6  {
```

```
7       int i;
8       char str[N][101];
9
10      for(i=0; i<N; i++){              /*输入5个字符串*/
11          gets(str[i]);
12      }
13
14      selectSort(str, N);              /*函数调用,进行排序*/
15
16      for(i=0; i<N; i++){              /*输出5个字符串*/
17          puts(str[i]);
18      }
19
20      return 0;
21  }
22  void selectSort(char a[][101], int n)
23  {
24      int i, j, k;
25      char t[101];
26
27      for(i=0; i<n-1; i++){
28          k=i;
29          for(j=i+1; j<n; j++){
30              if(strcmp(a[k], a[j])>0){    /*比较大小*/
31                  k=j;
32              }
33          }
34          if(k!=i){                    /*交换*/
35              strcpy(t, a[i]);
36              strcpy(a[i], a[k]);
37              strcpy(a[k], t);
38          }
39      }
40  }
```

7.7 专题4：进制转换

7.7.1 十进制整数转换成其他进制整数

例 7.16 将十进制整数转换成其他进制（十六进制以内）整数。用大写字母表示 10 以上的数字，如用 A 表示 10。

输入样例 1：

78 2

输出样例 1：

1001110

输入样例 2：

78 16

输出样例 2：

4E

【分析】 设其他进制为 th。十进制整数转换为 th 进制，采用"除 th 取余，逆序排列"法。具体做法是：用 th 去除十进制整数，可以得到一个商和余数；再用 th 去除商，又会得到一个商和余数，如此进行，直到商为零时为止。然后把先得到的余数作为 th 进制数的低位有效位，后得到的余数作为 th 进制数的高位有效位，依次排列起来。如，$(78)_{10}=(4E)_{16}$ 的过程如下：

```
    16 │ 78
    16 │  4  ----- 14  ↑
         │  0  ----- 4
```

实现代码如下。

```c
1   #include<stdio.h>
2   void decimalToOther(int n, int th, char a[]);
3   int main()
4   {
5       int n, th;
6       char str[101];
7   
8       scanf("%d%d", &n, &th);
9       decimalToOther(n, th, str);            /*函数调用*/
10      puts(str);
11  
12      return 0;
13  }
14  /*将十进制 n 转换成 th 进制(十六进制以内)，然后存放在字符数组 a 中*/
15  #include<string.h>
16  void decimalToOther(int n, int th, char a[])
17  {
18      char t;
19      int len, k, i;
20  
21      i=0;
22      do{
23          k=n%th;
24          if(k>=0 && k<=9){
25              a[i]=k+'0';                    /*将 k 转换成字符*/
```

```
26        }
27        else{
28            a[i]=k-10+'A';              /*将k转换成字符*/
29        }
30        n=n/th;
31        i++;
32    }while(n!=0);
33    a[i]='\0';                          /*最后加上'\0',是为了能作为字符串处理*/
34
35                                        /*就地倒置处理*/
36    len=strlen(a);                      /*也可写:len=i;*/
37    for(i=0; i<len/2; i++){
38        t=a[i];
39        a[i]=a[(len-1)-i];
40        a[(len-1)-i]=t;
41    }
42 }
```

7.7.2 其他进制整数转换成十进制整数

例 7.17 将其他进制(十六进制以内)整数转换成十进制。用大写字母表示 10 以上的数字,如用 A 表示 10。

输入样例 1:

110 2

输出样例 1:

6

输入样例 2:

110 8

输出样例 2:

72

【分析】 设其他进制为 th。th 进制转换为十进制整数,采用"按权相加"法。具体做法是:首先把 th 进制数写成加权系数展开式,然后按十进制加法规则求和。

如,十进制的 1234 可以表示成:

$$1\times 10^3+2\times 10^2+3\times 10^1+4\times 10^0$$

再进一步表示成:

$$(((0\times 10+1)\times 10+2)\times 10+3)\times 10+4$$

实现代码如下。

```
1  #include<stdio.h>
```

```
 2    int otherToDecimal(char str[], int th);
 3    int main()
 4    {
 5        int m;
 6        char str[101];
 7
 8        scanf("%s%d", str, &m);
 9        printf("%d\n", otherToDecimal(str, m));    /*将 m 进制 str 转换成十进制*/
10
11        return 0;
12    }
13    /*将其他进制 th(十六进制以内)转换成十进制*/
14    int otherToDecimal(char str[], int th)
15    {
16        int i, sum;
17
18        sum=0;
19        for(i=0; str[i]!='\0'; i++){
20            if(str[i]>='0' && str[i]<='9'){
21                sum=sum*th+(str[i]-'0');
22            }
23            else{
24                sum=sum*th+(str[i]-'A'+10);
25            }
26        }
27
28        return sum;
29    }
```

7.8 专题 5：素数

如果一个正整数 n 只能被 1 和它本身整除，则这个正整数 n 就是素数(Prime)。请注意，按照这个定义，整数 1 不是素数，因为它只被 1 整除。

素数近年来被用在密码学上。所谓的公钥就是把想要传递的信息在编码时加入素数，编码之后传送给收信人，任何人收到此信息后，若没有此收信人所拥有的密钥，则解密的过程中(实为寻找素数的过程)，将会因为找素数的过程(分解质因数)时间过长而无法解读信息。许多可用的、最好的编码技术都是基于素数的。

7.8.1 素数判定的基本方法

此种方法是针对某一个给定的正整数 n，判定其是否为素数。

1. 版本 1

从素数的定义出发，只要通过下列步骤就能确定 n 是否为素数：

(1)检查1~n之间的每个数,看它是否能整除n;(2)每次遇到一个新约数,计数器加1;(3)在所有的数都被测试之后,检查约数计数器的值是否为2。如果为2则n是素数,否则n不是素数。

实现代码如下。

```
1   /*版本1*/
2   int isPrime(int n)
3   {
4       int i, divisors;
5
6       cnt=0;
7       for(i=1; i<=n; i++){
8           if(n%i==0){
9               cnt++;
10          }
11      }
12
13      return (cnt==2);
14  }
```

说明:第13行,先判断cnt是否等于2。如果cnt等于2,则该函数返回值为1,否则该函数返回值为0。它可以用如下语句替代:

```
if(cnt==2){
    return 1;
}
else{
    return 0;
}
```

2. 版本2

版本1有一个问题:如果对数字1 000 000调用isPrime()函数,该函数要检查1~1 000 000之间的一百万个数,确定它们是否为1 000 000的约数。但测试所有的数根本没有必要,因为1 000 000明显不是素数,因为它是偶数,能被2整除。

为了提高isPrime()函数的执行效率,有如下修改方案:

(1)如果n能被2整除,就不需要检查它是否能被其他偶数整除,程序就停下来,报告n不是素数。因此,一旦确定n不可能被2整除,isPrime()就只需要检查奇数。

(2) isPrime()函数不需要检查直到n为止的所有约数。例如,它可以在一半的地方就停止,因为任何大于n/2的数不可能被n整除。再进一步思考,该程序不需要检查任何大于n的平方根的约数。理由是:假设n能被某一个整数d1整除,由整除的定义可知,n/d1也是一个整数,设为d2,则n=d1×d2。如果其中一个因子大于$\sqrt{n}$,那么另一个因子一定小于$\sqrt{n}$。因此,如果n有任何约数,肯定有一个小于或等于它的平方根。

所以,改进后实现代码如下:

```
1   /*版本2*/
2   #include<math.h>
3   int isPrime(int n)
4   {
5       int i;
6
7       if(n %2 ==0){
8           return 0;
9       }
10
11      for(i=3; i<=sqrt(n); i += 2){
12          if(n %i ==0){
13              return 0;
14          }
15      }
16
17      return 1;
18  }
```

3. 版本3

但是,版本2还有一些问题:

(1) 当形式参数值为1时函数返回1,而1不是素数;当形式参数值为2时函数返回0,而2是素数。所以对于这两个特殊的数,要专门处理。

(2) 循环条件的判断每次均要计算 sqrt(n),虽然,现代计算机能在相当短的时间内计算平方根,但计算平方根还是比完成简单的算术运算花的时间更长,可以用一个变量来存放 n 的平方根避免这种情况。

所以,改进后实现代码如下:

```
1   /*版本3*/
2   #include<math.h>
3   int isPrime(int n)
4   {
5       int i, limit;
6
7       if(n<=1){                       /*1不是素数*/
8           return 0;
9       }
10      if(n==2){                       /*2是素数*/
11          return 1;
12      }
13      if(n%2==0){                     /*偶数不是素数*/
14          return 0;
15      }
16
```

```
17      limit=sqrt(n);                          /*变量limit存放n的平方根*/
18      for(i=3; i<=limit; i+=2){
19          if(n%i==0){
20              return 0;
21          }
22      }
23      return 1;
24  }
```

说明：将 limit 声明为 int 类型是一种很好的程序设计习惯,这样可确保 for 循环控制行中所用的所有值都是整数。

4. 版本4

但是,版本 3 在实现时还有一个逻辑错误,它很难被发现,因为它可能在测试中不出现。

现假设 n 等于 121,它是 11 的平方。当 121 调用 sqrt() 函数时,它返回的值是什么?一方面,如果 sqrt(121)= 10.999999999999,这会导致程序永远不会检查 n 是否可以整除 11,而 11 是 121 唯一的因子,不检查 11 是否为 121 的因子意味着 121 将被错误地分类为素数;另一方面,如果 sqrt(121)=11.0 或 sqrt(121)=11.000000000001,函数将会给出正确的答案。因此,这个实现的正确性取决于硬件如何执行浮点数运算。导致这种情况的发生,是因为在计算机这个领域中,浮点数仅仅是近似的,对浮点数判断严格的相等是很危险的。

让实现的正确性依赖于运行它的计算机的特性是一个严重的错误,可以修改为：limit=sqrt(n)+1,这样这个程序就与机器的精度无关了,只是多检查了一个可能的约数,多测试一个约数没什么坏处,这是确保答案正确所付出的很小代价。

所以,改进后实现代码如下:

```
1   /*版本4*/
2   #include<math.h>
3   int isPrime(int n)
4   {
5       int i, limit;
6
7       if(n<=1){
8           return 0;
9       }
10      if(n==2){
11          return 1;
12      }
13      if(n%2==0){
14          return 0;
15      }
16
```

```
17      limit=sqrt(n)+1;
18      for(i=3; i<=limit; i+=2){
19          if(n%i==0){
20              return 0;
21          }
22      }
23      return 1;
24  }
```

例 7.18 编写程序验证哥德巴赫猜想。现在,哥德巴赫猜想的一般提法是:每个大于等于 6 的偶数,都可表示为两个素数之和;每个大于等于 9 的奇数,都可表示为三个素数之和。其实,后一个命题就是前一个命题的推论。现在我们实现前一个命题。

输入样例:

20

输出样例:

20=3+17
20=7+13

【分析】

Step1 设偶数为 n,可表示为两个素数(用 n1 和 n−n1 表示)之和,那么这两个素数一定会有一个素数小于 n/2,我们设 n1<n/2。

Step2 判定 n1 是否为素数:

　　Step2.1 如果 n1 是素数,则判定(n−n1)是否是素数。如果(n−n1)是素数,则 n1 与(n−n1)就是所求的数;如果(n−n1)不是素数,则继续判定下一个 n1,直到 n1≥n/2 为止。

　　Step2.2 如果 n1 不是素数,则继续判定下一个 n1,直到 n1≥n/2 为止。

此执行步骤用流程图表示,如图 7-2 所示。

实现代码如下。

```
1   #include<stdio.h>
2   int isPrime(int n);
3   int main()
4   {
5       int n, n1;
6
7       /* Enter a even n(n>=6) */
8       scanf("%d", &n);
9
10      for(n1=3; n1<n/2; n1+=2){
11          if(isPrime(n1)&&isPrime(n-n1)){
12              printf("%d=%d+%d\n", n, n1, n-n1);
13          }
```

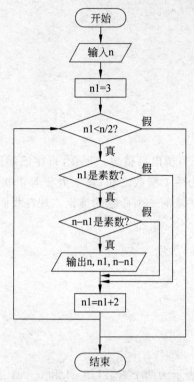

图 7-2 验证哥德巴赫猜想的流程图

```
14        }
15
16        return 0;
17    }
18    /*版本4*/
19    #include<math.h>
20    int isPrime(int n)
21    {
22        int i, limit;
23        if(n <=1){                          /*1不是素数*/
24            return 0;
25        }
26        if(n ==2){                          /*2是素数*/
27            return 1;
28        }
29        if(n %2 ==0){                       /*偶数不是素数*/
30            return 0;
31        }
32
33        limit= sqrt(n)+1;
34        for(i=3; i<=limit; i+=2){
```

```
35            if(n %i ==0){
36                return 0;
37            }
38        }
39        return 1;
40    }
```

小知识：

哥德巴赫猜想是德国数学家哥德巴赫(C. Goldbach,1690～1764)于 1742 年 6 月 7 日在给大数学家欧拉的信中提出的,所以被称作哥德巴赫猜想。同年 6 月 30 日,欧拉在回信中认为这个猜想可能是真的,但他无法证明。

1966 年,我国年轻的数学家陈景润,在经过多年潜心研究之后,成功地证明了"1+2",也就是"任何充分大的偶数都是一个素数与一个自然数之和,而后者可表示为两个素数的乘积"。这是迄今为止,这一研究领域最佳的成果,距摘取这颗"数学王冠上的明珠"仅一步之遥,在数学界引起了轰动。"1+2"也被誉为陈氏定理。

例 7.19 给定一个数 n,如果 n 既是素数又是一个回文数,则称 n 是回文素数。现在给定两个整数 a 和 b(a≤b),求[a, b]之间(1≤a≤b≤1000000)所有的回文素数的个数。

输入样例：

1 10

输出样例：

4

【分析】 首先要明白什么是回文数,若一个数左右两边的数字是对称的,则称这个数是回文数,例如 121、131、1221 等。我们可以写两个函数,分别判断 x 是否是素数、x 是否是回文数。

实现代码如下。

```
1    /*版本 4.素数的判定*/
2    #include<math.h>
3    int isPrime(int n)
4    {
5        int i, limit;
6
7        if(n<=1){
8            return 0;
9        }
10       if(n==2){
11           return 1;
12       }
13       if(n%2==0){
14           return 0;
15       }
```

```
16
17      limit=sqrt(n)+1;
18      for(i=3; i<=limit; i+=2){
19          if(n%i==0){
20              return 0;
21          }
22      }
23      return 1;
24  }
25  /*回文数的判定*/
26  int judge(int n)
27  {
28      int r;
29      int m=n;
30      int num=0;
31
32      do{
33          r=m%10;
34          num=num*10+r;
35          m=m/10;
36      }while(m!=0);
37
38      if(num==n){
39          return 1;
40      }
41      else{
42          return 0;
43      }
44  }
45  #include<stdio.h>
46  int main()
47  {
48      int count;
49      int a, b, i;
50
51      scanf("%d%d", &a, &b);
52      count=0;
53      for(i=a; i<=b; i++){
54          if(judge(i)&&isPrime(i)){
55              count++;
56          }
57      }
58      printf("%d\n", count);
59
```

```
60        return 0;
61    }
```

7.8.2 一定范围内所有素数的求解

筛选法即埃拉托色尼(Eratosthenes)筛法。埃拉托色尼是古希腊的著名数学家。

筛选法适用于求一定范围内的所有素数。例如,求 1～N 的全部素数,他采取的方法是,在一张纸上写上 1～N 的全部整数,然后逐个判断它们是否是素数,找出一个非素数,就把它挖掉,最后剩下的就是素数。它由下列步骤组成:

Step1 用一个数组来存放 1～N 的数。但"挖掉"a[1],即 a[1]=0;"挖掉"偶数,即下标为偶数的值均为 0;但 a[2]=2,因为 2 是素数。

Step2 用 3 去除它后面的各数,把 3 的倍数挖掉,再分别用 5、7、11、…,各素数作为除数去除这些数之后的各数。这个过程一直进行到在除数后面的数已全被挖掉为止。例如,要找 1～50 范围内的素数,只需进行到除数为 $\sqrt{50}$ 即可。

Step3 最后,a 数组中的值为"非 0"的单元就是所求的 N 以内的素数了。

实现代码如下。

```
1   /*版本 1:一定范围内所有素数的求解*/
2   #include<math.h>
3   void prime(int a[], int n)
4   {
5       int i, j, limit;
6
7       /*预处理数组*/
8       a[1]=0;                              /*先"挖掉"a[1]*/
9       a[2]=2;                              /*因为 2 是素数*/
10      for(i=3; i<=n; i++){
11          if(i%2!=0){
12              a[i]=i;
13          }
14          else{                            /*"挖掉"偶数*/
15              a[i]=0;
16          }
17      }
18
19      limit=sqrt(n)+1;
20      for(i=3; i<=limit; i+=2){
21          for(j=i+1; j<=n; j++){
22              if(a[i]!=0 && a[j]!=0){
23                  if(a[j]%a[i]==0){        /*把 a[i]的倍数 a[j]"挖掉"*/
```

```
24                    a[j]=0;
25                }
26            }
27        }
28    }
29 }
```

上面的方法有两个问题：

(1) 内循环体的 if 语句只有当 a[i]!=0 时才可能执行；

(2) 它逐个判断比 a[i] 大的 a[j] 是否满足条件，其实只需要判断 a[i] 的倍数 a[j] 是否满足条件即可。

所以，改进后实现代码如下：

```
1  /*版本2：一定范围内所有素数的求解*/
2  #include<math.h>
3  void prime(int a[], int n)
4  {
5      int i, j, limit;
6
7      /*预处理数组*/
8      a[1]=0;                              /*先"挖掉"a[1]*/
9      a[2]=2;                              /*因为2是素数*/
10     for(i=3; i<=n; i++){
11         if(i%2!=0){
12             a[i]=i;
13         }
14         else{                            /*"挖掉"偶数*/
15             a[i]=0;
16         }
17     }
18
19     limit=sqrt(n)+1;
20     for(i=3; i<=limit; i+=2){
21         if(a[i]!=0){
22             for(j=i+i; j<=n; j+=i){
23                 a[j]=0;
24             }
25         }
26     }
27 }
```

例 7.20 如果两个相差为 6 的数都是素数，则这一对数被称为六素数。现在给定正整数 a 和 b($0<a<b<10000000$)，求两个数都介于 a 和 b 之间(包括 a 或者 b)的六素数的总数。

输入样例：

1 9999999

输出样例：

117207

实现代码如下。

```
1   #include<stdio.h>
2   #define N 10000001
3
4   void prime(int a[], int n);
5   int x[N];                              /*外部数组*/
6
7   int main()
8   {
9       int i,count;
10      int a, b;
11
12      prime(x, N);                       /*求出[1,N]之间的所有素数*/
13
14      scanf("%d%d", &a, &b);
15      count=0;
16      for(i=a; i<=b-6; i++){
17          if(x[i]!=0 && x[i+6]!=0){
18              count++;
19          }
20      }
21      printf("%d\n", count);
22
23      return 0;
24  }
25
26  /*版本2:一定范围内所有素数的求解*/
27  #include<math.h>
28  void prime(int a[], int n)
29  {
30      int i, j, limit;
31
32      /*预处理数组*/
33      a[1]=0;                            /*先"挖掉"a[1]*/
34      a[2]=2;                            /*因为2是素数*/
35      for(i=3; i<=n; i++){
36          if(i%2!=0){
```

```
37              a[i]=i;
38          }
39          else{                         /*"挖掉"偶数*/
40              a[i]=0;
41          }
42      }
43
44      limit=sqrt(n)+1;
45      for(i=3; i<=limit; i+=2){
46          if(a[i]!=0){
47              for(j=i+i; j<=n; j+=i){
48                  a[j]=0;
49              }
50          }
51      }
52  }
```

7.9 应用实例：学生成绩管理

例 7.21 有 3 个学生，每个学生有 3 门课程成绩，计算每个学生的总成绩（结果保留 1 位小数），并按总成绩进行降序排序。要求写 3 个函数：一个函数负责输入，一个函数负责输出，一个函数负责排序。

输入样例：

78 82 87.5
68 62 67.5
78 72 77.5

输出样例：

before sorting:
247.5
197.5
227.5
after sorting:
197.5
227.5
247.5

实现代码如下。

```
1  /*第1步:写一个函数用于输入学生信息*/
2  #include<stdio.h>
3  void input(double a[], int n)
4  {
```

```
5       int i, j;
6       double score, sum;
7
8       for(i=0; i<n; i++){
9           sum=0;
10          for(j=0; j<n; j++){                     /*在输入的同时求总成绩*/
11              scanf("%lf", &score);
12              sum=sum+score;
13          }
14          a[i]=sum;
15      }
16  }
17  /*第2步:写一个函数用于输出学生信息*/
18  void output(double a[], int n)
19  {
20      int i;
21
22      for(i=0; i<n; i++){
23          printf("%.1f\n", a[i]);
24      }
25  }
26  /*第3步:写一个函数用于按总成绩从小到大排序*/
27  /*选择排序*/
28  void selectSort(double a[], int n)
29  {
30      int i, j, k;
31      double temp;
32
33      for(i=0; i<n-1; i++){
34          k=i;
35          for(j=i+1; j<n; j++){
36              if(a[k]>a[j]){
37                  k=j;
38              }
39          }
40          if(k!=i){
41              temp=a[k];
42              a[k]=a[i];
43              a[i]=temp;
44          }
45      }
46  }
47  /*第4步:写main函数进行测试*/
48  #define N 3                                     /*定义符号常量*/
```

```
49  int main()
50  {
51      double a[N];
52
53      input(a, N);
54      printf("before sorting:\n");            /*输出提示*/
55      output(a, N);                            /*输出排序之前的数据*/
56
57      selectSort(a, N);
58      printf("after sorting:\n");              /*输出提示*/
59      output(a, N);                            /*输出排序之后的数据*/
60
61      return 0;
62  }
```

思考：如果学生信息由学号、姓名、性别、3 门课程成绩和总成绩构成，计算每个学生的总成绩，并按总成绩进行降序排序，如何实现？

练　　习

一、单项选择题

1. 若有定义语句：int m[]={5,4,3,2,1}, i=4; 则下面对 m 数组元素的引用中错误的是(　　)。

　　A. m[--i]　　　　B. m[2*2]　　　　C. m[m[0]]　　　　D. m[m[i]]

2. 数组定义为 int a[11][11], 则数组 a 有(　　)个数组元素。

　　A. 12　　　　　　B. 144　　　　　　C. 100　　　　　　D. 121

3. 以下对二维数组进行正确初始化的是(　　)。

　　A. int a[2][3]={{1,2},{3,4},{5,6}};
　　B. int a[][3]={1,2,3,4,5,6};
　　C. int a[2][]={1,2,3,4,5,6};
　　D. int a[2][]={{1,2},{3,4}};

4. 数组定义为 int a[3][2]={1,2,3,4,5,6}, 数组元素(　　)的值为 6。

　　A. a[3][2]　　　　B. a[2][1]　　　　C. a[1][2]　　　　D. a[2][3]

5. 若二维数组 a 有 m 列，则在 a[i][j] 之前的元素个数为(　　)。

　　A. j*m+i　　　　B. i*m+j　　　　C. i*m+j-1　　　　D. i*m+j+1

6. 当用户要求输入的字符串中含有空格时，应使用的输入函数是(　　)。

　　A. scanf()　　　　B. getchar()　　　　C. gets()　　　　D. puts()

7. 下面是有关 C 语言字符数组的描述，其中错误的是(　　)。

　　A. 不可以用赋值语句给字符数组名赋字符串
　　B. 可以用输入语句把字符串整体输入给字符数组

C. 字符数组中的内容不一定是字符串

D. 字符数组只能存放字符串

8. 合法的数组定义是（　　）。

　　A. int a[]="language";　　　　　　B. int a[5]={0,1,2,3,4,5};

　　C. char a="string";　　　　　　　　D. char a[]={"0,1,2,3,4,5"};

9. 有定义语句：char s[10];若要从终端给 s 输入 5 个字符,错误的输入语句是（　　）。

　　A. gets(&s[0]);　　　　　　　　　　B. scanf("%s", s+1);

　　C. gets(s);　　　　　　　　　　　　D. scanf("%s", s[1]);

10. 以下关于字符串的叙述中正确的是（　　）。

　　A. C 语言中有字符串类型的常量和变量

　　B. 两个字符串中的字符个数相同时才能进行字符串大小的比较

　　C. 可以用关系运算符对字符串的大小进行比较

　　D. 空串一定比空格打头的字符串小

11. 函数 fun 的功能是：测定字符串的长度,空白处应填入（　　）。

```
int fun(char s[])
{
    int  i=0;
    while(s[i]!='\0'){
        i++;
    }
    return(_____);
}
#include<stdio.h>
int main()
{
    printf("%d\n", fun("goodbye!"));
    return 0;
}
```

　　A. i-1　　　　B. i　　　　C. i+1　　　　D. s

12. 若有定义语句：char s[10]="1234567\0\0";则 strlen(s)的值是（　　）。

　　A. 7　　　　B. 8　　　　C. 9　　　　D. 10

13. 表达式 strlen("hello")的值是（　　）。

　　A. 4　　　　B. 5　　　　C. 6　　　　D. 7

14. 判断两个字符串 s1 和 s2 相等,应当使用（　　）。

　　A. if(s1 == s2)　　　　　　　　　　B. if(s1=s2)

　　C. if(!strcmp(s1,s2))　　　　　　　D. if(strcmp(s1,s2))

15. 不正确的赋值或赋初值的方式是（　　）。

　　A. char str[]="string";

B. char str[7]={'s', 't', 'r', 'i', 'n', 'g'};
C. char str[10]; str="string";
D. char str[7]={'s', 't', 'r', 'i', 'n', 'g', '\0'};

16. 下列程序的运行结果是(　　)。

    ```
    #include<stdio.h>
    #include<string.h>
    int main()
    {
        char   a[10]="abcd";
        printf("%d,%d\n", strlen(a), sizeof(a));
        return 0;
    }
    ```

    A. 7,4   B. 4,10   C. 8,8   D. 10,10

17. 下列程序的运行结果是(　　)。

    ```
    #include<stdio.h>
    #include<string.h>
    int main()
    {
        char   p[20]={'a', 'b', 'c', 'd'};
        char   q[]="abc", r[]="abcde";
        strcpy(p+strlen(q), r);
        strcat(p, q);
        printf("%d,%d\n", strlen(p), sizeof(p));
        return 0;
    }
    ```

    A. 9,20   B. 9,9   C. 11,20   D. 11,11

18. 下列程序的运行结果是(　　)。

    ```
    #include<stdio.h>
    int main()
    {
        char   s[]="abcde";
        s+=2;
        printf("%d\n", s[0]);
        return 0;
    }
    ```

    A. 输出字符 a 的 ASCII 码   B. 输出字符 c 的 ASCII 码
    C. 输出字符 c   D. 程序出错

19. 下列程序的运行结果是(　　)。

    ```
    #include<stdio.h>
    ```

```
int main()
{
    int  i;
    int  c[5]={0};
    int  s[12]={1, 2, 3, 4, 4, 3, 2, 1, 1, 1, 2, 3};

    for(i=0; i<12; i++){
        c[s[i]]++;
    }
    for(i=1; i<5; i++){
        printf("%d", c[i]);
    }
    printf("\n");

    return 0;
}
```

  A. 1234   B. 2344   C. 4332   D. 1123

20. 下列程序的运行结果是(　　)。

```
#include<stdio.h>
int main()
{
    int  i;
    int  a[]={2, 3, 5, 4};
    for(i=0; i<4; i++){
        switch(i%2){
            case 0:
                switch(a[i]%2){
                    case 0:
                        a[i]++;
                        break;
                    case 1:
                        a[i]--;
                }
                break;
            case 1:
                a[i]=0;
        }
    }
    for(i=0; i<4; i++){
        printf("%d", a[i]);
    }
    printf("\n");
    return 0;
```

}
```

A. 3344          B. 2050          C. 3040          D. 0304

21. 下列程序的运行结果是(    )。

```
#include<stdio.h>
int main()
{
    int  i, n;
    char  s[]={"012xy"};
    n=0;
    for(i=0; s[i]!=0; i++){
        if(s[i]>='a' && s[i]<='z'){
            n++;
        }
    }
    printf("%d\n", n);
    return 0;
}
```

A. 0   B. 2   C. 3   D. 5

22. 若用数组名作为函数调用时的实参，则实际上传递给形参的是(   )。

A. 数组首地址值   B. 数组的第一个元素值
C. 数组中全部元素的值   D. 数组元素的个数

23. 函数调用：strcat(strcpy(str1,str2), str3)的功能是(   )。

A. 将串 str1 复制到串 str2 中后再连接到串 str3 之后
B. 将串 str1 连接到串 str2 之后再复制到串 str3 之后
C. 将串 str2 复制到串 str1 中后再将串 str3 连接到串 str1 之后
D. 将串 str2 连接到串 str1 之后再将串 str1 复制到串 str3 中

24. 下列程序的运行结果是(   )。

```
#include<stdio.h>
#define  N  4
void  fun(int a[][N], int b[]);
int main()
{
    int  i;
    int  x[][N]={{1, 2, 3}, {4}, {5, 6, 7, 8}, {9, 10}};
    int  y[N];

    fun(x, y);

    for(i=0; i<N; i++){
        printf("%d,", y[i]);
```
```

```
        }
        printf("\n");

        return 0;
    }
    void  fun(int a[][N], int b[])
    {
        int  i;
        for(i=0; i<N; i++){
            b[i]=a[i][i];
        }
    }
```

  A. 1,2,3,4,   B. 1,0,7,0,   C. 1,4,5,9,   D. 3,4,8,10,

二、填空题

1. 以下程序按下面给定的数据给 x 数组的下三角置数,并按如下形式输出,请填空。

4
3 7
2 6 9
1 5 8 10

```
#include <stdio.h>
int main()
{
    int  n=0, i, j;
    int  x[4][4];
    for(j=0; j<4; j++){
        for(i=3; i>=j; _____){
            n++;
            x[i][j]=_____;
        }
    }
    for(i=0; i<4; i++){
        for(j=0; j<=i; j++){
            printf("%-3d", x[i][j]);
        }
        printf("\n");
    }
    return 0;
}
```

2. 设变量已正确定义,在程序段 B 中填入正确的内容,使程序段 B 和程序段 A 等价。

程序段 A:

```
for(k=s=0; k<=10; s+=a[k++]){
    if(a[k]<0){
        break;
    }
}
```

程序段 B：

```
for(k=0, s=0; ; s+=a[k++]){
    if(_____){
        break;
    }
}
```

三、写出下列程序的运行结果

1.

```
#include<stdio.h>
int main()
{
    int  i, j, s;
    int  a[]={1, 2, 3, 4};
    s=0;
    j=1;
    for(i=3; i>=0; i--){
        s=s+a[i]*j;
        j=j*10;
    }
    printf("s=%d\n", s);
    return 0;
}
```

2.

```
#include<stdio.h>
int main()
{
    int  i, j, m;
    int  a[2][5]={1, 20, 32, 14, 5, 62, 87, 38, 9, 10};
    m=a[0][0];
    for(i=0; i<2; i++){
        for(j=0; j<5; j++){
            if(m<a[i][j]){
                m=a[i][j];
            }
        }
```

```
    }
    printf("m=%d\n", m);
    return 0;
}
```

3.

```
#include<stdio.h>
int main()
{
    int  j, k;
    int  a[2][2];
    for(k=1; k<3; k++){
        for(j=1; j<3; j++){
            a[k-1][j-1]=(k/j) * (j/k);
        }
    }
    for(k=0; k<2; k++){
        for(j=0; j<2; j++){
            printf("%d,", a[k][j]);
        }
    }
    return 0;
}
```

4.

```
#include<stdio.h>
int main()
{
    int  i, j, s=0;
    int a[4][4]={{1,2,-3,-4}, {0,-12,-13,14}, {-21,23,0,-24}, {-31,32,-33,0}};
    for(i=0; i<4; i++){
        for(j=0; j<4; j++){
            if(a[i][j]<0){
                continue;
            }
            else if(a[i][j]==0){
                break;
            }
            s +=a[i][j];
        }
    }
    printf("%d\n", s);
    return 0;
}
```

5.
```c
#include<stdio.h>
#include<string.h>
int main()
{
    printf("%d\n", strlen("IBM\n012\1\\"));
    return 0;
}
```

6. 程序运行时输入：How are you?↙

```c
#include<stdio.h>
int main()
{
    char  b[20];
    char  a[20]="How are you?";
    scanf("%s", b);
    printf("%s %s\n", a, b);
    return 0;
}
```

7. 下面程序,若从键盘上输入：a 97 123↙,则输出结果是：

```c
#include<stdio.h>
int main()
{
    char c, i;
    char  s[100];
    scanf("%c", &c);
    scanf("%d", &i);
    scanf("%s", s);
    printf("%d,%c,%s\n", c, i, s);
    return 0;
}
```

8.
```c
#include<stdio.h>
int main()
{
    int  k;
    char  c;
    char  str[]="STULINE";
    for(k=0;(c=str[k])!='\0'; k++){
        switch(c){
            case 'S':
```

```
                    ++k;
                    break;
                case 'L':
                    continue;
                default:
                    putchar(c);
                    continue;
            }
            putchar('#');
        }
        return 0;
    }
```

9. 程序运行时输入：elephant ↙

```
#include<stdio.h>
int main()
{
    int   i, k;
    static int   num[5];
    char   in[80];
    char   alpha[]={'a', 'e', 'i', 'o', 'u'};

    gets(in);
    i=0;
    while(in[i]){
        for(k=0; k<5; k++){
            if(in[i]==alpha[k]){
                num[k]++;
                break;
            }
        }
        i++;
    }
    for(k=0; k<5; k++){
        if(num[k]){
            printf("%c%d", alpha[k], num[k]);
        }
    }
    printf("\n");
    return 0;
}
```

10.

```
#include<stdio.h>
```

```
void  func(int b[]);
int main()
{
    int  i;
    static int   a[4]={5, 6, 7, 8};
    func(a);
    for(i=0; i<4; i++){
        printf("%d\n", a[i]);
    }
    return 0;
}
void  func(int b[])
{
    int  j;
    for(j=0; j<4; j++){
        b[j]=j+1;
    }
}
```

11.

```
#include<stdio.h>
int  fun(char p[][10]);
int main()
{
    char  str[][10]={"Mon", "Tue", "Wed", "Thu", "Fri", "Sat", "Sun"};
    printf("%d\n", fun(str));
    return 0;
}
int  fun(char p[][10])
{
    int  n, i;
    n=0;
    for(i=0; i<7; i++){
        if(p[i][0]=='T'){
            n++;
        }
    }
    return n;
}
```

12. 程序运行时输入：0 10 2 7 ↙

```
#include<stdio.h>
void  fun(int v[]);
int main()
```

```
{
    int i;
    int a[4];
    for(i=0; i<4; i++){
        scanf("%d", &a[i]);
    }
    fun(a);
    for(i=0; i<4; i++){
        printf("%d ", a[i]);
    }
    printf("\n");
    return 0;
}
void  fun(int v[])
{
    int  i, j, t;
    for(i=1; i<4; i++){
        for(j=i-1; j>=0 && v[j]<v[j+1]; j--){
            t=v[j];
            v[j]=v[j+1];
            v[j+1]=t;
        }
    }
}
```

13. 程序运行时输入：abcd↙

```
#include<stdio.h>
#include<string.h>
void  insert(char str[]);
int main()
{
    char  str[40];
    scanf("%s", str);
    insert(str);
    return 0;
}
void  insert(char str[])
{
    int  i=strlen(str);
    while(i>0){
        str[2*i]=str[i];
        str[2*i-1]='*';
        i--;
    }
```

```
        printf("%s\n", str);
}
```

四、程序设计题

1. 从键盘输入任意一个数字表示月份 n，编写程序显示该月份对应的英文表示。

输入样例 1：

```
1
```

输出样例 1：

```
month 1 is January
```

输入样例 2：

```
15
```

输出样例 2：

```
Illegal month
```

2. 已知具有 5 个数组元素的一维数组 x 和 y，数组元素 x[i]、y[i] 表示平面上第 i 点的坐标，求这 5 个点之间的距离总和。

输入样例：

```
-1.5 2.1 6.3 3.2 -0.7
7 5.1 3.2 4.5 7.6
```

输出样例：

```
45.2985
```

3. 已知数组元素个数不超过 100 的一维数组 x 和 y，数组元素 x[i]、y[i] 表示平面上第 i 点坐标，求各点间的最短距离。

输入样例：

```
1.1 3.2 -2.5 5.67 3.42 -4.5 2.54 5.6 0.97 4.65
-6 4.3 4.5 3.67 2.42 2.54 5.6 -0.97 4.65 -3.33
```

输出样例：

```
1.457944
```

4. 对字符串中各个字符的 ASCII 码值进行累加，然后输出结果。说明：字符串长度不超过 1000。

输入样例：

```
r235%^%34cdDW
```

输出样例：

```
983
```

5. 设计程序,计算字符串 s 中每个字符的权重值。所谓权重值就是字符在字符串中的位置值与该字符的 ASCII 码值的乘积。注意:位置值从 1 开始,依此递增。

输入样例:

we45*&y3r#$1

输出样例:

119 202 156 212 210 228 847 488 1026 350 396 588

6. 对一维数组 a 的 10 个数组元素求平均值 ave,将大于等于 ave 的数组元素进行求和。

输入样例:

7.23 1.5 5.24 2.1 2.45 6.3 5 3.2 0.7 9.81

输出样例:

33.58000

7. 对一维数组 x 的 10 个数组元素求平均值 ave,并找出与 ave 相差最小的数组元素。

输入样例:

7.23 -1.5 5.24 2.1 -12.45 6.3 -5 3.2 -0.7 9.81

输出样例:

x[3]=2.1

8. 输入一行字符,分别统计出其中英文字母、空格、数字和其他字符的个数。

输入样例:

qwe123 123QWE#@!%

输出样例:

6 1 6 4

9. 有 n 个人对某服务质量打分,分数划分为 1~10 这 10 个等级,1 表示最低分,10 表示最高分。试统计调查结果,并用 * 打印出统计结果直方图。

输入样例:

30
1 10 8 7 5 4 10 9 9 9
8 10 10 2 3 6 6 6 6 5
3 6 6 6 4 5 5 1 10 9

输出样例:

Grade   Histogram

```
1   **
2   *
3   **
4   **
5   ****
6   *******
7   *
8   **
9   ****
10  *****
```

10. 将二维数组 a 的每 1 行均除以该行上的主对角元素,结果保留 3 位小数。

输入样例:

1.3 2.7 3.6
2   3   4.7
3   4   1.27

输出样例:

1.000   2.077   2.769
0.667   1.000   1.567
2.362   3.150   1.000

11. 已知 a 是二维数组,将它的每行除以该行上绝对值最大的元素,然后输出。

输入样例:

1.3 2.7 3.6
2 3 4.7
3 4 1.27

输出样例:

0.361111   0.750000   1.000000
0.425532   0.638298   1.000000
0.750000   1.000000   0.317500

12. 输入一个字符数小于 100 的字符串 str,然后在 str 字符串中的每个字符后面加一个空格。

输入样例:

awstS$cb

输出样例:

a w s t S $ c b

13. 写一个函数,将一个字符串中的元音字母复制到另一字符串中,然后输出。
输入样例:

```
aassefe
```

输出样例：

```
aaee
```

14. 已知 a 和 b 都是一维整型数组，把 a 数组中的偶数放到 b 数组中去，然后对 b 数组按升序排序后输出。说明：输出时，每行 3 个数。

输入样例：

```
7 6 20 3 14 88 53 62 10 29
```

输出样例：

```
6 10 14
20 62 88
```

15. 按学号由小到大的顺序从键盘输入学生的学号和成绩，然后从键盘任意输入一个学生的学号，查找并打印具有该学号的学生的成绩。

输入样例 1：

```
3
1 71
2 95
3 99
3
```

输出样例 1：

```
score=99
```

输入样例 2：

```
3
1 71
2 95
3 99
5
```

输出样例 2：

```
Not found!
```

16. 从键盘任意输入某班 10 个学生的成绩，对成绩进行由高到低排序，并打印成绩不及格的学生人数。要求按照如下给出的函数原型进行编程：

```
void    selectSort(float score[], int n);    /*对成绩进行由高到低的排序*/
int     fail(float score[], int n);          /*统计成绩不及格的学生人数*/
```

输入样例：

45.2 56.7 60 30.9 90 87 67.5 76 87 46

输出样例：

90.0 87.0 87.0 76.0 67.5 60.0 56.7 46.0 45.2 30.9
4

17. 编程处理一批数据，要求：

(1) 随机产生 10 个 [10，99] 范围内的整数。
(2) 输出这批整数。
(3) 对这批数据进行升序排列，并输出排序后的结果。
(4) 计算这批数据的平均值。
(5) 分别统计大于、等于和小于平均值的数据个数。

分别设计 5 个函数进行数据的随机生成、输出、排序、计算平均值和统计。

输入样例：

本题无输入。

输出样例：

98 78 68 15 39 60 70 11 95 34
11 15 34 39 60 68 70 78 95 98
Average: 56.80
6 0 4

18. 形如 2^n-1 的素数称为梅森数（Mersenne Number）。例如，$2^2-1=3$、$2^3-1=7$ 都是梅森数。输出指数 n＜20 的所有梅森数。

输入样例：

此题无输入样例。

输出样例：

3   7   31   127   8191   131071   524287

19. 编写程序输出 3～100 内的可逆素数。可逆素数是指：一个素数将其各位数字的顺序倒过来构成的反序数也是素数。如 37 和 73 均为素数，所以它们是可逆素数。

输入样例：

此题无输入样例。

输出样例：

3 5 7 11 13 17 31 37 71 73 79 97

20. 已知字符串 s 全部由大写字母组成，编写程序显示它的所有排列。排列的显示顺序并不重要，重要的是每种排列只能出现一次。

输入样例

ABC

输出样例：

ABC
ACB
BAC
BCA
CAB
CBA

21. 编写一个函数 bucketSort 实现桶排序(bucket sort)。桶排序即从一个一维待排序的正整数数组和一个二维整数数组开始,其中二维数组的行下标是从 0 到 9,列下标是从 0 到 n-1,n 是一维数组中待排序数的个数,这个二维数组的每一行都称为一个桶。桶排序的执行过程如下:

(1) 对一维数组中的每个数,根据它的个位数将其放到桶数组的各行中。例如,97 放在第 7 行,3 放在第 3 行,100 放在第 0 行。这步称为"分布过程"。

(2) 在桶数组中逐行循环遍历,并把这些复制回原始数组。这步称为"收集过程"。上述数据在一维数组中的新次序是 100、3 和 97。

(3) 对一维数组中的每个数的其他数位(十位、百位、千位等)重复这个过程。在第二遍排序时,100 放在第 0 行,3 放在第 0 行(因为 3 没有十位),97 放在第 9 行。收集过程之后,一维数组中值的顺序为 100、3 和 97。在第三遍排序时,100 放在第 1 行,3 放在第 0 行,97 放在第 0 行(在 3 之后)。在最后一次收集过程后,原数组就是有序的了。

请注意,二维桶数组的大小是被排序的整数数组大小的 10 倍。这种排序方法的性能比插入排序好,但是需要非常多的内存空间,而插入排序只需要额外的一个数据元素的空间,这是一个时间权衡的范例。这个版本的桶排序需要在每一遍排序后把所有数据复制回原始数组。另外一种方法是创建二个二维桶数组,并在这两个桶数组间重复交换数据。

输入样例:

12 23 100 34 45 56

输出样例:

12 23 34 45 56 100

第 8 章

指 针

本章要点：
- 变量、内存单元和地址之间的关系；
- 如何定义和使用指针变量；
- 指针与数组的关系；
- 指针与函数的关系；
- 指针数组；
- 内存的动态分配。

指针（Pointer）是 C 语言中一个非常重要的概念，也是 C 语言的特色之一。使用指针可以对复杂数据进行处理，可以对计算机的内存进行分配控制。在函数调用过程中使用指针能得到多个值。

指针是一种保存变量地址的变量。在 C 语言中，指针的使用非常广泛，原因之一是，指针常常是表达某个计算的唯一途径；另一个原因是，同其他方法比较起来，使用指针通常可以生成更高效、更紧凑的代码。

指针与数组之间的关系十分密切。

指针与 goto 语句一样，都会导致程序难以理解。如果使用者粗心，指针很容易指向错误的地方，但是，如果谨慎地使用指针，便可以利用它写出简单、清晰的程序。

8.1 实 例 导 入

例 8.1 下面程序设计的目的是要通过函数调用，交换 main()中变量 a 和 b 的值。请分析 swap1()、swap2()、swap3()这 3 个函数，哪个函数可实现这个功能。

实现代码如下。

```
1   #include<stdio.h>
2   void swap1(int x, int y);
3   void swap2(int * x, int * y);
4   void swap3(int * x, int * y);
5   int main()
6   {
7       int a, b;
8
```

```
9        a=2;      b=7;
10       swap1(a, b);
11       printf("swap1: a=%d,b=%d\n", a, b);
12
13       a=2;      b=7;
14       swap2(&a, &b);
15       printf("swap2: a=%d,b=%d\n", a, b);
16
17       a=2;      b=7;
18       swap3(&a, &b);
19       printf("swap3: a=%d,b=%d\n", a, b);
20
21       return 0;
22  }
23  void swap1(int x, int y)
24  {
25       int t;
26       t=x;
27       x=y;
28       y=t;
29  }
30  void swap2(int * x, int * y)
31  {
32       int * t;
33       t=x;
34       x=y;
35       y=t;
36  }
37  void swap3(int * x, int * y)
38  {
39       int t;
40       t= * x;
41       * x= * y;
42       * y=t;
43  }
```

运行结果如下：

swap1: a=2,b=7
swap2: a=2,b=7
swap3: a=7,b=2

【程序分析】

(1) swap1()函数无法实现两个整数的交换。

C语言是以传值的方式将参数值传递给被调用函数，这样，被调用函数就不能直接修改主调函数中变量的值。因此 swap1() 函数不会影响到调用它的程序中的实参 a 和 b 的值,该函数仅仅交换了 a 和 b 的副本的值。例如,实参值和形参值的变化如图 8-1 所示。

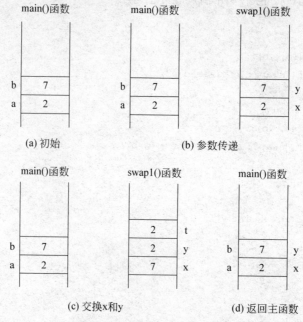

图 8-1　实参值和形参值的变化

（2）swap2() 函数无法实现两个整数的交换。因为此方式仅仅交换了形式参数两个指针变量的值。例如,实参值和形参值的变化如图 8-2 所示。

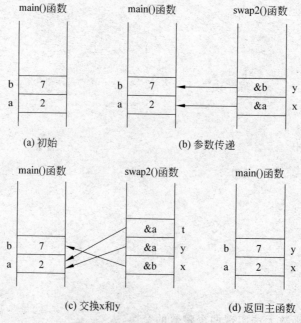

图 8-2　实参值和形参值的变化

(3) swap3()函数可以实现两个整数的交换。指针参数使得被调用函数能够访问和修改主调函数中对象的值。例如,实参值和形参值的变化如图 8-3 所示。

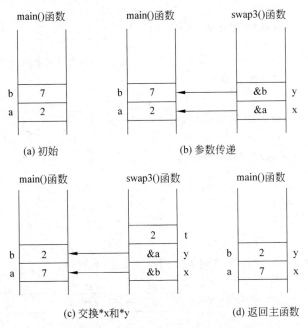

图 8-3　实参值和形参值的变化

例 8.2　写出下列程序的运行结果。

```
1  #include<stdio.h>
2  void fun(int * p, int * q);
3  int main()
4  {
5      int m=1, n=2;
6      int * r=&m;
7      fun(r, &n);
8      printf("%d,%d\n", m, n);
9      return 0;
10 }
11 void fun(int * p, int * q)
12 {
13     p=p+1;
14     * q= * q+1;
15 }
```

运行结果:

1,3

【运行结果分析】

（1）为内部变量 m、n、r 分配存储单元，并分别初始化为 1、2、&m。

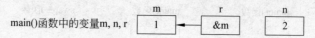

（2）函数调用 fun(r, &n)。按从左至右，把实参的值传递给形参。形参是局部变量，函数调用时，就为它分配存储单元。

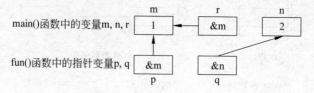

（3）执行 fun()函数。
第 13 行，p=p+1；
第 14 行，*q=*q+1；
执行上述两条语句之后，各存储单元的值变化如下所示。

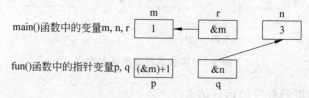

（4）fun()函数执行结束，释放形参所占用的存储单元。

main()函数中的变量 m, n, r   m: 1 r: &m n: 3

例 8.3 洞数也称为陷阱数，又称"Kaprekar 问题"，是一类具有奇特转换特性的数。任何一个数字不全相同的三位数，经有限次"重排求差"操作，总会得到 495，最后所得的 495 即为三位黑洞数。所谓"重排求差"操作即组成该数的数字重排后的最大数减去重排后的最小数。试求出任意输入一个数字不全相同的三位数重排求差的过程。

输入样例：

314

输出样例：

1:431-134=297
2:972-279=693
3:963-369=594
4:954-459=495

【分析】我们可以把解决这个问题分成三步：(1)对给定的三位数进行分解，得到百位数字 n1、十位数字 n2、个位数字 n3；(2)比较 n1、n2、n3 的大小，保证 n1≥n2≥n3，如果次序不满足这个要求，则进行交换；(3)重排求差。

实现代码如下。

```
1   #include<stdio.h>
2   void  swap(int * px, int * py);
3   void  solve(int n, int * max, int * min);
4   int main()
5   {
6       int n, i;
7       int minNumber, maxNumber;
8
9       i=0;
10      scanf("%d", &n);
11      while(n!=495){
12          i++;
13          solve(n, &maxNumber, &minNumber);
14          n=maxNumber-minNumber;
15          printf("%d:%d-%d=%d\n", i, maxNumber, minNumber, n);
16      }
17
18      return 0;
19  }
20  void  solve(int n, int * max, int * min)
21  {
22      int n1, n2, n3;
23
24      n1=n/100;                    /*得到百位数字 n1 */
25      n2=(n/10)%10;                /*得到十位数字 n2 */
26      n3=n%10;                     /*得到个位数字 n3 */
27
28                                   /*保证 n1>n2>n3 */
29      if(n1<n2){
30          swap(&n1, &n2);
31      }
32      if(n1<n3){
33          swap(&n1, &n3);
34      }
35      if(n2<n3){
36          swap(&n2, &n3);
37      }
38
39      * max=n1 * 100+n2 * 10+n3;
40      * min=n3 * 100+n2 * 10+n1;
41  }
42  void  swap(int * px, int * py)
```

```
43    {
44        int temp;
45        temp= * px;
46        * px= * py;
47        * py=temp;
48    }
```

8.2 指针的基本知识

通常机器都有一系列连续编号或编址的存储单元,这些编号或编址称为存储单元的地址。指针是一种保存变量地址的变量,通常占 2 个字节或 4 个字节。

8.2.1 指针变量的声明

声明指针变量的一般形式为:

类型名 *指针变量名;

例如:

int * ip;

该声明语句表明表达式 * ip 的结果是 int 类型。

8.2.2 指针变量的初始化

一般情况下,与其他类型的变量一样,指针也可以初始化。通常,对指针有意义的初始化值只能是 0 或者是表示地址的表达式,对后者来说,表达式所代表的地址必须是在此前已定义的具有适当类型的数据的地址。

C 语言确保,0 永远是无效的数据地址,返回 0 可用来表示发生了异常事件。程序中经常用符号常量 NULL 代替常量 0,这样便于更清晰地说明常量 0 是特殊指针值。符号常量 NULL 定义在标准头文件 stdio.h 和 stddef.h 中。

8.2.3 指针变量的基本运算

1. 取地址运算

一元运算符"&"可用于取一个对象的地址,因此,下列语句:

int c;
int * ip;
ip=&c;

将把 c 的地址赋值给指针变量 ip,称 ip 为"指向"c 的指针。

地址运算符"&"只能作用于内存中的对象,即变量或数组元素,它不能作用于表达式、常量或 register 类型的变量。

2. 间接访问运算

一元运算符"*"称间接寻址运算符或间接引用运算符。当它作用于指针时,将访问指针所指向的对象。例如:

```
int z[10];
int x=1, y=2;
int * ip;                              /* ip 是指向 int 类型的指针变量 */
ip=&x;                                 /* ip 现在指向 x */
y= * ip;                               /* y 的值现在为 1 */
* ip=0;                                /* x 的值现在为 0 */
ip=&z[0];                              /* ip 现在指向 z[0] */
```

例 8.4 指针的基本概念。

实现代码如下。

```
1   #include<stdio.h>
2   int main()
3   {
4       int x;
5       int * pa=&x;
6
7       x=10;
8       printf("x: %d\n", x);
9       printf("* pa: %d\n", * pa);
10      printf("&x: %p\n", &x);
11      printf("pa: %p\n", pa);
12      printf("&pa: %p\n", &pa);
13
14      return 0;
15  }
```

假设,整型变量 x 的地址为 0x0012ff7c,指针变量 pa 的地址为 0x0012ff78,如下所示。

	pa	x	
…	&x	10	…

0x0012ff78　0x0012ff7c

那么,运行结果为:

```
x: 10
* pa: 10
&x: 0012ff7c
pa: 0012ff7c
&pa: 0012ff78
```

注意事项:

(1) 指针只能指向某种特定类型的对象。但是,void 类型的指针可以指向任何类型的对象,但它不能间接引用其自身。

(2) 如果指针 ip 指向整型变量 x,那么在 x 可以出现的任何上下文中都可以使用

*ip,因此,语句

```
*ip= *ip+10;
```

将把 x 的值增加 10。

(3) 一元运算符"*"和"&"的优先级比算术运算符的优先级高。

```
y= *ip+1;                    /*对 ip 指向的对象加 1,然后再将结果赋值给 y*/

*ip +=1;                     /*对 ip 指向的对象加 1*/
```

它等同于:

```
++*ip;
```

或

```
(*ip)++;
```

说明:语句(*ip)++中的圆括号是必需的,否则,该表达式将对 ip 进行加 1 运算,而不是对 ip 指向的对象进行加 1 运算,这是因为运算符 * 和 ++ 的优先级相同,结合性是从右至左。

(4) 指针变量必须先赋值,再使用。例如:

```
/*运行时出错*/
#include<stdio.h>
int main()
{
    int *p;
    int i=10;

    *p=i;                    /*指针变量 p 的指向不定*/
    printf("%d", *p);

    return 0;
}
```

修改为:

```
#include<stdio.h>
int main()
{
    int *p;
    int i=10;
    int k;

    p=&k;
    *p=i;
```

```
        printf("%d", * p);

        return 0;
}
```

3. 赋值运算

由于指针也是变量,所以在程序中可以直接使用。例如,如果 iq 是另一个指向整型的指针,那么语句

```
iq=ip
```

是把 ip 的值赋给 iq,这样,指针 iq 也指向 ip 所指向的对象。

4. 加法运算

指针可以和整数进行相加运算。例如:

```
p+n
```

表示指针 p 当前指向的对象之后的第 n 个对象的地址。

无论 p 指向的对象是何种类型,上述结论都成立。因为在计算 p+n 时,n 将根据 p 指向的对象的长度按比例缩放,而 p 指向的对象的长度则取决于 p 的声明。

5. 减法运算

指针可以和整数进行相减运算。例如:

```
p-n
```

表示指针 p 当前指向的对象之前的第 n 个对象的地址。

无论 p 指向的对象是何种类型,上述结论都成立。因为在计算 p-n 时,n 将根据 p 指向的对象的长度按比例缩放,而 p 指向的对象的长度则取决于 p 的声明。

在某些情况下,指针之间的减法运算也是有意义的。如果指针 p 和 q 指向相同数组中的元素,且 p<q,那么 q-p+1 就是位于 p 和 q 指向的元素之间的元素个数。

6. 比较运算

在某些情况下,对指针可以进行比较运算。例如,如果指针 p 和 q 所指向的对象属于同一个数组,那么它们之间就可以进行==、!=、<、>、<=、>=的比较运算。

请注意:任何指针与 0 进行相等或不等的比较运算都有意义。但是,指向不同数组的指针之间的算术运算或比较运算是没有意义的。

8.3 指针与数组

在 C 语言中,指针与数组之间的关系十分密切。

8.3.1 指针与一维数组

例如:

```
int a[10];
```

```
int * pa;
pa=&a[0];
/* (pa=a; 指针 pa 指向数组 a 的第 0 个元素,也就是说,pa 的值为数组元素 a[0]的地址 */
```

如果指针变量 pa 指向数组中的某个特定元素,那么 pa+1 将指向下一个元素,pa+i 将指向 pa 所指向数组元素之后的第 i 个元素,而 pa-i 将指向 pa 所指向数组元素之前的第 i 个元素。

指针运算与数组之间具有密切的对应关系。对数组元素 a[i]的引用也可以写成 *(a+i)这种形式。在计算数组元素 a[i]的值时,C 语言实际上是先将其转换为 *(a+i)的形式,然后再进行求值,所以在程序中这两种形式是等价的。因此,&a[i]和 a+i 的含义是相同的,a+i 是 a 之后的第 i 个元素的地址;pa[i]与 *(pa+i)是等价的,如下所示。

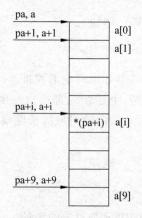

简而言之,一个通过数组下标表示的表达式可等价地通过指针和偏移量来表示。

例 8.5 指针、地址与数组之间的关系。

实现代码如下。

```
1   #include<stdio.h>
2   int main()
3   {
4       int i;
5       int x[5]={0, 1, 2, 3, 4};
6       int * pa=x;
7
8       for(i=0; i<5; i++){         /*输出地址。x+i 与 pa+i 等价 */
9           printf("%x %x\n", x+i, pa+i);
10      }
11      printf("\n");
12
13      for(i=0; i<5; i++){         /*输出内容。*(x+i)与 *(pa+i)等价 */
14          printf("%d %d\n", *(x+i), *(pa+i));
15
16      }
17      printf("\n");
```

```
18
19      for(i=0; i<5; i++){           /*输出内容。x[i]与pa[i]等价*/
20          printf("%d %d\n", x[i], pa[i]);
21      }
22      printf("\n");
23
24      for(; pa<x+5; pa++){          /*输出内容*/
25          printf("%d\n", *pa);
26      }
27      printf("\n");
28
29      pa=x+5;
30                                    /*pa-x的结果是两者之间的元素个数*/
31      printf("%d\n", pa-x);
32
33      return 0;
34  }
```

这里，假设数组 x 的首地址为 0x0012ff68，那么运行结果：

12ff68 12ff68
12ff6c 12ff6c
12ff70 12ff70
12ff74 12ff74
12ff78 12ff78

0 0
1 1
2 2
3 3
4 4

0 0
1 1
2 2
3 3
4 4

0
1
2
3
4

5

例8.6 写出下列程序的运行结果。

```
1   #include<stdio.h>
2   #include<string.h>
3   int main()
4   {
5       char * ptr;
6       char fruit[]="Apple";
7   
8       ptr=fruit+strlen(fruit);
9       while(--ptr >=fruit){
10          puts(ptr);
11      }
12  
13      return 0;
14  }
```

运行结果:

e
le
ple
pple
Apple

【运行结果分析】

(1) 在指针的算术运算中,可以使用数组最后一个元素的下一个地址。如语句 ptr=fruit+strlen(fruit); 执行后,ptr 就指向了数组的最后一个元素的下一个地址,如下所示。

fruit →	A	fruit[0]
	p	fruit[1]
	p	fruit[2]
	l	fruit[3]
fruit+5 →	e	fruit[4]
	\0	fruit[5]

(2) 数组名与指针不同。指针是一个变量,因此,在 C 语言中,语句 pa=a 和 pa++ 都是合法的。而数组名是地址常量,因此,类似于 a=pa 和 a++ 形式的语句是非法的。

例8.7 将数组 intArray 中的 n 个整数进行倒置。

输入样例:

3 7 9 11 0 6 7 15 41 22

输出样例：

```
The original array:
3 7 9 11 0 6 7 15 41 22
Call inverseOne():
22 41 15 7 6 0 11 9 7 3
Call inverseTwo():
3 7 9 11 0 6 7 15 41 22
```

【分析】 倒置处理我们用函数来实现，可以采用两种方法：(1)函数的形参用数组；(2)函数的形参用指针变量。

一般来说，用指针编写的程序比用数组下标编写的程序执行速度快，因为不需要每次都计算地址，但另一方面，用指针实现的程序理解起来稍微困难一些。

实现代码如下。

```
1   #include<stdio.h>
2   void inverseOne(int x[], int n);
3   void inverseTwo(int * p, int n);
4   int main()
5   {
6       int i;
7       int intArray[10];
8       int * p=intArray;
9
10      for(i=0; i<10; i++){
11          scanf("%d", &intArray[i]);
12      }
13
14      printf("The original array:\n");
15      for(i=0; i<10; i++){
16          printf("%d ", intArray[i]);
17      }
18      printf("\n");
19
20      printf("Call inverseOne():\n");
21      inverseOne(intArray, 10);      /*调用倒置函数。与inverseOne(p, 10);等价*/
22      for(i=0; i<10; i++){
23          printf("%d ", intArray[i]);
24      }
25      printf("\n");
26
27      printf("Call inverseTwo():\n");
28      inverseTwo(p, 10);     /*调用倒置函数。与inverseTwo(intArray, 10);等价*/
29      for(i=0; i<10; i++){
30          printf("%d ", intArray[i]);
```

```
31        }
32        printf("\n");
33
34        return 0;
35   }
36   /*函数的形参用数组*/
37   void inverseOne(int x[], int n)
38   {
39        int i, j;
40        int temp;
41
42        for(i=0, j=n-1; i<j; i++, j--){
43            temp=x[i];
44            x[i]=x[j];
45            x[j]=temp;
46        }
47   }
48   /*函数的形参用指针变量*/
49   void inverseTwo(int *p, int n)
50   {
51        int *pj;
52        int temp;
53
54        for(pj=p+n-1; p<pj; p++, pj--){
55            temp= *p;
56            *p= *pj;
57            *pj=temp;
58        }
59   }
```

请注意：

(1) 当把数组名传递给一个函数形参时，实际上传递的是该数组第一个元素的地址。在被调用函数中，形参是一个局部变量，因此，形参的数组名必须是一个指针，也就是一个存储地址值的变量。

(2) 在函数定义中，形式参数

int x[];

与

int *x;

是等价的。我们通常更习惯于使用后一种形式，因为它比前者更直观地表明了该参数是一个指针。

(3) 如果将数组名传递给函数，函数可以根据情况判断是按照数组处理还是按照指针处理,随后根据相应的方式操作该参数。为了直观且恰当地描述函数,在函数中甚至可以同时使用数组和指针这两种表示方法。

例8.8 写出下列程序的运行结果。

```
1   #include<stdio.h>
2   void change(int k[]);
3   int main()
4   {
5       int n;
6       int x[10]={1, 2, 3, 4, 5, 6, 7, 8, 9, 10};
7
8       n=0;
9       while(n<=4){
10          change(&x[n]);
11          n++;
12      }
13
14      for(n=0; n<5; n++){
15          printf("%d", x[n]);
16      }
17      printf("\n");
18
19      return 0;
20  }
21  void change(int k[])
22  {
23      k[0]=k[5];
24  }
```

运行结果:

678910

【运行结果分析】 初始时,数组 x 中的数据为:

x[0]	x[1]	x[2]	x[3]	x[4]	x[5]	x[6]	x[7]	x[8]	x[9]
1	2	3	4	5	6	7	8	9	10

(1) n=0,n<=4 成立,做 while 循环。

函数调用

change(&x[n]);

将实参数组元素 x[0]的地址值传递给了形参数组 k,这时数组 k 与数组 x 共享存储空间:

x[0]	x[1]	x[2]	x[3]	x[4]	x[5]	x[6]	x[7]	x[8]	x[9]
1	2	3	4	5	6	7	8	9	10
k[0]	k[1]	k[2]	k[3]	k[4]	k[5]	k[6]	k[7]	k[8]	k[9]

执行 change()函数中的语句

```
k[0]=k[5];
```

那么这时数组中的数据变化为:

	x[0]	x[1]	x[2]	x[3]	x[4]	x[5]	x[6]	x[7]	x[8]	x[9]
	6	2	3	4	5	6	7	8	9	10
	k[0]	k[1]	k[2]	k[3]	k[4]	k[5]	k[6]	k[7]	k[8]	k[9]

(2) n=1,n<=4 成立,做 while 循环。

函数调用

```
change(&x[n]);
```

将实参数组元素 x[1]的地址值传递给了形参数组 k,这时数组 k 与数组 x 共享存储空间:

x[0]	x[1]	x[2]	x[3]	x[4]	x[5]	x[6]	x[7]	x[8]	x[9]
6	2	3	4	5	6	7	8	9	10
	k[0]	k[1]	k[2]	k[3]	k[4]	k[5]	k[6]	k[7]	k[8]

执行 change()函数中的语句

```
k[0]=k[5];
```

那么这时数组中的数据变化为:

x[0]	x[1]	x[2]	x[3]	x[4]	x[5]	x[6]	x[7]	x[8]	x[9]
6	7	3	4	5	6	7	8	9	10
	k[0]	k[1]	k[2]	k[3]	k[4]	k[5]	k[6]	k[7]	k[8]

(3) n=2,n<=4 成立,做 while 循环。

函数调用

```
change(&x[n]);
```

将实参数组元素 x[2]的地址值传递给了形参数组 k,这时数组 k 与数组 x 共享存储空间:

x[0]	x[1]	x[2]	x[3]	x[4]	x[5]	x[6]	x[7]	x[8]	x[9]
6	7	3	4	5	6	7	8	9	10
		k[0]	k[1]	k[2]	k[3]	k[4]	k[5]	k[6]	k[7]

执行 change()函数中的语句

```
k[0]=k[5];
```

那么这时数组中的数据变化为:

x[0]	x[1]	x[2]	x[3]	x[4]	x[5]	x[6]	x[7]	x[8]	x[9]
6	7	8	4	5	6	7	8	9	10
		k[0]	k[1]	k[2]	k[3]	k[4]	k[5]	k[6]	k[7]

(4) n=3,n<=4 成立,做 while 循环。

函数调用

```
change(&x[n]);
```

将实参数组元素 x[3] 的地址值传递给了形参数组 k,这时数组 k 与数组 x 共享存储空间:

x[0]	x[1]	x[2]	x[3]	x[4]	x[5]	x[6]	x[7]	x[8]	x[9]
6	7	8	4	5	6	7	8	9	10
			k[0]	k[1]	k[2]	k[3]	k[4]	k[5]	k[6]

执行 change() 函数中的语句

```
k[0]=k[5];
```

那么这时数组中的数据变化为:

x[0]	x[1]	x[2]	x[3]	x[4]	x[5]	x[6]	x[7]	x[8]	x[9]
6	7	8	9	5	6	7	8	9	10
			k[0]	k[1]	k[2]	k[3]	k[4]	k[5]	k[6]

(5) n=4,n<=4 成立,做 while 循环。

函数调用

```
change(&x[n]);
```

将实参数组元素 x[4] 的地址值传递给了形参数组 k,这时数组 k 与数组 x 共享存储空间:

x[0]	x[1]	x[2]	x[3]	x[4]	x[5]	x[6]	x[7]	x[8]	x[9]
6	7	8	9	5	6	7	8	9	10
				k[0]	k[1]	k[2]	k[3]	k[4]	k[5]

执行 change() 函数中的语句

```
k[0]=k[5];
```

那么这时数组中的数据变化为:

x[0]	x[1]	x[2]	x[3]	x[4]	x[5]	x[6]	x[7]	x[8]	x[9]
6	7	8	9	10	6	7	8	9	10
				k[0]	k[1]	k[2]	k[3]	k[4]	k[5]

(6) n=5,n<=4 不成立,跳出 while 循环,做 while 循环语句的下一条语句。

通过以上分析可知:可以将指向子数组起始位置的指针传递给函数,这样就将数组的一部分传递给了函数。例如,a 是一个数组,那么 fun(&a[2]) 与 fun(a+2) 这两个函数调用都是将起始于 a[2] 的子数组的地址传递给函数 fun()。在函数 fun() 中,参数的声明形式可以为:

```
fun(int a[]){…}
```

或

```
fun(int *a){…}
```

对于函数 fun() 来说,它并不关心所引用的是否只是一个更大数组的部分元素。

8.3.2 指针与多维数组

用指针变量可以指向一维数组中的元素,也可以指向多维数组中的元素。但在概念上和使用上,多维数组的指针比一维数组的指针要复杂一些。例如:

int a[4][4]={{1, 2, 3, 4}, {5, 6, 7, 8}, {9, 10, 11, 12}, {13, 14, 15, 16}};

假设,数组 a 的首地址为 0x0012ff50,int 类型占 4 个字节,它的性质如表 8-1 所示。

表 8-1 数组 a 的性质

表 示 形 式	含 义	地 址
a	二维数组名、数组首地址	0x0012ff50
a[0]、*(a+0)、*a	第 0 行第 0 列元素地址	0x0012ff50
a+1	第 1 行首地址	0x0012ff60
a[1]、*(a+1)	第 1 行第 0 列元素地址	0x0012ff60
a[1]+2、*(a+1)+2、&a[1][2]	第 1 行第 2 列元素地址	0x0012ff68
(a[1]+2)、(*(a+1)+2)、a[1][2]	第 1 行第 2 列元素值	7

例 8.9 指向一维数组的指针变量。

实现代码如下。

```
1   #include<stdio.h>
2   int main()
3   {
4       int i, j;
5       int(*p)[4];                          /*p是指向一维数组的指针变量*/
6       int a[3][4]={1, 3, 5, 7, 9, 11, 13, 15, 17, 19, 21, 23};
7
8       for(p=a, i=0; i<3; i++, p++){
9           for(j=0; j<4; j++){
10              printf("%d ", *(*p+j));
11          }
12      }
13      printf("\n");
14
15      return 0;
16  }
```

运行结果:

1 3 5 7 9 11 13 15 17 19 21 23

【运行结果分析】

p 是指向一维数组的指针变量。

当 p=a 时，*(*p+j)相当于 a[0][j]；

当 p=a+1 时，*(*p+j)相当于 a[1][j]；

当 p=a+2 时，*(*p+j)相当于 a[2][j]。

例 8.10 用指针变量输出数组元素的值。

实现代码如下。

```
1   #include<stdio.h>
2   int main()
3   {
4       int * p;
5       int a[3][4]={1, 3, 5, 7, 9, 11, 13, 15, 17, 19, 21, 23};
6
7       for(p=a[0]; p<a[0]+12; p++){
8           if((p-a[0])%4==0){
9               printf("\n");
10          }
11          printf("%4d", * p);
12      }
13      printf("\n");
14
15      return 0;
16  }
```

运行结果：

```
   1   3   5   7
   9  11  13  15
  17  19  21  23
```

【运行结果分析】 p 首先指向第 0 行第 0 列元素。然后 p++，p 指向第 0 行第 1 列元素。以此类推。

8.4 指针与函数

8.4.1 指针作为函数的参数

C 语言中的函数参数包括实参和形参，两者的类型要一致。函数参数可以是整型、字符型和浮点型，也可以是指针类型。如果将某个变量的地址作为函数的实参，相应的形参就是指针。

由于 C 语言是以传值的方式将实参的值传递给被调用函数的形参，因此，被调用函数不能直接修改主调函数中变量的值。

如果要通过函数调用来改变主调函数中某个变量的值，可以将该变量的地址或者指向该变量的指针作为实参，在被调函数中用指针类型形参接受该变量的地址。

例 8.11 写出下列程序的运行结果。

```
1  #include<stdio.h>
2  int z;
3  void fun(int * x, int y)
4  {
5      ++ * x;
6      y--;
7      z= * x+y+z;
8      printf("%d, %d, %d#", * x, y, z);
9  }
10 int main()
11 {
12     int x=2, y=3, z=4;
13     fun(&x, y);
14     printf("%d, %d, %d#", x, y, z);
15     return 0;
16 }
```

运行结果：

3, 2, 5#3, 3, 4#

【运行结果分析】

（1）因为 z 是外部变量，在编译阶段就为它分配存储单元，虽然没有对它进行显式初始化，但隐式初始为 0。

```
              z
外部变量 z  [ 0 ]
```

（2）第 12 行，为内部变量 x、y、z 分配存储单元，并分别初始化为 2、3、4。

```
                          z
外部变量 z              [ 0 ]
                       x         y         z
main()函数中的整型变量x, y, z  [ 2 ]   [ 3 ]   [ 4 ]
```

（3）执行第 13 行，函数调用 fun(&x, y)。按从左至右，把实参的值传递给形参。形参是局部变量，函数调用时，就为它分配存储单元。

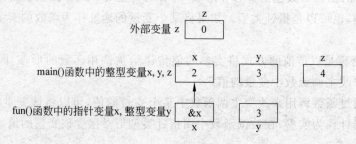

(4) 执行 fun()函数。

执行第 5 行,即++ * x。++与 * 这两个运算符的优先级相同,结合性是从右至左,也就是先做 * x,得到指针变量 x 所向的对象(即实参 x),然后再对实参 x 进行加 1。

执行第 6 行,即 y－－。

执行第 7 行,即 z= * x+y+z。

执行上述三条语句之后,各存储单元的值变化如下所示。

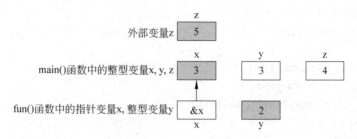

(5) fun()函数执行结束,释放 fun()函数中的局部变量所占用的存储单元。

例 8.12 找二维数组的鞍点。鞍点即该位置上的数组元素在该行上最大、在该列上最小,也可能没有鞍点。

输入样例 1:

5 6 11
1 2 12
4 3 15

输出样例 1:

0 2 11

输入样例 2:

15 16 19
10 23 21
40 30 15

输出样例 2:

It does not exist!

【分析】 要找二维数组的鞍点,可以分两步:(1)先找第 0 行的最大值,并记录其列下标;(2)然后判断其在本列是否是最小值。如果是,则找到了鞍点;如果不是,则继续查找第 1 行。以此类推,直到最后一行为止。

实现代码如下。

```c
1   #include<stdio.h>
2   #define  M  3                    /*定义符号常量M,表示二维数组的行*/
3   #define  N  3                    /*定义符号常量N,表示二维数组的列*/
4   int saddlePoint(int a[][N], int * row, int * col);    /*函数声明*/
5   int main()
6   {
7       int a[M][N];
8       int i, j;
9       int row, col;
10  
11      for(i=0; i<M; i++){           /*二维数组的输入*/
12          for(j=0; j<N; j++){
13              scanf("%d", &a[i][j]);
14          }
15      }
16  
17      /*函数调用,求鞍点。如果返回值为真,鞍点存在*/
18      if(saddlePoint(a, &row, &col)){
19          printf("%d %d %d\n", row, col, a[row][col]);
20      }
21      else{
22          printf("It does not exist!\n");
23      }
24  
25      return 0;
26  }
27  int saddlePoint(int a[][N], int * row, int * col)   /*函数定义*/
28  {
29      int max, flag;
30      int i, j, k;
31  
32      flag=0;                       /*先假设没有鞍点*/
33      for(i=0; i<M; i++){
34                                    /*找第i行最大的元素max,并记录其列下标y*/
35          max=a[i][0];
36          j=0;
37          for(k=0; k<N; k++){
38              if(max<a[i][k]){
39                  max=a[i][k];
40                  j=k;
41              }
42          }
43  
44          /*判断第i行最大的元素max在其所在的列j上是否最小*/
```

```
45              for(k=0; k<M; k++){
46                  if(max>a[k][j]){
47                      break;
48                  }
49              }
50              if(k==M){                    /*是鞍点*/
51                  *row=i;
52                  *col=j;
53                  flag=1;
54              }
55          }
56
57      return flag;
58  }
```

8.4.2 指针作为函数的返回值

在C语言中,函数返回值的类型除了整型、字符型和浮点型外,也可以是指针,即函数可以返回一个地址。定义和调用这类函数的方法与其他函数一样。例如:

int * fun();

fun是一个函数,它返回一个指向int类型的指针。

例8.13 写出下列程序的运行结果。

```
1   #include<stdio.h>
2   char * fun(char * str);
3   int main()
4   {
5       char * str="one";
6
7       str=fun(str);
8
9       printf("%s, %c\n", fun(str)+1, *fun(str)+1);
10
11      return 0;
12  }
13  char * fun(char * str)
14  {
15      return str="function";
16  }
```

运行结果:

unction, g

【运行结果分析】

(1) main()函数中的字符型指针 str 指向字符串常量 "one"：

(2) 执行第 7 行，实参 str 把值传递给 fun()函数的形参 str：

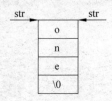

(3) 执行 fun()函数。执行第 15 行，形参 str 的指向改变，指向字符串常量 "function"：

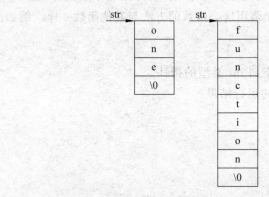

(4) fun()函数执行结束，把形参 str 的值返回给它的调用者，然后形参 str 消亡。

例 8.14 自定义一个函数 findChar()，在字符串 str 中查找字符 ch。如果找到，返回第一次找到的该字符在字符串中的地址；否则返回空指针 NULL。并编写一个主函数进行测试。

输入样例 1：

I am a student.
a

输出样例 1：

am a student.

输入样例 2：

I am a student.
w

输出样例 2：

Not Found!

实现代码如下。

```
1   #include<stdio.h>
2   char * findChar(char * s, char c);
3   int main()
4   {
5       char ch, * p;
6       char str[80];
7
8       gets(str);
9       ch=getchar();
10
11      p=findChar(str, ch);          /*函数调用*/
12      if(p!=NULL){
13          printf("%s\n", p);
14      }
15      else{
16          printf("Not Found!\n");
17      }
18
19      return 0;
20  }
21  char * findChar(char * s, char c)
22  {
23      while(* s!='\0'){
24          if(* s==c){
25              return s;
26          }
27          s++;
28      }
```

```
29        return NULL;                 /*找不到,则返回 NULL*/
30    }
```

8.4.3 指向函数的指针

在 C 语言中,函数本身不是变量,但函数名是函数的入口地址,可以定义指向函数的指针,即函数指针。这种类型的指针可以被赋值、存放在数组中、传递给函数以及作为函数的返回值等。

函数指针定义的一般格式为:

类型名　(*指针变量名)(形式参数列表);

其中类型名是函数返回值的类型,形式参数列表是函数的形式参数列表。

例如:

int　(*pf)(int x, int y);

pf 是一个指向函数的指针,该函数返回一个 int 类型的对象。

例 8.15 求两个数中的大者。要求用函数指针变量调用函数。

实现代码如下。

```
1   #include<stdio.h>
2   int max(int x, int y);
3   int main()
4   {
5       int a, b, c;
6       int(*pf)(int, int);          /*声明函数指针*/
7
8       scanf("%d%d", &a, &b);
9
10      pf=max;
                /*将 max()函数的首地址值赋给指针变量 pf,也就是 pf 指向了函数 max()*/
11      c=(*pf)(a, b);
                /*由于 pf 指向了 max()函数,所以(*pf)(a, b)等效于 max(a,b)*/
12      printf("max=%d\n", c);
13
14      return 0;
15  }
16  int max(int x, int y)
17  {
18      return(x>y)?x:y;
19  }
```

例 8.16 设计一个 process()函数,在调用它的时候,每次实现不同的功能。例如,可以求两个数中的大者、两个数中的小者或两个数之和。

输入样例:

23 27

输出样例：

27
23
50

实现代码如下。

```
1   #include<stdio.h>
2   int max(int x, int y);
3   int min(int x, int y);
4   int add(int x, int y);
5   void process(int x, int y, int(*pf)(int x, int y));
6   int main()
7   {
8       int a, b;
9
10      scanf("%d%d", &a, &b);
11
12      process(a, b, max);
13      process(a, b, min);
14      process(a, b, add);
15
16      return 0;
17  }
18  int max(int x, int y)
19  {
20      return x>y?x:y;
21  }
22  int min(int x, int y)
23  {
24      return x<y?x:y;
25  }
26  int add(int x, int y)
27  {
28      return x+y;
29  }
30  void process(int x, int y, int(*pf)(int x, int y))
31  {
32      printf("%d\n",(*pf)(x, y));
33  }
```

8.5 字符指针与函数

字符串常量是一个字符数组，它的常见用法是作为函数参数。例如：

```
printf("hello,world\n");
```

printf 接收的是一个指向字符数组第一个元素的指针,也就是说,字符串常量可通过一个指向其第一个元素的指针来访问。

除了作为函数参数外,字符串常量还有其他用法。例如:

char *p;

那么,语句

p="now is the time";

将把一个指向该字符数组的指针赋给 p。该过程并没有进行字符串的复制,而只是涉及指针的操作。

下面的定义有很大的差别,如:

```
char  str[15]="I love China!";          (√)
char  str[15];    str="I love China!";  (×)
char  *cp="I love China!";              (√)
char  *cp;        cp="I love China!";   (√)
```

因为,在上述声明中,str 是字符数组名,它是地址常量。数组中的单个字符可以进行修改,但 str 始终指向同一个存储位置,不可修改。

cp 是一个字符指针,它是地址变量,其初值指向一个字符串常量,之后它可以被修改以指向其他地址,但不能通过它修改字符串的内容。

例 8.17 自定义函数 myStrcpy,用于字符串的复制。

第 1 种方式:使用数组下标实现。

```
1  void myStrcpy(char * s, char * t)
2  {
3      int i;
4
5      i=0;
6      while((s[i]=t[i])!='\0'){
7          i++;
8      }
9  }
```

第 2 种方式:使用指针方式实现(一)。

```
1  void myStrcpy(char * s, char * t)
2  {
3      while((* s= * t)!='\0'){
4          t++;
5          s++;
6      }
7  }
```

第 3 种方式:使用指针方式实现(二)。

```
1   void myStrcpy(char * s, char * t)
2   {
3       while((* s++ = * t++)!='\0')
4           ;
5   }
```

第 4 种方式：使用指针方式实现(三)。

```
1   void myStrcpy(char * s, char * t)
2   {
3       while(* s++ = * t++)
4           ;
5   }
```

8.6 指 针 数 组

8.6.1 指针数组的声明

由于指针本身也是变量，所以它们也可以像其他变量一样存储在数组中。例如：

```
char * pArray[100];
```

表示 pArray 是一个具有 100 个元素的一维指针数组，数组的每个元素是一个指向字符类型对象的指针。也就是说，pArray[i]是一个字符指针，而 * pArray[i]是该指针指向的第 i 个文本行的首字符。

请注意：不要写成

```
char(* pArray)[100];
```

因为这时 pArray 是指向一维数组的指针变量。

8.6.2 指针数组的初始化

指针数组也可以初始化，例如：

```
char * month[]={
    "Illegal month", "January", "February",
    "March", "April", "May", "June",
    "July", "August", "September",
    "October", "November", "December"
};
```

8.6.3 指针数组与二维数组的区别

指针数组的一个重要优点在于，数组的每一行长度可以不同，所以指针数组经常用于存放具有不同长度的字符串。例如：

```
char * name[5]={"gain", "much", "stronger", "point", "bye"};
```

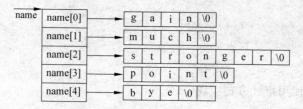

而二维数组的每一行长度均相同。例如：

```
char name[5][9]={"gain", "much", "stronger", "point", "bye"};
```

name[0]	g	a	i	n	\0	\0	\0	\0	\0
name[1]	m	u	c	h	\0	\0	\0	\0	\0
name[2]	s	t	r	o	n	g	e	r	\0
name[3]	p	o	i	n	t	\0	\0	\0	\0
name[4]	b	y	e	\0	\0	\0	\0	\0	\0

提示：

（1）二维数组存储空间固定；

（2）字符指针数组相当于可变列长的二维数组；

（3）指针数组的元素相当于二维数组的行名，是指针变量；而二维数组的行名，是地址常量。

8.7 命令行参数

源程序经编译和连接后生成可执行程序，它可以直接在操作系统环境下以命令方式运行。输入命令时，在可执行文件名的后面可以跟一些参数，这些参数称为命令行参数。命令行的一般形式为：

命令名　参数1　参数2　…　参数n

命令名和各个参数之间用空格分隔，也可以没有参数。

指针数组的一个重要应用是作为 main() 函数的形参。在支持 C 语言的环境中，可以在程序开始执行时将命令行参数传递给程序。调用主函数 main() 时，它带有两个参数：第 1 个参数，习惯上用 argc 命名，用于参数计数，它表示运行程序时命令行中参数的数目；第 2 个参数，习惯上用 argv 命名，它是一维指针数组，其中每个数组元素指向一个参数。

按照 C 语言的约定，argv[0] 的值是启动该程序的程序名，因此 argc 的值至少为 1。如果 argc 的值为 1，则说明程序名后面没有命令行参数。另外，ANSI C 要求 argv[argc] 的值必须为一空指针。

例 8.18 输出命令行参数。

实现代码如下。

```
1   /*test.c*/
2   #include<stdio.h>
3   int main(int argc, char *argv[])
4   {
5       while(argc>1){
6           ++argv;
7           printf("%s\n", *argv);
8           --argc;
9       }
10      return 0;
11  }
```

经编译和连接后,用命令行方式运行:

test hello world!

那么输出:

hello
world!

【运行结果分析】 此时 argc 的值是 3,argv 的前 3 个元素分别指向命令"test"、命令行的第 1 个参数"hello"、命令行的第 2 个参数"world",最后一个元素 argv[3]的值为一空指针,如图 8-4 所示。

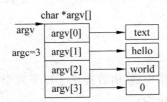

图 8-4 指针数组 argv 的各个元素的值

8.8 指向指针的指针

指向指针的指针称为二级指针,二级指针是保存一级指针变量地址的指针变量。二级指针与一级指针相比,概念较难理解,运算也更复杂。在 C 语言中,声明二级指针变量的一般形式为:

类型名 **变量名;

例如:

```
int *p1;                    /*定义了一级整型指针变量 p1*/
int **p2;                   /*定义了二级整型指针变量 p2*/
int i=3;
p1=&i;
```

```
p2=&p1;
**p2=5;
```

各存储单元的值变化如下所示。

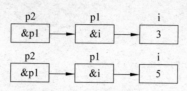

8.9 动态分配

有三种给变量分配内存空间的机制：

（1）当声明一个全局变量时，编译器给在整个程序中持续使用的变量分配内存空间，这种分配方式称为静态分配(Static Allocation)。

（2）当在函数中声明一个局部变量时，给该变量分配的空间在系统栈中，调用函数时给变量分配内存空间，函数结束时释放该空间，这种分配方式称为自动分配(Automatic Allocation)。

（3）在需要新内存的时候分配内存，不需要内存时就显式释放这部分内存，这种在程序运行时获取新内存空间的过程称为动态分配(Dynamic Allocation)。

程序可用的未分配的内存资源称为堆(Heap)。ANSI C语言的环境提供了一些从堆中分配新内存的函数，最重要的一个函数为malloc()，它能分配一块固定大小的内存。

本节中重点讲解动态分配。

8.9.1 动态分配内存

在进行内存的动态分配操作中，C语言提供了以下几个常用的函数：

(1) void * malloc(size_t size);

malloc()函数为长度为size的对象分配内存，并返回指向分配区域的指针；若无法满足要求，则返回NULL。该函数不对分配的内存区域进行初始化。

(2) void * calloc(size_t nobj, size_t size);

calloc()函数为nobj个长度为size的对象分配内存，并返回指向分配区域的指针；若无法满足要求，则返回NULL。该函数不对分配的内存区域进行初始化。

(3) void * realloc(void * p, size_t size);

realloc()函数将p指向的对象的长度修改为size个字节。如果新分配的内存比原内存大，则原内存的内容保持不变，增加的空间不进行初始化；如果新分配的内存比原内存小，则新分配的内存单元不被初始化。realloc()函数返回指向新分配空间的指针；若无法满足要求，则返回NULL，在这种情况下，原指针p指向的单元内容保持不变。

说明：size_t是sizeof运算符计算结果的无符号整数类型。

8.9.2 释放内存

一旦使用完已分配的空间就应该立刻释放它。标准ANSI C库提供了free()函数：

```
void free(void *p);
```

free()函数释放 p 指向的内存空间。当 p 的值为 NULL 时,该函数不执行任何操作。p 必须指向先前使用动态分配函数 malloc()、calloc()或 realloc()分配的空间。使用这 4 个函数必须包含头文件 stdlib.h。

存储空间的释放顺序没有什么限制,但是,如果释放一个不是通过调用 malloc()、calloc()或 realloc()函数得到的指针所指向的存储空间,将是一个很严重的错误。使用已经释放的存储空间同样是错误的。例如:

```
for(p=head; p!=NULL; p=p->next){        /*错误的代码*/
    free(p);
}
for(p=head; p!=NULL; p=q){              /*正确的代码*/
    q=p->next;
    free(p);
}
```

但事实上知道何时释放一块内存并不那么容易,因为分配和释放内存的操作分别属于接口两边的实现及客户。

对所有运行时间不长的程序,你可以随意分配所需内存而不需要考虑释放内存的问题。内存有限的问题只有在设计一个需要运行很长时间的应用,比如所有其他系统所依靠的操作系统时,才变得有意义。

某些语言支持那些能主动检查正在使用的内存,并释放不再使用的内存的动态分配系统,此策略称为碎片收集。C 语言中也有碎片收集分配器,而且它未来的应用也许会更广泛。如果是这样的话,即使在长时间运行的程序中,也可以忽略释放内存的问题,因为你可以依靠碎片收集器自动执行释放内存的操作。

8.9.3 void * 类型

函数 malloc()返回一个未确定类型的"通用"指针,即 void 类型的指针。void 类型的指针可以强制转换为所需的类型,例如:

```
char * cp;    cp=(char *)malloc(10 * sizeof(char));
```

这样就分配了 10 个字节的新内存空间,并将第一个字节的地址存放在 cp 中。

8.9.4 动态数组

在堆上分配并用指针变量引用的数组称为动态数组,它在现代程序设计中有非常重要的作用。

一般来说,分配一个动态数组有如下步骤:

(1) 声明一个指针变量,用以保存数组基地址。

(2) 调用 malloc()函数为数组分配内存。所需的内存空间等于数组长度乘以每个数组元素所占的字节。

(3) 将 malloc()函数的结果强制转化成所需的基类型,然后赋给指针变量。

动态分配一维数组的语法如下:

数据类型 *指针名称=(数据类型 *)malloc(数组长度*sizeof(数据类型));

另外,如果不需要动态分配的数组,可以将其释放。释放动态分配数组的语法如下:

fee(指针名称);

例如,要给一个含有 10 个元素的整型数组分配内存,然后指针变量 pArray 指向该内存空间。

int * pArray=(int *)malloc(10*sizeof(int));

如释放上面的 pArray:

free(pArray);

动态分配 n 维数组与动态分配一维数组的方式基本类似,不同点在于多维数组需要由第一维逐一配置内存至第 n 维。例如,声明一个 m×n 的二维数组动态内存分配,首先必须利用二级指针来配置第一维部分内存,方式如下:

数据类型 **指针名称=(数据类型 **)malloc(数组长度 m*sizeof(数据类型*));

表示按照数据类型动态分配一个长度为 m 的连续内存空间,并将配置的空间地址指派给二级指针变量。

当完成第一维配置后,再配置第二维数组,方式如下:

指针名称[0]=(数据类型 *)malloc(n*sizeof(数据类型));
指针名称[1]=(数据类型 *)malloc(n*sizeof(数据类型));
指针名称[2]=(数据类型 *)malloc(n*sizeof(数据类型));
...
指针名称[m-1]=(数据类型 *)malloc(n*sizeof(数据类型));

表示按照数据类型动态分配一个长度为 n 的连续内存空间,并将配置的空间地址指派给指针变量所代表的第一维数组的每个元素。

例如,一个整数数组 ppArr[2][3]的动态内存分配语句,如下所示:

int **ppArray=(int **)malloc(2*sizeof(int *));
ppArray[0]=(int *)malloc(3*sizeof(int));
ppArray[1]=(int *)malloc(3*sizeof(int));

另外,当不需要动态分配的多维数组时,可以将其释放。释放动态分配多维数组的方式与释放一维数组的方式有点不同。配置多维数组时是从第一维开始的,所配置的内存都用来记录下一维数组的起始地址,只有最后一维才是真正存储所指定数据值的内存空间,若释放时从第一维开始释放,则将失去下一维的内存地址。所以在释放内存时必须将顺序反过来,也就是由第 m 维逐步到第一维,以上二维数组 ppArray[2][3]的释放内存如下:

```
free(ppArray[1]);                        /*第二维数组内存释放完毕*/
free(ppArray[0]);                        /*第一维数组内存释放完毕*/
free(ppArray);
```

8.9.5 查找 malloc 中的错误

由于计算机内存系统的大小是有限的,堆的空间终会用完,此时 malloc()返回指针 NULL 表示分配所需内存块的工作失败。因此,应该在每次调用 malloc()时都检查是否失败。所以,分配一个动态数组后,需要写如下语句:

```
int * pArray;
pArray=(int *)malloc(10 * sizeof(int));
if(pArray==NULL){
    printf("No memory available!");
}
```

练 习

一、单项选择题

1. 已知 int a,*p=&a;则为了得到变量 a 的值,下列错误的表达式是(   )。
   A. *&p   B. *p   C. p[0]   D. *&a

2. 下列语句定义 pf 为指向 float 类型变量 f 的指针,(   )是正确的。
   A. float f,*pf=f;   B. float f,*pf=&f;
   C. float *pf=&f,f;   D. float f,pf=f;

3. 设变量定义为"int x,*p=&x;",则 & *p 相当于(   )。
   A. p   B. *p   C. x   D. &x

4. 以下定义语句中正确的是(   )。
   A. int a=b=0;   B. char a=65+1,b='b';
   C. float a=1,*b=&a,*c=&b;   D. double a="b",b=1.1;

5. 若在定义语句 int a,b,c,*p=&c;之后,接着执行以下选项中的语句,则能正确执行的语句是(   )。
   A. scanf("%d",a,b,c);   B. scanf("%d%d%d",a,b,c);
   C. scanf("%d",p);   D. scanf("%d",&p);

6. 若有定义语句 double x,y,*px,*py,执行了 px=&x,py=&y;之后,正确的输入语句是(   )。
   A. scanf("%f%f",x,y);   B. scanf("%f%f",&x,&y);
   C. scanf("%lf%le",px,py);   D. scanf("%lf%lf",x,y);

7. 以下语句中存在语法错误的是(   )。
   A. char ss[6][20]; ss[1]="right?";   B. char ss[][20]={"right?"};
   C. char *ss[6]; ss[1]="right?";   D. char *ss[]={"right?"};

8. 若有以下定义 int x[10], *pt=x;则对 x 数组元素的正确引用是(   )。
   A. *&x[10]   B. *(x+3)   C. *(pt+10)   D. pt+3
9. 若有定义语句 double x[5]={1.0,2.0,3.0,4.0,5.0}, *p=x;则错误引用 x 数组元素的是(   )。
   A. *p   B. x[5]   C. *(p+1)   D. *x
10. 设有定义 char p[]={'1','2','3'}, *q=p;以下不能计算出一个 char 型数据所占字节数的表达式是(   )。
   A. sizeof(p)   B. sizeof(char) C. sizeof(*q)   D. sizeof(p[0])
11. 设变量定义为"int a[4];",则表达式(   )不符合 C 语言语法。
   A. *a   B. a[0]   C. a   D. a++
12. 有以下函数

```
int fun(char *s)
{
    char *t=s;
    while(*t++);
    t--;
    return(t-s);
}
```

   以下关于 fun 函数的功能叙述正确的是(   )。
   A. 求字符串 s 的长度   B. 比较两个串的大小
   C. 将串 s 复制到串 t   D. 求字符串 s 所占字节数
13. 设有定义 char *c;以下选项中能够使字符型指针 c 正确地指向一个字符串的是(   )。
   A. char str[]="string"; c=str;   B. scanf("%s", c);
   C. c=getchar();   D. *c="string";
14. 设有定义 char s[20]="Beijing", *p;则执行 p=s;语句后,以下叙述不正确的是(   )。
   A. 可以用*p 表示 s[0]
   B. s 数组中元素的个数和 p 所指字符串长度相等
   C. s 和 p 都是指针变量
   D. 数组 s 中的内容和指针变量 p 中的内容相等
15. char *p[10];语句声明了一个(   )。
   A. 指向含有 10 个元素的一维字符型数组的指针变量 p
   B. 指向长度不超过 10 的字符串的指针变量 p
   C. 有 10 个元素的指针数组 p,每个元素可以指向一个字符串
   D. 有 10 个元素的指针数组 p,每个元素存放一个字符串
16. 若有定义 int (*p)[4],则标识符 p 是一个(   )。
   A. 指向整型变量的指针变量

B. 指向函数的指针变量

C. 指向有四个整型元素的一维数组的指针变量

D. 指针数组名,有四个元素,每个元素均为一个指向整型变量的指针

17. 下列的定义中,正确使用字符串初始化的是( )。

A. char str[7]="FORTRAN";

B. char str[]={F,O,R,T,R,A,N,0};

C. char *str="FORTRAN";

D. char str[]={'F','O','R','T','R','A','N'};

18. 不正确的赋值或赋初值的方式是( )。

A. char str[]="string"; B. char str[10]; str="string";

C. char *p="string"; D. char *p; p="string";

19. 表达式 sizeof("\nsum=%d\n")的值是( )。

A. 8 B. 9 C. 10 D. 11

20. 若变量已正确定义,( )不能使指针 p 成为空指针。

A. p=EOF B. p=0 C. p='\0' D. p=NULL

21. 若变量已正确定义并且指针 p 已经指向变量 x,则(*p)++相当于( )。

A. p++ B. x++ C. *(p++) D. &x++

22. 若 p1、p2 都是整型指针,p1 已经指向变量 x,要使 p2 也指向 x,( )是正确的。

A. p2=p1; B. p2=**p1; C. p2=&p1; D. p2=*p1;

23. 下列函数的功能是( )。

```
int fun(char *s1, char *s2)
{
    int i=0;
    while(s1[i]==s2[i] && s2[i]!='\0'){
        i++;
    }
    return(s1[i]=='\0' && s2[i]=='\0');
}
```

A. 将 s2 所指字符串赋给 s1

B. 比较 s1 和 s2 所指字符串的大小,若 s1 比 s2 的大,函数值为 1,否则函数值为 0

C. 比较 s1 和 s2 所指字符串是否相等,若相等,函数值为 1,否则函数值为 0

D. 比较 s1 和 s2 所指字符串的长度,若 s1 比 s2 的长,函数值为 1,否则函数值为 0

24. 下列函数的功能是( )。

```
void fun(char *b, char *a)
{
    while((*b=*a)!='\0'){
        a++;
        b++;
    }
}
```

}
A. 将 a 所指字符串赋给 b 所指空间
B. 使指针 b 指向 a 所指字符串
C. 将 a 所指字符串和 b 所指字符串进行比较
D. 检查 a 和 b 所指字符串中是否有'\0'

25. 设有定义语句 int(*f)(int); 则以下叙述正确的是(　　)。
    A. f 是基类型为 int 的指针变量
    B. f 是指向函数的指针变量,该函数具有一个 int 类型的形参
    C. f 是指向 int 类型一维数组的指针变量
    D. f 是函数名,该函数的返回值是基类型为 int 类型的地址

26. 下列程序的运行结果是(　　)。

```
#include<stdio.h>
#include<stdlib.h>
int  fun(int n);
int main()
{
    int  a;
    a=fun(10);
    printf("%d\n", a+fun(10));
    return 0;
}
int  fun(int n)
{
    int  *p=(int*)malloc(sizeof(int));
    *p=n;
    return *p;
}
```

A. 0　　　　　　B. 10　　　　　　C. 20　　　　　　D. 出错

27. 下列程序的运行结果是(　　)。

```
#include<stdio.h>
int main()
{
    int  y;
    int  a[]={1, 2, 3, 4};
    int  *p=&a[3];
    --p;
    y=*p;
    printf("y=%d\n",y);
    return 0;
}
```

A. y=0　　　　　B. y=1　　　　　C. y=2　　　　　D. y=3

28. 下列程序的运行结果是(　　)。

```
#include<stdio.h>
void fun(int * s, int n1, int n2);
int main()
{
    int   k;
    int   a[10]={1, 2, 3, 4, 5, 6, 7, 8, 9, 0};

    fun(a, 0, 3);
    fun(a, 4, 9);
    fun(a, 0, 9);
    for(k=0; k<10; k++){
        printf("%d", a[k]);
    }
    printf("\n");

    return 0;
}
void fun(int * s, int n1, int n2)
{
    int   i, j, t;
    i=n1;
    j=n2;
    while(i<j){
        t=s[i];
        s[i]=s[j];
        s[j]=t;
        i++;
        j--;
    }
}
```

A. 0987654321　　B. 4321098765　　C. 5678901234　　D. 0987651234

29. 下列程序的运行结果是(　　)。

```
#include<stdio.h>
int  fun(char s[]);
int main()
{
    char s[10]={'6', '1', '*', '4', '*', '9', '*', '0', '*'};
    printf("%d\n", fun(s));
    return 0;
}
```

```
int fun(char s[])
{
    int n=0;
    while(*s<='9' && *s>='0'){
        n=10*n+*s-'0';
        s++;
    }
    return n;
}
```

A. 9　　　　　　　B. 61490　　　　　C. 61　　　　　　D. 5

30. 下列程序的运行结果是(　　)。

```
#include<stdio.h>
void fun(int *q);
int main()
{
    int i;
    int a[5]={1, 2, 3, 4, 5};
    fun(a);
    for(i=0; i<5; i++){
        printf("%d,", a[i]);
    }
    return 0;
}
void fun(int *q)
{
    int i;
    for(i=0; i<5; i++){
        (*q)++;
    }
}
```

A. 2,2,3,4,5,　　B. 6,2,3,4,5,　　C. 2,3,4,5,6,　　D. 1,2,3,4,5,

31. 下列程序的运行结果是(　　)。

```
#include<stdio.h>
int main()
{
    int i;
    char *a[]={"abcd", "ef", "gh", "ijk"};
    for(i=0; i<4; i++){
        printf("%c", *a[i]);
    }
    return 0;
}
```

A. aegi B. dfhk C. abcd D. abcdefghijk

32. 下列程序的运行结果是(   )。

```
#include<stdio.h>
int main()
{
    char ch[]="uvwxyz";
    char *pc=ch;
    printf("%c\n", *(pc+5));
    return 0;
}
```

A. z
B. 0
C. 元素 ch[5]地址
D. 字符 y 的地址

33. 下列程序的运行结果是(   )。

```
#include<stdio.h>
int main()
{
    char s[]={"aeiou"};
    char *ps=s;
    printf("%c\n", *ps+4);
    return 0;
}
```

A. a
B. e
C. u
D. 元素 s[4]的地址

34. 下列程序的运行结果是(   )。

```
#include<stdio.h>
int main()
{
    char *s="ABC";
    do{
        printf("%d", *s%10);
        s++;
    }while(*s);
    return 0;
}
```

A. 5670 B. 656667 C. 567 D. ABC

35. 下列程序的运行结果是(   )。

```
#include<stdio.h>
void fun(char *s);
int main()
{
```

```
        char  a[]={"good"};
        fun(a);
        printf("\n");
        return 0;
    }
    void  fun(char *s)
    {
        while(*s){
            if(*s%2==0){
                printf("%c", *s);
            }
            s++;
        }
    }
```

    A. d   B. go   C. god   D. good

36. 下列程序的运行结果是(　　)。

```
    #include<stdio.h>
    void  fun(int *a, int *b);
    int main()
    {
        int  x=3, y=5;
        int  *p=&x, *q=&y;

        fun(p, q);
        printf("%d,%d,", *p, *q);

        fun(&x, &y);
        printf("%d,%d\n", *p, *q);

        return 0;
    }
    void fun(int *a, int *b)
    {
        int  *c;
        c=a;
        a=b;
        b=c;
    }
```

    A. 3,5,5,3   B. 3,5,3,5   C. 5,3,3,5   D. 5,3,5,3

37. 下列程序的运行结果是(　　)。

```
    #include<stdio.h>
    int main()
```

```
{
    int  m=1, n=2;
    int  * p=&m, * q=&n;
    int  * r;
    r=p;
    p=q;
    q=r;
    printf("%d,%d,%d,%d\n", m, n, * p, * q);
    return 0;
}
```

  A. 1,2,1,   B. 1,2,2,1   C. 2,1,2,   D. 2,1,1,2

38. 下列程序的运行结果是(　　)。

```
#include<stdio.h>
#include<string.h>
int main()
{
    char  str[][20]={"One * World", "One * Dream!"};
    char  * p=str[1];
    printf("%d,", strlen(p));
    printf("%s\n", p);
    return 0;
}
```

  A. 9,One * World   B. 9,One * Dream
  C. 10,One * Dream   D. 10,One * World

39. 下列程序的运行结果是(　　)。

```
#include<stdio.h>
int main()
{
    int  c[]={1, 3, 5};
    int  * k=c+1;
    printf("%d\n", * ++k);
    return 0;
}
```

  A. 3   B. 5   C. 4   D. 6

40. 下列程序的运行结果是(　　)。

```
#include<stdio.h>
void fun(char * a, char * b);
int main()
{
    char *s="****a*b****", t[80];
```

```
            fun(t, s);
            puts(t);
            return 0;
        }
        void fun(char *b, char *a)
        {
            while(*a=='*'){
                a++;
            }
            while(*b=*a){
                b++;
                a++;
            }
        }
```

  A. *****a*b   B. a*b   C. a*b****   D. ab

41. 下列程序的运行结果是(   )。

```
        #include<stdio.h>
        #include<string.h>
        void fun(char *s[], int n);
        int main()
        {
            char *ss[]={"bcc","bbcc","xy","aaaacc","aabcc"};
            fun(ss, 5);
            printf("%s,%s\n", ss[0], ss[4]);
            return 0;
        }
        void fun(char *s[], int n)
        {
            char *t;
            int i, j;
            for(i=0; i<n-1; i++){
                for(j=i+1; j<n; j++){
                    if(strlen(s[i])>strlen(s[j])){
                        t=s[i];
                        s[i]=s[j];
                        s[j]=t;
                    }
                }
            }
        }
```

  A. xy,aaaacc   B. aaaacc,xy   C. bcc,aabcc   D. aabcc,bcc

42. 下列程序的运行结果是(   )。

```
#include<stdio.h>
void fun(char *t, char *s);
int main()
{
    char t[10]="acc";
    char s[10]="bbxxyy";
    fun(t, s);
    printf("%s,%s\n", t, s);
    return 0;
}
void fun(char *t, char *s)
{
    while(*t!=0){
        t++;
    }
    while((*t++=*s++)!=0)
        ;
}
```

A. accxyy,bbxxyy   B. acc,bbxxyy
C. accxxyy,bbxxyy   D. accbbxxyy,bbxxyy

43. 下列程序的运行结果是(　　)。

```
#include<stdio.h>
void fun(int n, int *p);
int main()
{
    int s;
    fun(3, &s);
    printf("%d\n", s);
    return 0;
}
void fun(int n, int *p)
{
    int f1, f2;
    if(n==1 || n==2){
        *p=1;
    }
    else{
        fun(n-1, &f1);
        fun(n-2, &f2);
        *p=f1+f2;
    }
}
```

A. 2 　　　　B. 3 　　　　C. 4 　　　　D. 5

44. 有以下程序

```
#include<stdio.h>
#include<string.h>
int  main(int argc, char * argv[])
{
    int   i=1, n=0;
    while(i<argc){
        n=n+strlen(argv[i]);
        i++;
    }
    printf("%d\n",n);
    return 0;
}
```

该程序生成的可执行文件名为 proc.exe。若运行时输入命令行：proc 123 45 67。则该程序的运行结果是(　　)。

A. 3 　　　　B. 5 　　　　C. 7 　　　　D. 11

45. 若有以下函数首部 int fun(double x[10], int * n)则下面针对此函数声明语句中正确的是(　　)。

A. int fun(double x, int * n); 　　　　B. int fun(double , int);
C. int fun(double * x, int n); 　　　　D. int fun(double * , int *);

46. 有如下函数定义：

```
int fun(int * p)
{
    return * p;
}
```

那么 fun 函数返回值是(　　)。

A. 不确定的值 　　　　B. 一个整数
C. 形参 p 中存放的值 　　　　D. 形参 p 的地址值

47. 以下函数按每行 8 个输出数组中的数据,下画线处应填入的语句是(　　)。

```
#include<stdio.h>
void fun(int * w, int n)
{
    int   i;
    for(i=0; i<n; i++){
        _____
        printf("%d", w[i]);
    }
    printf("\n");
}
```

A. if(i/8==0){ printf("\n"); }   B. if(i/8==0){ continue; }
C. if(i%8==0){ printf("\n"); }   D. if(i%8==0){ continue; }

48. 以下程序的运行结果是(　　)。

```
#include<stdio.h>
int  b=2;
int  fun(int * k);
int main()
{
    int   i;
    int   a[10]={1, 2, 3, 4, 5, 6, 7, 8};
    for(i=2; i<4; i++){
        b=fun(&a[i])+b;
        printf("%d ", b);
    }
    printf("\n");
    return 0;
}
int  fun(int * k)
{
    b= * k+b;
    return(b);
}
```

A. 10 12　　　　　B. 8 10　　　　　C. 10 28　　　　　D. 10 16

二、填空题

1. 函数

```
void  fun1(char s[], char t[])
{
    int   k=0;
    while(s[k]=t[k]){
        k++;
    }
}
```

等价于

```
void  fun2(char * s, char * t)
{
    while(_____){
        ;
    }
}
```

2. 下列程序段的输出结果是(　　)。

```
int  c[]={10, 0, -10};
int  *k=c+2;
printf("%d", *k--);
```

3. 下列程序段的输出结果是(   )。

```
int  k=1, j=2;
int  *p=&k, *q=p;
p=&j;
printf("%d, %d", *p, *q);
2, 1
```

4. 下列程序段的输出结果是(   )。

```
char  str[]="hello\tworld\n";
printf("%d, %c\n", sizeof(str), *(str+10));
```

5. 下列程序段的输出结果是(   )。

```
int  k;
char  *s="ABC";
for(k=10; k!=0; k--){
    ;
}
printf("%d", k);
while(*s++){
    putchar(*s);
}
```

6. 以下函数 fun() 的功能是,返回 str 所指字符串中以形参 c 中字符开头的后续字符串的首地址,例如,str 所指字符串为 Hello!,c 中的字符为 e,则函数返回字符串:ello! 的首地址。若 str 所指字符串为空串或不包含 c 中的字符,则函数返回 NULL。请填空。

```
char  *fun(char *str, char c)
{
    int  n=0;
    char  *p=str;
    if(p!=NULL){
        while(p[n]!=c && p[n]!='\0'){
            n++;
        }
    }
    if(p[n]=='\0'){
        return NULL;
    }
    return(_____);
}
```

7. 调用函数 fun，从字符串中删除所有的数字字符。

```
#include<stdio.h>
#include<string.h>
#include<ctype.h>
void fun(char * s)
{
    int i=0;
    while(s[i]!='\0'){
        if(isdigit(s[i])){
            (_____);
        }
        else{
            (_____);
        }
    }
}
int main()
{
    char str[80];
    gets(str);
    fun(str);
    puts(str);
    return 0;
}
```

8. 函数 find 的功能是搜索 the，若存在则返回个数，否则返回 0。

```
#include<stdio.h>
#include<string.h>
int find(char * str)
{
    char * fstr="the";
    int i,j;
    int n=0;

    for(i=0; str[i]!='\0'; i++){
        for(j=0; j<3; j++){
            if(_____){
                break;
            }
        }
        if(j>2){
            _____;
        }
```

```c
        }
        return n;
}
int main()
{
    char a[80];
    gets(a);
    printf("%d\n",find(a));
    return 0;
}
```

三、写出下面程序的运行结果

1.

```c
#include<stdio.h>
int main()
{
    int  i;
    char  a[]="programming";
    char  b[]="language";
    char  *p1=a, *p2=b;
    for(i=0; i<7; i++){
        if(*(p1+i)==*(p2+i)){
            printf("%c", *(p1+i));
        }
    }
    printf("\n");
    return 0;
}
```

2.

```c
#include<stdio.h>
#include<string.h>
int main()
{
    char  *p="abcde";
    char  a[20]="ABC";
    char  *q=a;
    p +=3;
    printf("%s\n", strcat(q, p));
    return 0;
}
```

3.

```c
#include<stdio.h>
```

```c
void fun(int *x, int y);
int main()
{
    int x=0, y=3;
    fun(&x, y);
    printf("%d,%d\n", x, y);
    return 0;
}
void fun(int *x, int y)
{
    ++*x;
    y--;
}
```

4.

```c
#include<stdio.h>
#include<string.h>
char *fun(char *t);
int main()
{
    char *str="abcdefgh";
    str=fun(str);
    puts(str);
    return 0;
}
char *fun(char *t)
{
    char *p=t;
    return (p+strlen(t)/2);
}
```

5.

```c
#include<stdio.h>
void fun(int *y);
int main()
{
    int x=10;
    printf("x=%d\n", x);
    fun(&x);
    printf("x=%d\n", x);
    return 0;
}
void fun(int *y)
{
```

```c
        printf(" * y=%d\n", * y);
        * y +=20;
        printf(" * y=%d\n", * y);
}
```

6.

```c
#include<stdio.h>
int main()
{
    int  i;
    int  a[]={1, 3, 5, 7, 9, 11, 13, 15};
    int  * p=a+5;
    for(i=3; i; i--){
        switch(i){
            case 1:
            case 2:
                printf("%d", * p++);
                break;
            case 3:
                printf("%d", * (--p));
        }
    }
    return 0;
}
```

7.

```c
#include <stdio.h>
#define N 5
int  fun(int * s, int a, int n);
int main()
{
    int  k;
    int  s[N+1];
    for(k=1; k<=N; k++){
        s[k]=k+1;
    }
    printf("%d\n", fun(s, 4, N));
    return 0;
}
int  fun(int * s, int a, int n)
{
    int  j;
    * s=a;
    j=n;
```

```
        while(s[j]!=a){
            j--;
        }
        return j;
}
```

8.

```
#include<stdio.h>
int main()
{
    int  i, j;
    char  * s[4]={"do-while", "break","while", "for"};
    for(i=3; i>=0; i--){
        for(j=3; j>i; j--){
            printf("%s\n", s[i]+j);
        }
    }
    return 0;
}
```

9.

```
#include<stdio.h>
void process(int * a, int * m)
{
    int i,j;
    for(i=0;i< * m;i++){
        if(a[i]<0){
            for(j=i--;j< * m-1;j++){
                a[j]=a[j+1];
            }
            ( * m)--;
        }
    }
}
int main()
{
    int i,n=7;
    int x[7]={1,-2,3,4,-5,-6,7};

    process(x, &n);

    for(i=0;i<n;i++){
        printf("%5d",x[i]);
    }
```

```
        printf("\n");

        return 0;
}
```

10. 程序运行时,输入 hello↙

```
#include<stdio.h>
#define MAXLEN 40
char * fun(char * s);
int main()
{
    char str[MAXLEN];
    gets(str);
    puts(fun(str));
    return 0;
}
char * fun(char * s)
{
    char * p, * h;

    h=s;
    while(* s!='\0'){
        s++;
    }

    p=s;
    while(p--!=h){
        * s=* p;
        s++;
    }
    * s='\0';

    return h;
}
```

四、程序设计题

1. 编写程序,比较两个长度均不超过 1000 的字符串 s1 和 s2 的大小。若 s1>s2,输出一个正数;若 s1=s2,输出 0;若 s1<s2,输出一个负数。说明:输出的正数或负数是相比较的两个字符串相对应的字符的 ASCII 码的差值。

输入样例:

abc
acb

输出样例:

-1

2. 设计程序,考虑日期转换问题:把某月某日这种日期表示形式转换为某年中第几天的表示形式,反之亦然。例如,3 月 1 日是非闰年的第 60 天,是闰年的第 61 天。要求自定义如下两个函数:

(1) 根据年、月、日,计算它是该年的第几天。

int   dayOfYear(int year, int month, int day);

(2) 根据年份、天数,计算月和日。

void   monthAndDay(int year, int yearday, int * pmonth, int * pday);

输入样例 1:

2004 3 1
2004 160

输出样例 1:

2004 61
2004 6 8

输入样例 2:

2009 3 1
2009 160

输出样例 2:

2009 60
2009 6 9

3. 有 n 个人围成一圈,按照顺序对他们进行编号。从第 1 个人开始报数,凡报到 m 的人退出圈子。问最后留下的人原来排在第几号。

输入数据:

10 3

输出数据:

4

4. 从键盘任意输入某班 10 个学生的成绩,计算并打印平均分,并统计成绩在平均分以上的学生人数。要求采用如下函数原型:

/* 函数功能:计算平均分,并返回成绩在平均分以上的学生人数。
score 数组用于存储学生的成绩,n 表示学生人数, * pAverage 为所求的平均分 * /
int   findAverage(double score[], int n, double * pAverage);

输入样例:

100 90 78 93 60 99 81 85 87 92

输出样例：

86.5,6

5. 从键盘任意输入某班 10 个学生的学号和成绩，求最高分及其相应的学号。要求采用如下函数原型：

/*函数功能：求最高分及相应的学号。函数的返回值为求得的最高分。
score 数组用于存储学生的成绩，number 数组用于存储学生的学号，n 表示学生人数，
pMaxNumber 表示求得的最高分相应的学号/
double findMax(double score[], int number[], int n, int *pMaxNumber);

输入样例：

1001,92 1002,93 1003,64 1004,74 1005,85 1006,86 1007,87 1008,58 1009,89 1010,70

输出样例：

1002,93

第 9 章　结　构

本章要点：
- C 语言中定义结构这种类型的必要性；
- 如何创建和使用结构；
- 结构、结构变量和结构成员的概念，以及它们之间的关系；
- 如何访问结构成员；
- 如何定义和使用结构数组；
- 结构变量、结构成员、结构指针作为函数的参数；
- 如何处理用指针和结构构成的单链表这种复杂的数据结构；
- 如何创建和使用联合和枚举。

C 语言包括了结构（struct）、类型定义（typedef）、联合（union）与枚举（enum）等四种自定义数据类型。

结构是一种用户自定义的数据类型，能将一种或多种数据类型集合在一起，形成新的数据类型，用来简化数据处理的问题。

将原有的类型或结构利用 typedef 指令以更有意义的新名称来取代，使程序可读性更高。

联合类型与结构类型，无论是在定义方法或是成员存取上都十分相像，结构类型所定义的每个成员都拥有各自的内存空间，而联合却是共享内存空间。

枚举类型在于把变量值限定在枚举成员的常量集合里。

9.1　实例导入

C 语言中的结构类型有什么用处？首先我们来看两个问题。

例 9.1　已知有 5 个学生，学生信息由 3 门课的成绩（C 语言、英语、音乐）构成，求出每个学生的总成绩，并按总成绩降序排序后输出。输出时每个数据之间有一个空格，成绩均保留 1 位小数。

输入样例：

```
93 91 89
60.5 72 75
50 60.5 63
```

85 91.5 50
80 81 82.5

输出样例:

93.0 91.0 89.0 273.0
80.0 81.0 82.5 243.5
85.0 91.5 50.0 226.5
60.5 72.0 75.0 207.5
50.0 60.5 63.0 173.5

【分析】 对于学生信息可以采用二维数组这种数据结构来存放。写三个函数来实现如下特定的功能:(1)用于输入数据和求总成绩;(2)用于按总成绩降序排序;(3)用于输出数据。

实现代码如下。

```
1   #include<stdio.h>
2   #define M 5
3   #define N 4
4   void input(double person[][N], int m, int n);
5   void selSort(double person[][N], int m, int n);
6   void output(double person[][N], int m, int n);
7   int main()
8   {
9       double boy[M][N];                /*二维数值数组 boy*/
10
11      input(boy, M, N);                /*函数调用:用于输入数据*/
12      selSort(boy, M, N);              /*函数调用:用于降序排序*/
13      output(boy, M, N);               /*函数调用:用于输出数据*/
14
15      return 0;
16  }
17  /*输入数据和求总成绩*/
18  void input(double person[][N], int m, int n)
19  {
20      int i, j;
21      double sum;
22
23      for(i=0; i<m; i++)
24      {
25          /*输入成绩的同时统计总成绩*/
26          sum=0;
27          for(j=0; j<n-1; j++){
28              scanf("%lf", &person[i][j]);
29              sum=sum+person[i][j];
```

```
30          }
31          person[i][j]=sum;
32      }
33  }
34  /*选择排序。按总成绩降序排序*/
35  void selSort(double person[][N], int m, int n)
36  {
37      int i, j, k, col;
38      double temp;
39
40      for(i=0; i<m-1; i++){
41          k=i;
42          for(j=i+1; j<m; j++){
43              if(person[k][n-1]<person[j][n-1]){
44                  k=j;
45              }
46          }
47          if(k!=i){                        /*第k行与第i行相应数据进行交换*/
48              for(col=0; col<n; col++){
49                  temp=person[k][col];
50                  person[k][col]=person[i][col];
51                  person[i][col]=temp;
52              }
53          }
54      }
55  }
56  /*输出数据*/
57  void output(double person[][N], int m, int n)
58  {
59      int i, j;
60
61      for(i=0; i<m; i++){
62          for(j=0; j<n-1; j++){            /*输出3门课的成绩*/
63              printf("%.1f ", person[i][j]);
64          }
65          printf("%.1f\n", person[i][j]);  /*输出总成绩*/
66      }
67  }
```

例 9.2 已知有 5 个学生，学生信息由姓名（它由大小写字母构成，且长度不超过 15）和 3 门课的成绩（C 语言、英语、音乐）构成，求出每个学生的总成绩，并按总成绩降序排序后输出。输出时每个数据之间有一个空格，成绩均保留 1 位小数。

输入样例：

Zhangfen 93 91 89

```
Qiudong 60.5 72 75
Ningqiu 50 60.5 63
Baoshi 85 91.5 50
Yulu 80 81 82.5
```

输出样例:

```
Zhangfen 93.0 91.0 89.0 273.0
Yulu 80.0 81.0 82.5 243.5
Baoshi 85.0 91.5 50.0 226.5
Qiudong 60.5 72.0 75.0 207.5
Ningqiu 50.0 60.5 63.0 173.5
```

【分析】 例 9.2 比例 9.1 复杂,因为学生的信息多了姓名,而且姓名是由大小写字母构成,因为数组的每个元素都必须是相同的类型,所以为了表示学生的信息,则必须使用一个二维字符数组来存放学生的姓名和一个二维数值数组来存放学生的成绩。这样,在处理时,为了保证这两个数组信息的一致,非常麻烦。

为了避免以上的麻烦,我们可以采用结构数组来存放学生的信息,这样处理时可以整体考虑,而且很容易保证信息的一致。

写三个函数来实现如下特定的功能:(1)用于输入数据和求总成绩;(2)用于按总成绩降序排序;(3)用于输出数据。

实现代码如下。

```c
1   #include<stdio.h>
2   #define SIZE 5
3   struct Student{
4       char name[20];              /*姓名,为字符数组*/
5       double score[3];            /*3门课程的成绩,为双精度浮点类型*/
6       double sum;                 /*总成绩,为双精度浮点类型*/
7   };
8   void input(struct Student person[], int n);
9   void selSort(struct Student person[], int n);
10  void output(struct Student person[], int n);
11  int main()
12  {
13      struct Student boy[SIZE];   /*一维结构数组 boy*/
14
15      input(boy, SIZE);           /*函数调用:用于输入数据*/
16      selSort(boy, SIZE);         /*函数调用:用于降序排序*/
17      output(boy, SIZE);          /*函数调用:用于输出数据*/
18
19      return 0;
20  }
21  /*输入数据*/
22  void input(struct Student person[], int n)
```

```
23  {
24      int i, j;
25      double sum;
26
27      for(i=0; i<n; i++){
28          scanf("%s", person[i].name);
29
30          /*输入成绩的同时统计总成绩*/
31          sum=0;
32          for(j=0; j<3; j++){
33              scanf("%lf", &person[i].score[j]);
34              sum=sum+person[i].score[j];
35          }
36          person[i].sum=sum;
37      }
38  }
39  /*选择排序。按总成绩降序排序*/
40  void selSort(struct Student person[], int n)
41  {
42      int i, j, k;
43      struct Student temp;
44
45      for(i=0; i<n-1; i++){
46          k=i;
47          for(j=i+1; j<n; j++){
48              if(person[k].sum<person[j].sum){
49                  k=j;
50              }
51          }
52          if(k!=i){
53              temp=person[k];
54              person[k]=person[i];
55              person[i]=temp;
56          }
57      }
58  }
59  /*输出数据*/
60  void output(struct Student person[], int n)
61  {
62      int i, j;
63
64      for(i=0; i<n; i++){
65          printf("%s ", person[i].name);
66
```

```
67            /*输出3门课的成绩*/
68            for(j=0; j<3; j++){
69                printf("%.1lf ", person[i].score[j]);
70            }
71            printf("%.1lf\n", person[i].sum);    /*输出总成绩*/
72        }
73    }
```

通过对上面两个问题的分析得出结论：C语言中定义结构类型是为了处理的方便。结构是一个或多个相关变量的集合，这些变量可能是不同的数据类型。

指针和结构有助于构成更加复杂的数据结构，如链表、队列、栈和树等。

9.2 结构的基本知识

例9.3 求二维平面上两点间的距离。

输入样例：

10.2 50.3 11 13.9

输出样例：

36.41

【分析】 点是最基本的对象，二维平面上的点是用x坐标和y坐标来表示的。我们可以定义一个点结构类型。

实现代码如下。

```
1    struct Point{                          /*点结构类型的定义*/
2        double x;                          /*点的x坐标*/
3        double y;                          /*点的y坐标*/
4    };
5    #include<stdio.h>
6    #include<math.h>
7    int main()
8    {
9        double distance;
10       struct Point p1, p2;               /*定义两个结构变量*/
11
12       scanf("%lf%lf%lf%lf", &p1.x, &p1.y, &p2.x, &p2.y);    /*输入数据*/
13
14       /*求两点间的距离*/
15       distance=sqrt((p1.x-p2.x)*(p1.x-p2.x)+(p1.y-p2.y)*(p1.y-p2.y));
16       printf("%.2f\n", distance);        /*输出数据*/
17
18       return 0;
```

```
19    }
```

9.2.1 结构类型的定义

结构是用其他数据类型构造出来的派生数据类型。例如,上例中所定义的 struct Point 类型:

```
struct Point{                    /* 结构类型的定义 */
    double x;                    /* 点的 x 坐标 */
    double y;                    /* 点的 y 坐标 */
};
```

说明:

(1) 由关键字 struct 引入结构类型的定义。

(2) 关键字 struct 后面的标识符 Point 是结构名(也就是结构标记),用来命名一个结构类型。结构名是可选的,它代表花括号内的定义。通常构成结构名的每个单词的第 1 个字母大写。

(3) 结构定义的花括号内声明的变量是结构的成员。相同结构的成员必须具有独一无二的名称,而不同的结构它们的成员可以同名。但要避免为不同类型结构的成员使用相同的名称,以免造成混淆。

(4) 结构名与普通变量、结构的成员与普通变量均可以采用相同的名称,它们之间不会冲突,因为通过上下文分析总可以对它们进行区分。不过,从编程风格方面来说,通常只有密切相关的对象才会使用相同的名称。

(5) 结构定义的末尾是";"。

9.2.2 结构变量的定义

结构变量的定义类似于其他类型(如 int、double 等)变量的定义。

1. 先定义结构类型再定义变量

如果结构定义中带有结构标记,那么以后就可以使用该结构标记来定义结构变量。例如:

```
struct Point{
    double x;
    double y;
};
stuct Point   x, * ptr;
```

x 是 struct Point 类型的变量,ptr 是指向 struct Point 类型的指针。

从语法角度来说,这种定义方式与

```
int    x, * ptr;
```

具有类似的意义,均将 x 与 ptr 定义为指定类型的变量。

2. 在定义结构类型的同时定义变量

通过在结构定义的右花括号和结束结构定义的分号之间加入逗号分隔的变量名列表,就可以定义结构类型的变量。例如:

```
struct Point{
    double x;
    double y;
}x, * ptr;
```

假如结构定义的后面不带变量名列表,则不需要为它分配存储空间,它仅仅描述了一个结构的模板或轮廓,即创建了用于定义变量的新数据类型。

提示:
(1) 当创建结构类型时,一般都有结构标记。
(2) 如果结构标记有意义,那么有助于解释程序。

9.2.3 结构成员的访问

有两个运算符可用于访问结构成员:点运算符(.)和箭头运算符(->)。如果是结构变量,就用点运算符(即:结构变量.成员);如果是结构指针,就用箭头运算符(即:结构指针->成员)。

9.2.4 对结构变量的操作

可以在结构上执行的合法操作有:
(1) 将结构变量赋给相同类型的结构变量;
(2) 获得结构变量的地址;
(3) 使用点运算符(.)或箭头运算行(->)来访问结构成员;
(4) 使用 sizeof 运算符来获得结构类型的大小。

例如:

```
struct  Point p1, p2;
struct  Point * ptr=&p1;
int   length;
p1.x=100;
p1.y=200;
p2=p1;                      /*等同于执行了下列语句:p2.x=p1.x;    p2.y=p1.y;*/
length=sizeof(sturct Point);     /*length获得了sturct Point 类型所占的字节数*/
```

由 sizeof 运算符获得结构类型的大小,可知结构的长度不一定等于各成员长度之和。因为不同的对象有不同的对齐要求。也就是说,有时候,因为计算机可能仅在某些内存边界上存储特定的数据类型,例如半个字、字或者双字边界,所以结构中可能会出现未命名的"空穴"(hole)。例如,假设 char 类型占用一个字节,int 类型占用 4 个字节,则下列结构:

```
struct What{
    char c;
    int i;
}sample;
```

可能需要8个字节的存储空间,而不是5个字节。使用sizeof运算符可以返回正确的对象长度,如sizeof(What)。

假设sample的成员已经分别被赋值为字符"a"和整数97。如果它的成员存储在字边界的开头处,则在struct What类型变量的存储空间中有3个字节的空穴,如图9-1所示。

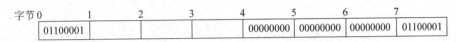

图9-1 struct what 类型变量可能的存储对齐方式

"空穴"中的值是没有定义的。

请注意:

(1) 同一个结构类型的不同结构变量之间才可以相互赋值。如果两个结构变量分属于不同的结构类型,即使它们的结构成员相同,也不能相互赋值。

(2) 除了两个相同结构类型的结构变量之间的赋值外,一般情况下,对结构的操作主要是通过结构的成员来进行,而对结构成员能实施的操作由成员本身的类型决定。

(3) 不能使用运算符==和!=来比较结构变量。如上述的sample1和sample2的成员值如果相等,但可能在"空穴"中包含不同的值,所以结构比较并不一定相等。

(4) 因为特定类型的数据所占内存的大小依赖于计算机,而且存储对齐与计算机相关,所以结构的表示也与计算机相关。

例9.4 输入10个点的坐标,输出距原点最远的点的坐标及该点距原点的距离。假设满足条件的点只有一个,结果保留两位小数。

输入样例:

```
1 2
3 4
5 6
7 8
9 10
11 12
13 14
15 16
20 34
1 8
```

输出样例:

(20.00,34.00)39.45

实现代码如下。

```
1   struct Point{
2       double x;
3       double y;
4   };
5   #include<stdio.h>
6   #include<math.h>
7   int main()
8   {
9       int k;
10      double distance, max;
11      struct Point p, maxPoint;
12
13      /*输入第一个点,并假设它到原点的距离最远*/
14      scanf("%lf%lf", &p.x, &p.y);
15      max=sqrt(p.x*p.x+p.y*p.y);
16      maxPoint=p;
17
18      for(k=1; k<10; k++){
19          scanf("%lf%lf", &p.x, &p.y);
20          distance=sqrt(p.x*p.x+p.y*p.y);
21          if(max<distance){
22              max=distance;
23              maxPoint=p;
24          }
25      }
26      printf("(%.2f,%.2f)%.2f\n", maxPoint.x, maxPoint.y, max);
27
28      return 0;
29  }
```

9.2.5 结构变量的初始化

结构变量可以像数组一样,使用初始值列表来初始化,初始值列表用逗号分隔开。例如:

struct Point p1={20, 100};

那么,p1.x=20、p1.y=100。

如果是部分初始化,即列表中初始值的个数少于结构成员的个数,那么剩余的结构成员根据自身的数据类型而初始化为不同的值。如果结构成员是数值类型,则初始化为0;如果结构成员是字符类型,则初始化为'\0';如果结构成员是字符数组,则字符数组的每个元素均初始化为'\0';如果结构成员是指针,则初始化为 NULL,等等。例如,

```
struct Student{
    char number[20];                /*学号*/
    char name[20];                  /*姓名*/
    char sex;
    double score;                   /*成绩*/
    struct Student *ptr;            /*指向自身的指针*/
}s1={"000101"};
```

那么,s1.number="000101",s1.name="",s1.sex='\0',s1.score=0,s1.ptr=NULL。

在不进行显式初始化的情况下,外部结构变量和静态结构变量都将被隐式初始化,所获得的值与上述结构变量的部分初始化一样。

结构变量还可以通过调用返回相同类型结构的函数进行初始化。例如,

```
/*makePoint函数:通过x、y坐标构造一个点。
参数名和结构成员同名不会引起冲突。其实,这里使用重名还可以强调两者之间的关系*/
struct Point makePoint(int x, int y)
{
    struct Point temp;
    temp.x=x;
    temp.y=y;
    return temp;
}
struct Point p2=makePoint(20, 100);
```

9.2.6 结构的嵌套

结构的成员可以是基本数据类型的变量(如int、double等),也可以是派生数据类型(如数组或其他结构)的变量。

如果结构的成员是其他结构,这种情况称为结构的嵌套。例如,用对角线上的两个点来定义矩形结构:

```
struct Point{
    double x;
    double y;
};
struct Rectangle{
    struct Point p1;
    struct Point p2;
};
```

嵌套结构的成员访问方法和一般成员的访问方法类似。例如:

```
struct Rectangle screen;        /*定义struct Rectangle类型的变量screen*/
screen.p1.x                     /*访问变量screen的成员p1的x坐标*/
```

也就是说,对结构的嵌套来说,按从左到右、从外到内的方式访问每个分量。

但是结构不能包含它自身的实例,例如,不能在 struct Student 的定义中声明 struct Student 类型的变量,而可以包含指向 struct Student 类型的指针。例如:

```
struct Student{
    char number[20];                /*学号*/
    char name[20];                  /*姓名*/
    char sex;
    double score;                   /*成绩*/
    struct Student * ptr;           /*指向自身的指针*/
};
```

这种在结构中包含了自身结构类型指针的成员的结构称为自引用结构。自引用结构用来建立不同类型的链接数据结构,如链表、队列、栈和树等。

9.3 结构数组

结构数组是指数组元素的类型是同一个结构类型。结构数组既可以在定义结构类型的同时定义,也可以先定义结构类型再定义数组。

对结构数组的初始化,可以按照结构成员初始化或者赋值的方法进行。例如:

```
struct Student{
    char number[20];
    char name[20];
    char sex;
    double score;
}stu[3]={{"99101", "Li", 'M', 87.5} {"99102", "Zhou Fun", 'M', 99}};
```

如果结构数组是部分被初始化,则剩余数组元素的初始化与对结构变量的初始化一样。如上面数组 stu 是部分初始化,它的第 3 个数组元素的成员所获得的值如下:

```
stu[2].number=""
stu[2].name=""
stu[2].sex='\0'
stu[2].score=0
```

例 9.5 输入二维平面上 10 个点的坐标,输出距原点最远的点的坐标及该点距原点的距离。假设满足条件的点有多个,结果保留两位小数。

输入样例:

1 2
3 4
5 6
7 8
9 10
11 12

```
13 14
15 16
20 34
-20 34
```

输出样例：

```
(20.00,34.00)39.45
(-20.00,34.00)39.45
```

实现代码如下。

```
1   struct Point{
2       double x;
3       double y;
4       double distance;
5   };
6   #include<stdio.h>
7   #include<math.h>
8   int main()
9   {
10      int k;
11      double max;
12      struct Point p[10];
13
14      /*找最远距离*/
15      scanf("%lf%lf", &p[0].x, &p[0].y);
16      p[0].distance=sqrt(p[0].x*p[0].x+p[0].y*p[0].y);
17      max=p[0].distance;
18      for(k=1; k<10; k++){
19          scanf("%lf%lf", &p[k].x, &p[k].y);
20          p[k].distance=sqrt(p[k].x*p[k].x+p[k].y*p[k].y);
21          if(max<p[k].distance){
22              max=p[k].distance;
23          }
24      }
25
26      /*输出*/
27      for(k=0; k<10; k++){
28          if(fabs(max-p[k].distance)<1e-5){
29              printf("(%.2f,%.2f)%.2f\n", p[k].x, p[k].y, p[k].distance);
30          }
31      }
32
33      return 0;
34  }
```

请注意,上面程序中的第 28 行 fabs(max-p[k].distance)<1e-5,这是因为在计算机领域,浮点数是近似的,严格判断浮点数是否相等非常危险。

例 9.6 编写对候选人得票进行统计的程序。设有 10 个投票人,3 个候选人,每次输入一个得票的候选人的名字,要求最后输出 3 个候选人的得票结果。

输入样例:

Li
Li
Li
Zhang
Fun
Zhang
Li
Li
Li
Li

输出样例:

Li:7
Zhang:2
Fun:1

实现代码如下。

```
1   #include<stdio.h>
2   #include<string.h>
3   struct Person{
4       char name[20];              /*姓名,为字符型数组*/
5       int count;                  /*得票数,为整型*/
6   }candidate[3]={"Li", 0, "Zhang", 0, "Fun", 0};    /*定义结构数组,并初始化*/
7   int main()
8   {
9       int i, j;
10      char name[20];
11
12      for(i=0; i<10; i++){        /*有10个投票人,每人投1票。要循环10次*/
13          scanf("%s", name);
14          for(j=0; j<3; j++){
15              if(strcmp(name, candidate[j].name)==0){
16                  candidate[j].count++;
17              }
18          }
19      }
20      for(i=0; i<3; i++){
21          printf("%5s:%d\n", candidate[i].name, candidate[i].count);
```

```
22        }
23
24        return 0;
25   }
```

提示：

(1) 初始化结构数组时,要注意初始化值与各个结构成员的数据类型的匹配。

(2) 使用结构数组与使用其他数组一样,采用循环结构比较便利。

9.4 结构指针

结构指针就是指向结构类型的指针变量。例如：

struct Point *p;

将 p 定义为一个指向 struct Point 类型的指针。*p 即为该结构,而(*p).x 和(*p).y 则是该结构的成员。其中,(*p).x 中的圆括号是必需的,因为结构成员运算符"."的优先级高,表达式*p.x 的含义等价于*(p.x),而 x 不是指针,所以该表达式是非法的。

点运算符(.)和箭头运算符(->)的优先级相同,结合性是从左至右,所以,对于下面的声明：

```
struct Point{
    double x;
    double y;
};
struct Rectangle{
    struct Point p1;
    struct Point p2;
};
struct Rectangle   r, * rp=&r;
```

表达式 r.p1.x、(r.p1).x、rp->p1.x 与(rp->p1).x 均是等价的。

例 9.7 写出下列程序的运行结果。

```
1    #include<stdio.h>
2    int main()
3    {
4        struct Point{
5            int x, y;
6        }a[4]={{1,2}, {3,3}, {5,10}, {12,8}};    /*定义结构数组并初始化*/
7        struct Point * p=a;
8
9        printf("%d ", p++->x);
10       printf("%d ", ++p->y);
11       printf("%d\n", (a+3)->x);
```

```
12
13      return 0;
14  }
```

运行结果：

1 4 12

【运行结果分析】

(1) 第 9 行的 p++ ->x：先读取指针 p 指向的对象，然后再执行 p 的加 1 操作。

(2) 第 10 行的 ++p -> y：先读取指针 p 指向的对象，然后再对 p 指向的对象执行加 1 操作。

(3) 第 11 行的 (a+3)-> x：读取相对指针 a 向下 3 个单元的对象。

例 9.8 写出下列程序的运行结果。

```
1   #include<stdio.h>
2   int main()
3   {
4       struct Student{
5           char * name;
6           double score;
7       }stu[5]={{"Zhangfen", 80}, {"Qiudong", 93}, {"Ningqiu", 100},
8           {"Boshi", 85}, {"Yulu", 70}};
9       struct Student * p=stu;
10
11      printf("%.1f\n", ++p->score);
12      printf("%.1f\n", (++p)->score);
13      printf("%.1f\n", (p++)->score);
14
15      printf("%c\n", * p->name);
16      printf("%c\n", * p->name++);
17      printf("%c\n", * p++->name);
18
19      return 0;
20  }
```

运行结果：

81.0
93.0
93.0
N
N
i

【运行结果分析】

(1) 第 11 行的 ++p->score：先做 p->score,得到 score;然后 score 加 1。

(2) 第 12 行的 (++p)->score：先指针 p 加 1;然后再做 p->score,得到 score。

(3) 第 13 行的 (p++)->score：先做 p->score,得到 score;然后指针 p 加 1。该表达式中的括号可以省略。

(4) 第 15 行的 *p->name：先做 p->name,得到一个指针;然后求此指针所指向的对象。

(5) 第 16 行的 *p->name++：先做 p->name,得到一个指针;然后求此指针所指向的对象;最后 p->name 这个指针加 1。

(6) 第 17 行的 *p++->name：先做 p->name,得到一个指针;然后求此指针所指向的对象;最后 p 这个指针加 1。

9.5 typedef

关键字 typedef 提供了一种机制：为已定义的数据类型创建别名。例如：

```
typedef int Length;
```

将 Length 定义为与 int 具有同等意义的名称。它可用于变量定义、类型转换等,它和类型 int 完全相同,例如：

```
Length    len, maxLen;
Length    * lengths[10];
```

结构类型的名称通常用 typedef 定义的,以建立较短的类型名称。例如：

```
typedef struct{
    int   year;
    int   month;
    int   day;
}Date;
```

用 typedef 是为已定义的数据类型创建别名,而不是创建新类型。例如,需用 4 个字节整型的程序可能在一个系统上使用 int 类型,而在另一个系统上使用 long 类型。具有可移植性的程序经常使用 typedef 来为 4 个字节整型创建别名,例如,typedef int Integer,这样可以在程序中只修改一次,就使得程序在两个系统上都可以运行。

注意：

(1) typedef 中定义的类型在变量名的位置出现。typedef 在语法上类似于存储类 extern、static 等。

(2) 一般作为 typedef 定义的类型名每个单词的首字母大写,以示区别。

(3) 实际上,typedef 类似于 #define 语句,但由于 typedef 是由编译器解释的,因此它的文本替换功能要超过预处理器的能力。

(4) 除了表达方式更简洁之外,使用 typedef 还有另外两个重要原因：一是,它可以使程序参数化,以提高程序的可移植性;二是,typedef 为程序提供了更好的说明。

9.6 结构与函数

我们可以把单个结构成员、整个结构或者结构指针传递给函数。这里，仍然符合 C 语言是以传值的方式将参数值传递给被调用函数的规范。

结构是一种用户自定义的数据类型，并不是 C 语言的基本数据类型。在函数中传递结构类型时，要在全局范围内先进行声明，其他函数才可以使用这种结构类型来定义变量。

例 9.9 定义一个结构变量，包括年、月、日成员。输入年、月、日，计算该日在本年中是第几天。

输入样例：

2006/3/12

输入样例：

71

【分析】 此题要注意闰年和非闰年的情况，非闰年时 2 月份是 28 天，闰年时 2 月份是 29 天，其他月份的天数相同。我们可以定义一个二维数组来表示每个月的天数：

	0	1	2	3	4	5	6	7	8	9	10	11	12
非闰年，第0行	0	31	**28**	31	30	31	30	31	31	30	31	30	31
闰年，第1行	0	31	**29**	31	30	31	30	31	31	30	31	30	31

这样，当非闰年时，使用第 0 行数据；闰年时，使用第 1 行数据。

实现代码如下。

```
1   #include<stdio.h>
2   typedef struct{
3       int year;
4       int month;
5       int day;
6   }Date;
7   int calDay(Date x);                    /*函数声明*/
8   int main()
9   {
10      Date x;
11      int totalDay;
12
13      scanf("%d/%d/%d", &x.year, &x.month, &x.day);
14      totalDay=calDay(x);
15      printf("%d\n", totalDay);
16
17      return 0;
```

```
18  }
19  int calDay(Date x)
20  {
21      int i, leap;
22      int dayTab[2][13]={
23      {0, 31, 28, 31, 30, 31, 30, 31, 31, 30, 31, 30, 31},    /*非闰年时每月的天数*/
24      {0, 31, 29, 31, 30, 31, 30, 31, 31, 30, 31, 30, 31}     /*闰年时每月的天数*/
25      };
26
27      leap= (x.year%4==0 && x.year%100!=0)|| x.year%400==0;
28      for(i=1; i<x.month; i++){
29          x.day+=dayTab[leap][i];
30      }
31
32      return x.day;
33  }
```

9.7 单 链 表

链表是通过自引用结构的指针链接而形成的线性集合,这些结构称为结点,结点可以包含任意类型的数据,甚至包含其他结构。

链表的每个结点都是根据需要而创建的。链表的结点通常在内存中是不连续存储的,然而,从逻辑上来说,链表的结点是连续的。

为了正确地表示结点间的逻辑关系,必须在存储每个数据元素值的同时,存储指示其后继结点的地址信息。所以结点包括两个域:数据域和指针域。数据域用来存储结点的值,可有多个数据;指针域用来存储数据元素的直接后继的地址或直接前驱的地址,可有多个指针,如图9-2所示。

图 9-2 单链表的结点结构

链表分为单链表和双链表。在此,我们只介绍单链表,即指针域只有一个指针。

为了操作方便,可以在单链表的第一个结点之前附设一个头结点。头结点的数据域可以存储一些关于链表长度的附加信息,也可以什么都不存储,头结点的指针域中的指针存储指向第一个结点的地址。头指针指向头结点。

如果单链表空,则头结点的指针域中的指针为"空"。带头结点的空单链表和非空单链表如下所示。

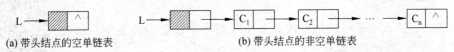

(a) 带头结点的空单链表　　　　　(b) 带头结点的非空单链表

对单链表的操作有:创建、输出、插入与删除等常用操作。在介绍这些操作之前,我们首先声明一个结构:

```
typedef struct Student{
    int number;              → 数据域，有两个数据。
    double score;
    struct Student *next;    → 指针域，有一个指针。
                                用于存储直接后继的地址。
}Student;
```

9.7.1 单链表的创建

单链表的创建就是创建带头结点的空单链表。
实现代码如下。

```
1  Student * createList()
2  {
3      Student * L;
4      L=(Student *)malloc(sizeof(Student));
5      L->next=NULL;
6      return L;
7  }
```

9.7.2 单链表的输出

输出链表，就是将链表中的各结点的数据依次输出，这需要遍历整个链表。步骤如下：

Step1　首先要知道单链表的头指针，然后设一个指针变量 p，让它指向第一个结点。
Step2　如果 p 非空，则输出 p 所指向的结点的数据，然后做 Step3；否则结束。
Step3　使 p 后移，指向下一个结点。重复 Step2。

实现代码如下。

```
1   void outputList(Student * L)
2   {
3       Student *p;
4
5       p=L->next;                    /*指针变量p指向第一个结点*/
6       while(p!=NULL){
7           printf("%d %.1f\n", p->number, p->score);
8           p=p->next;                /*p后移一位,指向下一个结点*/
9       }
10  }
```

9.7.3 单链表的插入

单链表的插入是指将新结点按要求插入到一个已有的链表中。插入结点的原则是：先链接，后断开。

单链表的插入一般有三种情况：(1)插入的结点作为单链表的第 1 个

结点,称为头插法;(2)插入的结点作为单链表的尾结点,称为尾插法;(3)插入的结点按要求插在指定的位置,这种情况包括了前面两种。接着下来我们分别讨论它们的实现。

1. 头插法

头插法创建单链表的图示过程如下:

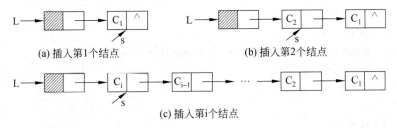

实现代码如下。

```
1   void insertHead(Student * L, int number, double score)
2   {
3       Student * s;
4
5       /* 开辟空间 */
6       s=(Student * )malloc(sizeof(Student));
7       s->number=number;
8       s->score=score;
9
10      /* 链接 */
11      s->next=L->next;
12      L->next=s;
13  }
```

2. 尾插法

尾插法创建单链表的图示过程如下:

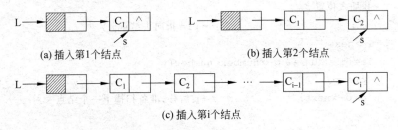

实现代码如下。

```
1   void insertTail(Student * L, int number, double score)
2   {
3       Student * pre, * p, * s;
4
5       /* 找尾部 */
6       pre=L;
```

```
  7      p=L->next;
  8      while(p!=NULL){
  9          pre=p;
 10          p=p->next;
 11      }
 12
 13      /*开辟空间*/
 14      s=(Student *)malloc(sizeof(Student));
 15      s->number=number;
 16      s->score=score;
 17
 18      /*链接*/
 19      s->next=pre->next;
 20      pre->next=s;
 21  }
```

3. 按要求插在指定的位置

假设,链表上的结点按学号由小到大排列,新结点插入后要保证此排列顺序不变。步骤如下:

Step1　引进一个辅助指针pre,它将指向新结点将插入的位置的前驱。
Step2　查找插入位置。
Step3　插入新结点。

实现代码如下。

```
  1  /*链表的插入函数*/
  2  void  insertList(Student * L, int number, double score)
  3  {
  4      Student * pre, * p, * s;
  5
  6      /*找插入位置*/
  7      pre=L;                      /*pre指向头结点*/
  8      p=L->next;
  9      while(p!=NULL && p->number<number){
 10          pre=p;
 11          p=p->next;              /*p后移,准备扫描下一个结点*/
 12      }
 13
 14      /*开辟空间*/
 15      s=(Student *)malloc(sizeof(Student));
 16      s->number=number;
 17      s->score=score;
 18
 19      /*插入新结点*/
 20      s->next=pre->next;
```

```
21        pre->next=s;
22   }
```

9.7.4 单链表的删除

单链表的删除是指从链表中删除符合要求的结点,即把该结点从链表中分离出来,撤销原来的链接关系而建立新的链接关系。删除结点的原则是:先链接,后断开。

在带头结点的单链表 L 中删除符合要求的结点,步骤如下:

Step1 引进一个辅助指针 pre,它将指向将要被删除的结点的前驱。
Step2 查找将要被删除的结点。
Step3 如果找到,删除此结点并返回 1;否则返回 0。

实现代码如下。

```
1   /*链表的删除函数。要删除指定的学号*/
2   int deleteList(Student * L, int number)
3   {
4       Student * pre, * p;
5   
6       /*查找将要被删除的结点*/
7       pre=L;
8       p=L->next;
9       while(p!=NULL && p->number!=number){
10          pre=p;
11          p=p->next;
12      }
13  
14      if(p==NULL){
15          return 0;
16      }
17      else{                       /*被删除的结点存在,并且p指向它*/
18          pre->next=p->next;
19          free(p);
20          return 1;
21      }
22  }
```

9.7.5 链表的综合操作

例 9.10 已知有 N 个学生,学生的信息由学号、1 门课的成绩构成。现要求:(1)创建一个包含 N 个学生的单链表;(2)输出单链表中所有学生的数据;(3)从单链表中删除符合要求的结点。

输入样例:

1 90

3 85
6 93
10 67
0
3
0

输出样例:

链表的创建.
输入学号和分数,生成结点挂到链表上,直到输入的学号为0为止.
1 90.0
3 85.0
6 93.0
10 67.0
链表的删除.
输入学号,删除与此学号相符的结点,直到输入0为止.
1 90.0
6 93.0
10 67.0

【分析】 将以上单链表的创建、输出、插入、删除这些函数组织在一个C程序中,用main()函数作主调函数。

实现代码如下。

```
1   #include<stdio.h>
2   #include<stdlib.h>
3   int main()
4   {
5       int number;
6       double score;
7       Student *L;
8
9       printf("链表的创建.\n");
10      L=createList();                /*初始化单链表*/
11      printf("输入学号和分数,生成结点挂到链表上,直到输入的学号为0为止.\n");
12      while(scanf("%d", &number)&& number!=0){
13          scanf("%lf", &score);
14          insertList(L, number, score);
15      }
16
17      outputList(L);                 /*输出链表*/
18
19      printf("链表的删除.\n");
20      printf("输入学号,删除与此学号相符的结点,直到输入0为止.\n");
21      while(scanf("%d", &number)&& number!=0){
```

```
22              deleteList(L, number);
23          }
24          outputList(L);              /*输出链表*/
25
26          return 0;
27      }
```

本程序执行时的主要图示如下。

(1) 链表的创建。在链表上,依次插入学号为 1、3、6、10 的结点。

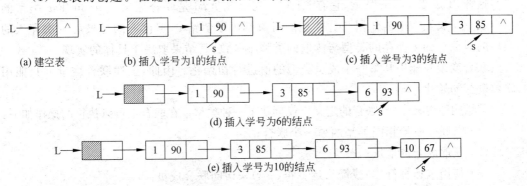

(2) 链表的删除。删除学号为 3 的结点,图示如下。

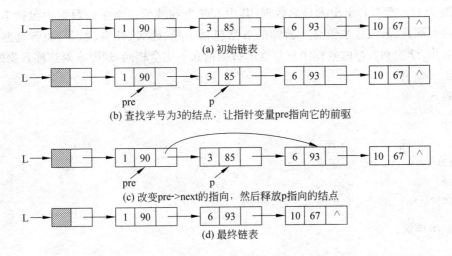

9.8 联　　合

联合是一种派生的数据类型,它的成员共享存储空间。

联合的所有成员相对于基地址的偏移量都为 0,此结构空间要大到足够容纳最"宽"的成员(也就是占字节数最多的成员),并且,其对齐方式要适合于联合中所有类型的成员。存储联合所需要的字节数依赖于系统。要把联合移植到其他计算机系统上不是很容易,这依赖于给定的系统上联合成员的数据类型保存时所使用的对齐方式。

在多数情况下,联合包含两个或两个以上的成员;但每次只能引用一个成员。

联合的目的是使一个变量可以合法地保存多种数据类型中的任何一种类型。用关键字 union 定义联合，联合的定义形式与结构相同。例如：

```
union Tag{
    int i;
    float f;
    char * s;
}u;
```

这样，Tag 是 union 类型，它有 i、f 和 s 三个成员；u 是联合变量。union Tag 类型的三个成员所属类型中的任何一种类型的对象都可赋值给 u，但读取的是最后一次存入的类型的对象。如果保存的类型与读取的类型不一致，其结果取决于具体的实现。

联合变量只能用其第一个成员类型的值进行初始化。因此，上述联合变量 u 只能用整数进行初始化。

与结构的定义一样，联合的定义仅仅创建了一种类型。在联合上可以执行的操作如下：
(1) 将联合赋给相同类型的另一个联合；
(2) 获取联合的地址；
(3) 使用点运算符(.)或箭头运算符(->)来访问联合成员。

注意：联合变量不能用运算符==和!=来比较，原因与结构变量不能进行比较相同。

例 9.11 现有若干个人员的数据，其中有学生和教师。学生的数据中包括学号、姓名、性别、职业、班级这些信息。教师的数据包括工号、姓名、性别、职业、职务这些信息。可以看出，学生和教师的数据中所包含的数据信息不完全相同，现要求对这些数据进行统一的输入输出。

输入样例：

```
101    Li      f    s    501
102    Wang    m    t    prof
105    He      f    t    instr
107    Hu      m    t    aprof
108    geng    f    s    510
```

输出样例：

```
No.    name    sex   job   banji/position
101    Li      f     s     501
102    Wang    m     t     prof
105    He      f     t     instr
107    Hu      m     t     aprof
108    geng    f     s     510
```

【分析】

(1) 输入数据。读入编号、姓名、性别、职业。如果职业为学生，则读入班级；否则职业为教师，读入职务。

（2）输出数据。输出编号、姓名、性别、职业。如果职业为学生,输出班级;否则职业为教师,输出职务。

实现代码如下。

```
1   #include<stdio.h>
2   #define N 5
3   struct Member{
4       int number;
5       char name[20];
6       char sex;
7       char job;
8       union{
9           int banji;
10          char position[20];
11      }category;
12  }person[N];
13  int main()
14  {
15      int i;
16
17      for(i=0; i<N; i++){
18          scanf("%d %s %c %c", &person[i].number, person[i].name,
19              &person[i].sex, &person[i].job);
20          if(person[i].job=='s'){
21              scanf("%d", &person[i].category.banji);
22          }
23          else{
24              scanf("%s", person[i].category.position);
25          }
26      }
27
28      printf("No. name sex job banji/position\n");
29      for(i=0; i<N; i++){
30          printf("%-4d%-5s%-4c%-4c",person[i].number, person[i].name,
31              person[i].sex, person[i].job);
32          if(person[i].job=='s'){
33              printf("%-6d\n", person[i].category.banji);
34          }
35          else{
36              printf("%-6s\n", person[i].category.position);
37          }
38      }
39
40      return 0;
```

41   }

9.9 枚　　举

枚举类型是 ANSI C 标准新增加的。如果一个变量有几种可能的值，则可以定义为枚举类型。所谓"枚举"是将变量的值一一列举出来，变量的值只限于列举出来的值的范围。由关键字 enum 定义的枚举是用标识符表示的一组整数常量。

9.9.1　枚举类型的定义

枚举类型的定义非常类似于结构，它由关键字 enum 引入。例如：

```
enum 枚举名{
    枚举值表
};
```

枚举名是可选的。在枚举值表中要罗列出所有可用值，这些值也称为枚举元素。例如：

```
enum Weekday{SUN, MON, TUE, WED, THU, FRI, SAT};
```

它创建了一种新类型 enum Weekday，它的枚举值共有 7 个，即一周中的七天。凡被说明为 enum Weekday 类型的变量，它的取值只能是这七天中的某一天。

枚举中的枚举元素的值从 0 开始，依次增加 1。例如：

```
enum Weekday{SUN, MON, TUE, WED, THU, FRI, SAT};
```

那么，SUN=0、MON=1、TUE=2、WED=3、THU=4、FRI=5、SAT=6。

在定义枚举类型时，可以对枚举元素赋值。多个枚举元素可以具有相同的值。例如：

```
enum Weekday{SUN=1, MON=1, TUE, WED, THU=5, FRI, SAT};
```

那么，SUN=1、MON=1、TUE=2、WED=3、THU=5、FRI=6、SAT=7。

枚举元素的标识符必须是唯一的。

枚举元素是常量，不是变量，不能在程序中用赋值语句再对它赋值。例如，对枚举类型 enum Weekday 的元素再作以下赋值：

```
SUN=5;
MON=2;
SUN=MON;
```

都是错误的。

9.9.2　枚举变量的定义

枚举变量的定义有以下两种方式。

（1）在定义枚举类型的同时定义枚举变量：

```
enum Weekday{SUN, MON, TUE, WED, THU, FRI, SAT}a, b, c;    /*有枚举名*/
```

或:

```
enum{SUN, MON, TUE, WED, THU, FRI, SAT}a, b, c;            /*无枚举名*/
```

(2) 先定义枚举类型再定义枚举变量:

```
enum Weekday{SUN, MON, TUE, WED, THU, FRI, SAT};
enum Weekday a, b, c;
```

9.9.3 对枚举变量的操作

一个整数不能直接赋给一个枚举变量,只能把枚举元素赋给枚举变量。例如:

```
a=0;
b=1;
```

是错误的,而:

```
a=SUN;
b=MON;
```

是正确的。

如果一定要把整数赋给枚举变量,则必须采用强制类型转换。例如:

```
a= (enum Weekday)0;
```

其意义是将顺序号为 0 的枚举元素赋给枚举变量 a,等价于: a=SUN;

对枚举元素做加法运算,结果是整数。例如:

```
b=SUN+1;
```

是错误的,而:

```
b= (enum Weekday)(SUN+1);
```

是正确的。

枚举变量可以用来作判断比较。

例 9.12 有一个口袋,它装有红、蓝、白 3 种颜色的球若干。每次从口袋中先后取出 3 个球,问得到 3 种不同颜色的球的可能取法,输出每种排列的情况。

输入样例:
本题无输入。

输出样例:

```
1    red     blue    white
2    red     white   blue
3    blue    red     white
4    blue    white   red
```

```
5   white      red       blue
6   white      blue      red
total: 6
```

实现代码如下。

```
1   #include<stdio.h>
2   typedef enum{RED, BLUE, WHITE}Color;
3   void output(Color x);
4   int main()
5   {
6       int n;
7       Color i, j, k;
8
9       n=0;
10      for(i=RED; i<=WHITE; i=(Color)(i+1)){
11          for(j=RED; j<=WHITE; j=(Color)(j+1)){
12              if(j!=i){
13                  for(k=RED; k<=WHITE; k=(Color)(k+1)){
14                      if(k!=i && k!=j){
15                          n=n+1;
16                          printf("%-4d",n);
17                          output(i);
18                          output(j);
19                          output(k);
20                          printf("\n");
21                      }
22                  }
23              }
24          }
25      }
26      printf("total: %d\n", n);
27
28      return 0;
29  }
30  void output(Color x)
31  {
32      switch(x){
33          case RED:
34              printf("%-10s", "red");
35              break;
36          case BLUE:
37              printf("%-10s", "blue");
38              break;
39          case WHITE:
```

```
40              printf("%-10s", "white");
41              break;
42      }
43  }
```

9.10 应用实例：学生成绩管理

例 9.13 学生信息由学号、姓名、性别、3 门课的成绩、平均成绩和总成绩构成。学生数不超过 100。写一个处理学生信息的程序，要求有如下功能：

（1）插入学生信息，命令格式如下：

Insert number name sex score1 score1 score3

表示插入一个学生信息。插入后显示插入的学生信息，格式如下：

学号 姓名 性别 成绩 1 成绩 2 成绩 3 平均成绩 总成绩

说明：数据中间由一个空格分开，成绩保留一位小数。

（2）显示所有学生信息，命令格式如下：

List

按照输入的顺序依次显示所有学生信息，每个学生信息一行，格式如下：

学号 姓名 性别 成绩 1 成绩 2 成绩 3 平均成绩 总成绩

说明：数据中间由一个空格分开，所有成绩保留一位小数。

（3）退出程序，命令格式如下：

Quit

输出"Good bye!"后结束程序。输入的最后一条命令总是 Quit。

输入样例：

Insert 09002 wangwu M 78 72 77.5
Insert 09003 lisi M 68 62 67.5
Insert 09001 zhanghong F 78 82 87.5
List
Quit

输出样例：

09002 wangwu M 78.0 72.0 77.5 75.8 227.5
09003 lisi M 68.0 62.0 67.5 65.8 197.5
09001 zhanghong F 78.0 82.0 87.5 82.5 247.5
09002 wangwu M 78.0 72.0 77.5 75.8 227.5
09003 lisi M 68.0 62.0 67.5 65.8 197.5
09001 zhanghong F 78.0 82.0 87.5 82.5 247.5

Good bye!

9.10.1 用结构数组实现

实现代码如下。

```
1   /*第1步:声明结构*/
2   typedef struct{
3       char number[20];               /*学号,为字符数组*/
4       char name[20];                 /*姓名,为字符数组*/
5       char sex;                      /*性别,为字符类型*/
6       double score[3];               /*3门课成绩,为双精度浮点类型数组*/
7       double average;                /*平均成绩,为双精度浮点类型*/
8       double sum;                    /*总成绩,为双精度浮点类型*/
9   }Student;
10  /*第2步:写一个函数,用于输入单个学生信息*/
11  #include<stdio.h>
12  void inputSingle(Student * p)
13  {
14      int j;
15      scanf("%s %s %c", p->number, p->name, &p->sex);
16      p->sum=0;
17      for(j=0; j<3; j++){
18          scanf("%lf", &p->score[j]);
19          p->sum+=p->score[j];
20      }
21      p->average=p->sum/3;
22  }
23  /*第3步:写一个函数,用于输出单个学生信息*/
24  void outputSingle(Student * p)
25  {
26      int j;
27      printf("%s %s %c ", p->number, p->name, p->sex);
28      for(j=0; j<3; j++){
29          printf("%.1f ", p->score[j]);
30      }
31      printf("%.1f %.1f\n", p->average, p->sum);
32  }
33  /*第4步:写一个函数,用于输出n个学生信息*/
34  void outputArray(Student * p, int n)
35  {
36      int i;
37      for(i=0; i<n; i++){
38          outputSingle(&p[i]);
39      }
```

```
40  }
41  /*第5步:写main函数进行测试*/
42  #include<string.h>
43  int main()
44  {
45      int n;
46      char order[10];
47      Student s;
48      Student stu[100];
49
50      n=0;
51      while(1){
52          scanf("%s", order);
53          if(strcmp(order, "Insert")==0){
54              inputSingle(&s);
55              outputSingle(&s);
56              stu[n]=s;
57              n++;
58          }
59          else if(strcmp(order, "List")==0){
60              outputArray(stu, n);
61          }
62          else{
63              printf("Good bye!\n");
64              break;
65          }
66      }
67      return 0;
68  }
```

9.10.2 用单链表实现

实现代码如下。

```
1   /*第1步:声明结构*/
2   typedef struct Student{
3       char number[20];        /*学号,为字符数组*/
4       char name[20];          /*姓名,为字符数组*/
5       char sex;               /*性别,为字符类型*/
6       double score[3];        /*3门课成绩,为双精度浮点类型数组*/
7       double average;         /*平均成绩,为双精度浮点类型*/
8       double sum;             /*总成绩,为双精度浮点类型*/
9       struct Student * next;  /*指针域。只有一个指针*/
10  }Student;
11  /*第2步:写一个函数,用于输入单个学生信息*/
```

```c
12  #include<stdio.h>
13  void inputSingle(Student *s)
14  {
15      int j;
16      scanf("%s %s %c", s->number, s->name, &s->sex);
17      s->sum=0;
18      for(j=0; j<3; j++){
19          scanf("%lf", &s->score[j]);
20          s->sum+=s->score[j];
21      }
22      s->average=s->sum/3;
23  }
24  /* 第3步:写一个函数,用于输出单个学生信息 */
25  void outputSingle(Student *s)
26  {
27      int j;
28      printf("%s %s %c", s->number, s->name, s->sex);
29      for(j=0; j<3; j++){
30          printf(" %.2lf", s->score[j]);
31      }
32      printf(" %.1f %.1f\n", s->average, s->sum);
33  }
34  /* 第4步:写一个函数,用于创建带头结点的空单链表 */
35  #include<stdlib.h>
36  Student * createList()
37  {
38      Student *L;
39      L=(Student *)malloc(sizeof(Student));
40      L->next=NULL;
41      return L;
42  }
43  /* 第5步:写一个函数,用于在单链表中插入结点 */
44  void insertTail(Student *L, Student *s)
45  {
46      Student *pre, *p;
47  
48      /* 找尾部 */
49      pre=L;
50      p=L->next;
51      while(p!=NULL){
52          pre=p;
53          p=p->next;
54      }
55  
```

```
56      /*链接*/
57      s->next=pre->next;
58      pre->next=s;
59  }
60  /*第6步:写一个函数,用于输出单链表*/
61  void outputList(Student * L)
62  {
63      Student * p;
64
65      p=L->next;
66      while(p!=NULL){
67          outputSingle(p);
68          p=p->next;                          /*p后移一位,指向下一个结点*/
69      }
70  }
71  /*第7步:写main函数,用于进行测试*/
72  #include<string.h>
73  int main()
74  {
75      char order[10];
76      Student * L, * s;
77
78      /*创建带头结点的空单链表*/
79      L=createList();
80
81      while(1){
82          scanf("%s", order);
83          if(strcmp(order, "Insert")==0){
84              s=(Student *)malloc(sizeof(Student));    /*s指向开辟的空间*/
85              inputSingle(s);
86              outputSingle(s);
87              insertTail(L, s);
88          }
89          else if(strcmp(order, "List")==0){
90              outputList(L);
91          }
92          else{
93              printf("Good bye!\n");
94              break;
95          }
96      }
97      return 0;
98  }
```

练 习

一、单项选择题

1. 有如下定义

```
struct Person{
    char name[9];
    int age;
};
struct Person p1[10]={"Johu",17,"Paul",19,"Mary",18,"Adam",16};
```

根据上述定义,能输出字母 M 的语句是(   )。
A. prinft("%c\n", p1[3].name);
B. printf("%c\n", p1[3].name[1]);
C. prinft("%c\n", p1[2].name[1]);
D. printf("%c\n", p1[2].name[0]);

2. 已知

```
struct Point{
    int x;
    int y;
};
struct Rect{
    struct Point pt1;
    struct Point pt2;
};
struct Rect rt;
struct Rect *rp=&rt;
```

则下面哪一种引用是不正确的(   )。
A. rt.pt1.x   B. (*rp).pt1.x   C. rp->pt1.x   D. rt->pt1.x

3. 下列程序的运行结果是(   )。

```
#include<stdio.h>
#include<string.h>
struct A{
    int a;
    char b[10];
    double c;
};
struct A fun(struct A t);
int main()
{
    struct A a={1001, "ZhangDa", 1098.0};
```

```
        a=fun(a);
        printf("%d,%s,%6.1f\n", a.a, a.b, a.c);
        return 0;
    }
    struct A fun(struct A t)
    {
        t.a=1002;
        strcpy(t.b, "ChangRong");
        t.c=1202.0;
        return t;
    }
```

  A. 1001,ZhangDa,1098.0   B. 1001,ZhangDa,1202.0

  C. 1001,ChangRong,1098.0 D. 1002,ChangRong,1202.0

4. 下列程序的运行结果是(　　)。

```
    #include<stdio.h>
    struct St{
        int x, y;
    }data[2]={1, 10, 2, 20};
    int main()
    {
        struct St *p=data;
        printf("%d,", ++p->x);
        printf("%d,", p->y);
        printf("%d\n", (++p)->x);
        return 0;
    }
```

  A. 2,10,1 B. 1,20,1 C. 2,10,2 D. 1,20,2

5. 程序段如下：

```
    struct St{
        int x;
        int *y;
    }*pt;
    int a[]={1, 2};
    int b[]={3, 4};
    struct St c[2]={10, a, 20, b};
    pt=c;
```

  以下选项中表达式的值为 11 的是(　　)。

  A. *pt->y B. pt->x C. ++pt->x D. (pt++)->x

6. 有以下结构定义、变量定义和赋值语句

  struct Std{

```
        char  name[10];
        int   age;
        char  sex;
}s[5], *ps;
ps=&s[0];
```

则以下 scanf()函数调用语句中错误引用结构变量成员的是( )。

A. scanf("%s", s[0].name);   B. scanf("%d", &s[0].age);
C. scanf("%c", &(ps->sex));   D. scanf("%d", ps->age);

7. 结构定义和变量定义如下：

```
struct  Worker{
    int   no;
    char  *name;
}work, *p=&work;
```

则以下引用方法不正确的是( )。

A. work.no   B. (*p).no   C. p->no   D. work->no

8. 对于以下的变量定义,表达式( )不符合C语言语法。

```
struct  Node{
    int   len;
    char  *pk;
}x={2, "right"}, *p=&x;
```

A. p->pk   B. *p.pk   C. *p->pk   D. *x.pk

9. 设有如下定义：

```
struct  St{
    int   a;
    float  b;
}st1, *pst;
```

若有 pst=&st1；则下面引用正确的是( )。

A. (*pst.st1.b)   B. (*pst).b   C. pst->st1.b   D. pst.st1.b

10. 若有以下定义及语句：

```
struct  S1{
    char  a[3];
    int   num;
}t={'a', 'b', 'c', 4}, *p;
p=&t;
```

则输出值为 c 的语句是( )。

A. printf("%c\n", p->t.a[2]);   B. printf("%c\n",(*p).a[2]);
C. printf("%c\n", p->a[3]);   D. printf("%c\n",(*p).t.a[2]);

11. 已知学生记录描述为：

```
struct Student{
    int no;
    char name[20];
    char sex;
    struct{
        int year;
        char month[20];
        int day;
    }Birth;
};
struct Student s;
```

设变量 s 中的"生日"应是"1984 年 11 月 11 日",下列对"生日"的正确赋值方式是(　　)。

A.
　　s.birth.year=1984;
　　s.birth.month="11";
　　s.birth.day=11;

B.
　　s.birth.year=1984;
　　s.birth.month=11;
　　s.birth.day=11;

C.
　　s.birth.year=1984;
　　strcpy(s.birth.month,"11");
　　s.birth.day=11;

D.
　　s.birth.year=1984;
　　s.birth.month[]={"11"};
　　s.birth.day=11;

12. 以下关于 typedef 的叙述错误的是(　　)。
　　A. 用 typedef 可以增加新类型
　　B. typedef 只是将已存在的类型用一个新的名字来代表
　　C. 用 typedef 可以为各种类型说明一个新名,但不能用来为变量说明一个新名
　　D. 用 typedef 为类型说明一个新名,通常可以增加程序的可读性

13. 设有如下说明,则以下选项中,能正确定义结构数组并赋初值的语句是(　　)。

```
typedef struct{
    int n;
    char c;
    double x;
}Std;
```

　　A. Std tt[2]={ {1,'A',62}, {2,'B',75} };
　　B. Std tt[2]={1, "A", 62, 2, "B", 75};
　　C. struct tt[2]={{1, 'A'}, {2, 'B'} };
　　D. struct tt[2]={{1, "A", 62.5}, {2, "B", 75.0} };

14. 对于以下结构定义,++p->str 中的++加在(　　)。

```
struct{
    int len;
    char *str;
```

}*p;

A. 指针 str 上　　B. 指针 p 上　　C. str 指的内容上　　D. 以上均不是

15. 下列程序的运行结果是(　　)。

```
#include<stdio.h>
struct Tt{
    int  x;
    struct Tt  * y;
}*p;
struct Tt a[4]={20, a+1, 15, a+2, 30, a+3, 17, a};
int main()
{
    int  i;
    p=a;
    for(i=1; i<=2; i++){
        printf("%d,", p->x);
        p=p->y;
    }
    return 0;
}
```

A. 20,30,　　B. 30,17　　C. 15,30,　　D. 20,15,

16. 下列程序的运行结果是(　　)。

```
#include<stdio.h>
#include<string.h>
typedef struct{
    char  name[9];
    char  sex;
    float  score[2];
}Stu;
Stu  fun(Stu a);
int main()
{
    Stu  d;
    Stu  c={"Qian", 'f', 95.0, 92.0};
    d=fun(c);
    printf("%s,%c,%.0f,%.0f\n", d.name, d.sex, d.score[0], d.score[1]);
    return 0;
}
Stu  fun(Stu a)
{
    int  i;
    Stu  b={"Zhao", 'm', 85.0, 90.0};
    strcpy(a.name, b.name);
```

```
        a.sex=b.sex;
        for(i=0; i<2; i++){
            a.score[i]=b.score[i];
        }
        return a;
    }
```

  A. Qian,f,95,92 B. Qian,m,85,90 C. Zhao,m,85,90 D. Zhao,f,95,92

17. 以下正确的描述是( )。

  A. 对联合初始化时,只能用第一个成员类型的值进行初始化,每一瞬时起作用的成员是最后一次为其赋值的成员

  B. 结构可以比较,但不能将结构类型作为函数返回值类型

  C. 函数定义可以嵌套

  D. 关键字 typedef 用于定义一种新的数据类型

二、填空题

1. 设有下列登记表,采用最佳方式对它进行类型定义。

姓名	性别	出生年月			家庭收入状况			家庭收入状况标记
		年	月	日	低收入	中等收入	高收入	

  姓名用 name 表示,性别用 sex 表示,出生年月用 birthDay 表示,年用 year 表示,月用 month 表示,日用 date 表示,家庭收入状况用 salary 表示,低收入用 low 表示,中等收入用 middle 表示,高收入用 high 表示,家庭收入状况标记用 mark 表示。

2. 以下程序把三个 NodeType 型的变量链接成一个简单的链表,并在 while 循环中输出链表结点数据域中的数据,请填空。

```
#include<stdio.h>
struct Node{
    int data;
    struct Node *next;
};
typedef struct Node NodeType;
int main()
{
    NodeType a, b, c;
    NodeType *h, *p;

    a.data=10;   b.data=20;   c.data=30;
    a.next=&b;   b.next=&c;   c.next=NULL;
    h=&a;
    p=h;
    while(p!=NULL){
        printf("%d ", p->data);
```

```
            (_____);
    }
    printf("\n");
    return 0;
}
```

三、写出下列程序的运行结果

1.

```c
#include<stdio.h>
struct Stu{
    char  num[10];
    float score[3];
};
int main()
{
    int  i;
    float  sum=0;
    struct  Stu  s[3]={{"20021", 90, 95, 85},
    {"20022", 95, 80, 75}, {"20023", 100, 95, 90}};
    struct  Stu  *p=s;
    for(i=0; i<3; i++){
        sum=sum+p->score[i];
    }
    printf("%6.2f\n", sum);
    return 0;
}
```

2.

```c
#include<stdio.h>
struct Name{
    char  first[20];
    char  last[20];
};
struct Beam{
    int  limbs;
    struct  Name  title;
    char  ty[30];
};
int main()
{
    struct  Beam  deb={6, {"Berbnazel", "Gwolkapwolk"}, "Arcturan"};
    struct  Beam  *pb=&deb;
    printf("%d\n", deb.limbs);
    printf("%s\n", pb->ty);
```

```
        printf("%s\n", pb->ty+2);
        return 0;
}
```

3.

```c
#include<stdio.h>
int main()
{
    struct  S1{
        char   c[4];
        char   *s;
    }s1={"abc", "def"};
    struct  S2{
        char   *cp;
        struct  S1  ss1;
    }s2={"ghi", {"jkl", "mno"}};
    printf("%c,%c\n", s1.c[0], *s1.s);
    printf("%s,%s\n", s1.c, s1.s);
    printf("%s,%s\n", s2.cp, s2.ss1.s);
    printf("%s,%s\n", ++s2.cp, ++s2.ss1.s);
    return 0;
}
```

4.

```c
struct  Date{
    int   year;
    int   month;
    int   day;
};
#include<stdio.h>
void  func(struct Date *p);
int main()
{
    struct  Date  d={1999, 4, 23};
    printf("%d,%d,%d\n",d.year, d.month, d.day);
    func(&d);
    printf("%d,%d,%d\n",d.year, d.month, d.day);
    return 0;
}
void  func(struct Date *p)
{
    p->year=2000;
    p->month=5;
    p->day=22;
```

}

四、程序设计题

1. 给定一组点(最多 31 个点),求距离最远的两个点之间的距离,结果保留 4 位小数。

输入样例:

6
34.0 23.0
28.1 21.6
14.7 17.1
17.0 27.2
34.7 67.1
29.3 65.1

输出样例:

53.8516

2. 写一个程序,要求有如下几个函数:

(1) 输入 10 个职工的职工号和姓名;

(2) 按职工号由小到大排序;

(3) 要求输入一个职工号,用折半查找法查找职工。如果找到,则输出该职工的信息;如果找不到则输出"Not Found!"。

输入样例:

3 b
11 aa
32 ss
23 ww
54 we
34 sd
12 qw
78 df
26 xc
79 gh
11

输出样例:

After sorting:
3 b
11 aa
12 qw
23 ww
26 xc

```
32 ss
34 sd
54 we
78 df
79 gh
Finded:
11 aa
```

3. 已有 a、b 两个链表，链表的每个结点包含学号、成绩两个数据域，现对它们进行合并，合并后的链表按学号升序排列。说明：(1)如果输入 2 个零，则输入结束；(2)如果链表空，则输出"LinkList is NULL. "。

输入样例：

```
7,90
3,89
1,98
0,0
10,93
2,56
8,88
0,0
```

输出样例：

```
--->(1,98)--->(3,89)--->(7,90)
--->(2,56)--->(8,88)--->(10,93)
--->(1,98)--->(2,56)--->(3,89)--->(7,90)--->(8,88)--->(10,93)
```

4. 已有 a、b 两个链表，链表的每个结点包含学号、姓名两个数据域，从 a 链表中删去与 b 链表相同学号的那些结点。说明：学号小于等于零时结束输入。

输入样例：

```
10 one
11 two
12 three
-1
10 one
12 three
14 four
-1
```

输出样例：

```
11 two
```

第 10 章

位 运 算

本章要点：
- 原码、反码和补码；
- 位运算符；
- 各种位运算的规则；
- 位域的概念。

C 语言与其他高级语言相比，一个比较有特色的地方就是位运算，利用位运算可以实现许多汇编语言才能实现的功能。

位运算符只能处理带符号或无符号的整数操作数（char、short、int 与 long 类型），通常位运算符用来处理无符号整数。

10.1　原码、反码和补码

计算机内部处理的信息，都是采用二进制（binary）来表示的，二进制数用 0 和 1 两个数字及其组合来表示任何数。进位规则是"逢 2 进 1"。

在计算机系统中，数值一律用补码来表示（存储），主要原因是，使用补码可以将符号位和其他位统一处理；同时，减法也可按加法来处理。另外，两个用补码表示的数相加时，如果最高位（符号位）有进位，则进位被舍弃。

对于有符号的数而言，二进制的最高位是符号位：0 表示正数，1 表示负数。

已知一个数的原码，求补码的操作分两种情况：

（1）如果原码的符号位为"0"，表示是一个正数，则补码就是该数的原码。

（2）如果原码的符号位为"1"，表示是一个负数，求补码的操作为：符号位为 1 保持不变，其余各位取反，然后再整个数加 1。

假设，整型为 32 位。那么 −2 的原码、反码和补码如下：

原码：1000　0000　0000　0000　0000　0000　0000　0010
反码：1111　1111　1111　1111　1111　1111　1111　1101
补码：1111　1111　1111　1111　1111　1111　1111　1110

0 的反码、补码都是 0。

10.2 位运算符

C语言提供了6个位运算符：与(&)、或(|)、异或(^)、取反(~)、左移(<<)和右移(>>)。与运算符、或运算符和异或运算符均是逐位比较它们的两个操作数。

10.2.1 与运算符

与运算符(&)是双目运算符，其功能是参与运算的两个操作数各对应的二进位相与。只有对应的两个二进位均为 1，结果位才为 1，否则为 0。即 0 & 0＝0, 0 & 1＝0, 1 & 0＝0, 1 & 1＝1。两个操作数以补码的形式参与运算。

例如，9 & 14＝8，算式如下：

```
  0000 0000 0000 0000 0000 0000 0000 1001
& 0000 0000 0000 0000 0000 0000 0000 1110
  0000 0000 0000 0000 0000 0000 0000 1000
```

按位与运算符(&)经常用于屏蔽某些二进制位。

10.2.2 或运算符

或运算符(|)是双目运算符，其功能是参与运算的两个操作数各对应的二进位相或。只要对应的两个二进位有一个为 1，结果位就为 1，否则为 0。即 0 | 0＝0, 0 | 1＝1, 1 | 0＝1, 1 | 1＝1。两个操作数以补码的形式参与运算。

例如，48 | 15＝63，算式如下：

```
  0000 0000 0000 0000 0000 0000 0011 0000
| 0000 0000 0000 0000 0000 0000 0000 1111
  0000 0000 0000 0000 0000 0000 0011 1111
```

按位或运算符(|)常用于将某些二进制位置为 1。

请注意：位运算符 &、| 同逻辑运算符 &&、|| 的区别，后者用于从左至右求表达式的真值。例如，如果 x 的值为 1, y 的值为 2，那么，x & y 的结果为 0, x | y 的结果为 3；而 x && y 的值为 1, x || y 的结果为 1。

10.2.3 异或运算符

异或运算符(^)是双目运算符，其功能是参与运算的两个数各对应的二进制位相异或，只有对应的两个二进位相异时，结果位才为 1，否则为 0。即 0 ^ 0＝0, 0 ^ 1＝1, 1 ^ 0＝1, 1 ^ 1＝0。两个操作数以补码的形式参与运算。

例如，57 ^ 42，算式如下：

```
  0000 0000 0000 0000 0000 0000 0011 1001
^ 0000 0000 0000 0000 0000 0000 0010 1010
  0000 0000 0000 0000 0000 0000 0001 0011
```

所以，57 ^ 42＝19。

例如，57 ^ －42，

−42 的原码：1000　0000　0000　0000　0000　0000　0010　1010
　　−42 的反码：1111　1111　1111　1111　1111　1111　1101　0101
　　−42 的补码：1111　1111　1111　1111　1111　1111　1101　0110
因此算式如下：

```
     0000 0000 0000 0000 0000 0000 0011 1001
   ^ 1111 1111 1111 1111 1111 1111 1101 0110
   ─────────────────────────────────────────
     1111 1111 1111 1111 1111 1111 1110 1111
```

得到的结果的最高位为"1"，它是补码形式，要把它转换为反码，再转换为原码：
　　补码：1111　1111　1111　1111　1111　1111　1110　1111
　　反码：1000　0000　0000　0000　0000　0000　0001　0000
　　原码：1000　0000　0000　0000　0000　0000　0001　0001
所以，57 ^ −42 = −17。

10.2.4　取反运算符

取反运算符（～）是一元运算符，其功能是用于求整数的二进制反码，即分别将操作数各二进制位上的 1 变为 0，0 变为 1。

例如，～2，

2 的补码：	0000	0000	0000	0000	0000	0000	0000	0010
～2 的补码：	1111	1111	1111	1111	1111	1111	1111	1101
～2 的反码：	1000	0000	0000	0000	0000	0000	0000	0010
～2 的原码：	1000	0000	0000	0000	0000	0000	0000	0011

所以，～2 = −3。

例如，～−2。

−2 的原码：	1000	0000	0000	0000	0000	0000	0000	0010
−2 的反码：	1111	1111	1111	1111	1111	1111	1111	1101
−2 的补码：	1111	1111	1111	1111	1111	1111	1111	1110
～−2 的补码：	0000	0000	0000	0000	0000	0000	0000	0001

所以，～−2 = 1。

10.2.5　左移运算符和右移运算符

左移运算符（<<）和右移运算符（>>）分别用于将运算的左操作数左移和右移，移动的位数由右操作数指定，右操作数的值必须是非负值且不能大于存储左边操作数的位数，否则移位的结果是不确定的。

当对 unsigned 整数执行左移（<<）时，移动到左边边界之外的位全部丢失，低位补 0；但当对 signed 整数执行左移（<<）时，符号位不变，低位补 0。

当对 unsigned 整数执行右移（>>）时，移动到右边边界之外的位全部丢失，高位补 0；但当对 signed 整数执行右移（>>）时，低位溢出，符号位不变，并用符号位补由于移动而空出的高位。

例如，若 a 是整型变量，表达式 ~(a ^ ~a)的值为 0；表达式 ~(10>>1^~5)的值为 0；表达式 255 & 128 的值为 128。

例 10.1 写出下列程序的运行结果。

```
1  #include<stdio.h>
2  int main()
3  {
4      printf("5<<2=%d\n", 5<<2);
5      printf("-5<<2=%d\n", -5<<2);
6      printf("5>>2=%d\n", 5>>2);
7      printf("-5>>2=%d\n", -5>>2);
8
9      return 0;
10 }
```

运行结果：

5<<2=20
-5<<2=-20
5>>2=1
-5>>2=-2

【运行结果分析】

5 的补码： 0000 0000 0000 0000 0000 0000 0000 0101
-5 的补码：1111 1111 1111 1111 1111 1111 1111 1011

(1) 5<<2 的补码为：0000 0000 0000 0000 0000 0000 0001 0100
所以，5<<2=20。

(2) -5<<2 的补码为：1111 1111 1111 1111 1111 1111 1110 1100
将这个结果转换为反码：1000 0000 0000 0000 0000 0000 0001 0011
再继续转换为原码：1000 0000 0000 0000 0000 0000 0001 0100
所以，-5<<2=-20。

(3) 5>>2 的补码为：0000 0000 0000 0000 0000 0000 0000 0001
所以，5>>2=1。

(4) -5>>2 的补码为：1111 1111 1111 1111 1111 1111 1111 1110
将这个结果转换为反码：1000 0000 0000 0000 0000 0000 0000 0001
再继续转换为原码：1000 0000 0000 0000 0000 0000 0000 0010
所以，-5>>2=-2

例 10.2 统计无符号整数 x 中为 1 的二进制位的个数。

输入样例：

19

输出样例:

3

实现代码如下。

```
1  #include<stdio.h>
2  int bitCount(unsigned x);
3  int main()
4  {
5      int n;
6      scanf("%d", &n);
7      printf("%d\n", bitCount(n));
8      return 0;
9  }
10 int bitCount(unsigned x)
11 {
12     int cnt=0;
13     while(x!=0){
14         if((x & ~(~0<<1))!=0){
15             cnt++;
16         }
17         x>>=1;                    /* x右移一位 */
18     }
19     return cnt;
20 }
```

【分析】 要统计 x 中为 1 的二进制位的个数,就要判断 x 的每一位是否为 1。可以从右边开始逐位判断 x 是否为 1,这样只要一位一位地移到最右边即可。

假设,整型为 32 位。

0:0000 0000 0000 0000 0000 0000 0000 0000

~0:1111 1111 1111 1111 1111 1111 1111 1111

~0 << 1:1111 1111 1111 1111 1111 1111 1111 1110

~(~0 << 1):0000 0000 0000 0000 0000 0000 0000 0001

x & ~(~0 << 1):是为了判断 x 的最右边是否为 1。

19 表示成二进制:0000 0000 0000 0000 0000 0000 0001 0011。通过运算可以得到它 1 的个数为 3。

这里将 x 声明为无符号类型是为了保证将 x 右移时,无论该程序在什么机器上运行,左边空出的位都用 0(而不是符号位)填补。

例 10.3 编写函数 getBits(x, p, n),它返回无符号整数 x 中第 p 位开始再向右数 n 位的字段。最右边的位记为第 0 位,然后往左依次是第 1 位,第 2 位,…。这里假定 p 与 n 都是合理的正值,请编写程序进行测试。

输入样例:

114 5 3

输出样例:

6

实现代码如下。

```
1  unsigned getBits(unsigned x, int p, int n)
2  {
3      return (x>>(p-n+1)) & ~(~0<<n);
4  }
5  #include<stdio.h>
6  int main()
7  {
8      unsigned x;
9      int p, n;
10
11     scanf("%d", &x);
12     scanf("%d%d", &p, &n);
13     printf("%d\n", getBits(x, p, n));
14
15     return 0;
16 }
```

【分析】

(1) 表达式 x>>(p−n+1)将期望获得的字段移位到字的最右端；

(2) ~0 的所有位都为 1,这里使用语句 ~0<<n 将~0 左移 n 位,并将最右边的 n 位用 0 填补。再使用~运算对它按位取反,这样就建立了最右边 n 位全为 1 的屏蔽码。

对于输入样例,x＝114,p＝5,n＝3：

114 的补码：0000 0000 0000 0000 0000 0000 0111 0011

p−n+1＝3。那么,114>>3 的补码为：0000 0000 0000 0000 0000 0000 0000 1110

~(~0<<3)的补码为：0000 0000 0000 0000 0000 0000 0000 0111

```
            0000 0000 0000 0000 0000 0000 0000 1110
         &  0000 0000 0000 0000 0000 0000 0000 0111
            0000 0000 0000 0000 0000 0000 0000 0100
```

所以,getBits(114,5,3)是返回 114 中第 5、4、3 共三位的值,即值为"6"。

10.3 位赋值运算符

每个位运算符(取反运算符除外)都有对应的赋值运算符。这些位赋值运算符有：与赋值(&＝)、或赋值(|＝)、异或赋值(^＝)、左移赋值(<<＝)和左移赋值(>>＝)。它

们的使用方式与算术赋值运算符类似。

10.4 位 域

有些信息在存储时,并不需要占用一个完整的字节,而只需占一个或几个二进制位。例如,在存放一个开关量时,只有 0 和 1 两种状态,用一位二进位即可。为了节省存储空间,在 C 语言中可以指定结构或者联合中 unsigned 或者 int 成员的位数,这些位称为位域(bit field)。位域是"字"中相邻位的集合,"字"(word)是单个的存储单元,它的处理同计算机有关。

在结构或者联合的 unsigned 或者 int 成员名称的后面加上冒号和表示位宽度的整数常量(也就是存储成员的位数),就可以声明位域。表示宽度的常量必须是 0 和系统上存储 int 的总位数之间的一个整数。例如:

```
struct Example{
    unsigned a: 4;
    unsigned b: 2;
    unsigned c: 1;
};
```

该定义包含 3 个 unsigned 位域,即 a、b 和 c。成员 a 存储在 4 位中,成员 b 存储在 2 位中,而成员 c 存储在 1 位中。位的个数取决于每个结构成员的预期值范围,如成员 a 可以存储 0~15 之间的值,成员 b 可以存储 0~3 之间的值,成员 c 可以存储 0 或 1。

位域可以不命名,无名位域(只有一个冒号和宽度)起填充作用,特殊宽度 0 可以用来强制在下一个字边界上对齐。例如:

```
struct BF{
    unsigned a: 4;
    unsigned  : 0;
    unsigned b: 4;                    /*从下一单元开始存放*/
    unsigned c: 4;
};
```

在这个位域定义中,a 占第 1 字节的 4 位,后 4 位填 0 表示不使用,b 从第 2 字节开始,占用 4 位,c 占用 4 位。

但请注意,某些机器上位域的分配是从字的左端至右端进行的,而在某些机器上却相反。

位域的访问方式与其他结构成员相同。位域的作用与小整数相似,同其他整数一样,位域可出现在算术表达式中。

最小可寻址的内存单位为字节,使用位域时,无法取得它的内存地址。

尽管位域可以节省空间,但使用它们可能让编译器产生执行速度较慢的机器语言代码。因为机器语言需要额外访问可寻址存储单元中的部分。

例 10.4 写出下列程序的运行结果。

```
1   #include<stdio.h>
2   int main()
3   {
4       struct BitField{
5           unsigned a:1;
6           unsigned b:3;
7           unsigned c:4;
8       }bit, *pbit;
9
10      bit.a=1;    bit.b=7;    bit.c=25;
11      printf("%d,%d,%d\n", bit.a, bit.b, bit.c);
12
13      pbit=&bit;
14      pbit->a=0;
15      pbit->b &=3;
16      pbit->c |=1;
17      printf("%d,%d,%d\n", pbit->a, pbit->b, pbit->c);
18
19      return 0;
20  }
```

运行结果：

1,7,9
0,3,9

【运行结果分析】 BitField 的成员 a 可以存储 0 或 1，成员 b 可以存储 0～7 之间的值，成员 c 可以存储 0～15 之间的值。

bit.a 和 bit.b 所得到的值都在它们所能存储的值之间，但是 bit.c 所得到的值超过了它所能存储的值范围，这样最高位就溢出来了。

那 bit.c 最后的值是什么呢？因为 $(25)_{10}=(11001)_2$，所以 bit.c＝9。

练　习

一、单项选择题

1. 执行以下程序段后，w 的值为（　　）。

    ```
    int  w='A';
    int  x=14, y=15;
    w=((x || y)&&(w<'a'));
    ```

    A. －1　　　　　　B. NULL　　　　　　C. 1　　　　　　D. 0

2. 执行以下程序段后，c 的值为（　　）。

    ```
    int  a=1, b=2;
    ```

```
int  c=a ^(b <<2);
```

A. 6   B. 7   C. 8   D. 9

3. 变量a的值用二进制表示的形式是01011101,变量b的值用二进制表示的形式是11110000。若要求将a的高4位取反,低4位不变,所要执行的运算是(   )。

A. a ^ b   B. a | b   C. a & b   D. A << 4

4. 若变量已正确定义,表达式(   )的值不是2。

A. 2&3   B. 1<<1   C. a==2   D. 1^3

5. 若a是整型变量,表达式 ~(a ^ ~a)等价于(   )。

A. ~a   B. 1   C. 0   D. 2

6. 下列程序段的输出结果是(   )。

```
int r=8;
printf("%d\n", r>>1);
```

A. 16   B. 8   C. 4   D. 2

7. 下列程序的运行结果是(   )。

```
#include<stdio.h>
int main()
{
    int  x;
    int  a=1, b=2, c=3;
    x= (a^b)&c;
    printf("%d\n", x);
    return 0;
}
```

A. 0   B. 1   C. 2   D. 3

8. 下列程序的运行结果是(   )。

```
#include<stdio.h>
int main()
{
    int  t;
    int  a=5, b=1;
    t= (a<<2 | b);
    printf("%d\n", t);
    return 0;
}
```

A. 21   B. 11   C. 6   D. 1

9. 下列程序的运行结果是(   )。

```
#include<stdio.h>
int main()
{
```

```
    int   a=4;
    printf("%d\n", a<<1);
    return 0;
}
```
    A. 40   B. 16   C. 8   D. 4

10. 表达式 ~(10>>1^~5)的值是(　　)。

    A. 10   B. 5   C. 0   D. 1

11. 表达式(7<<1>>2^2)的值是(　　)。

    A. 1   B. 7   C. 2   D. 0

二、程序设计题

1. 将一个 char 型数的高 4 位和低 4 位分离,分别输出。

输入样例:

22

输出样例:

1 6

2. 假设,整数类型为 32 位。输入一个整数,输出此整数的机内码,即二进制的补码。

输入样例 1:

131

输出样例 1:

0000 0000 0000 0000 0000 0000 1000 0011

输入样例 2:

-2

输出样例 2:

1111 1111 1111 1111 1111 1111 1111 1110

3. 找不同。给你 n*2+1 个数,其中有 n 对是一样的 ,让你找出单出来的那一个。只有一个测试数据,第一行,是一个整数 n(n<=100),以下 n*2+1 行,每行一个整数。输出单出来的那个数。

输入样例:

1
2
2
1

输出样例:

1

第 11 章

文 件

本章要点：
- 文件、文本文件和二进制文件的概念；
- 文件的打开函数、关闭函数；
- 文件的读写函数；
- 文件的随机定位函数；
- 文件的结束标志测试函数和文件操作的错误测试函数。

存储在变量和数组中的数据是临时的，这些数据在程序运行结束后都会消失，而文件（File）可用来永久地保存大量数据。C 语言把每一个文件都看作一个有序的字节流，每一个文件或者以文件结束标志结束，或者在特定的字节处结束。

当打开一个文件时，该文件就和某个流关联起来。执行程序时会自动打开三个文件（即标准输入、标准输出和标准错误）和与这三个文件关联的流（即标准输入流、标准输出流和标准错误流），并将指向这三个文件的指针（即 stdin、stdout 和 stderr）提供给程序。

流（Stream）是文件和程序之间通信的通道。例如，标准输入流使得程序可以从键盘读取数据，而标准输出流使得程序可以在屏幕上输出数据。

流是与磁盘或其他外围设备关联的数据的源或目的地。尽管在某些系统中（如在著名的 UNIX 系统中），文本流和二进制流是相同的，但标准库仍然提供了这两种类型的流。

文本流，称为文本文件或字符文件，是由文本行组成的序列，每一行包含 0 个或多个字符，并以"\n"结尾。在某些环境中，可能需要将文本流转换为其他表示形式（例如，把"\n"映射成回车符和换行符），或从其他表示形式转换为文本流。

二进制流，称为二进制文件，是由未经处理的字节构成的序列，这些字节记录着内部数据，并具有下列性质：如果在同一系统中写入二进制流，然后再读取该二进制流，则读出和写入的内容完全相同。

例如，整数 10000 在文本文件和二进制文件中采用不同的编码形式，如图 11-1 所示。

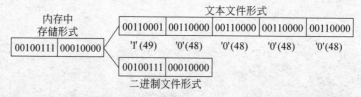

图 11-1 整数 10000 在文本文件和二进制文件中采用不同的编码形式

C语言源程序是文本文件,其内容完全由ASCII码构成,通过"记事本"等编辑工具可以对文件内容进行查看、修改等。C程序的可执行文件是二进制文件,它包含的是计算机内部的机器代码,如果也用编辑工具打开,将会看到乱码。

文件操作主要包括读文件和写文件等。读文件是指从文件中把数据信息读入内存中,以供程序调用;写文件是指把内存中的数据信息输出到永久性存储设备上的文件中,起到保存数据和实现数据共享的功能。

C语言采用了文件缓冲系统来进行读写文件操作。文件缓冲系统是指系统会自动为每一个使用的文件分配一块缓冲区(内存单元)。当C程序需要把数据存入磁盘文件时,首先把数据存入缓冲区,缓冲区真正把数据存入磁盘文件的工作由系统自动完成,其目的是提高文件操作速度;从磁盘读入数据同样也要经过缓冲区。

11.1 实 例 导 入

例11.1 文本input.txt中存放了一批整数,将其中每个数的因子之和顺序写入文件output.txt。例如,6的因子是1、2、3、6,所以它的因子之和为12。要求使用如下的函数原型:int sumFact(int number);用于计算number的因子之和。

input.txt文件中的内容:

1
2
6

output.txt文件中的内容:

1
3
12

实现代码如下。

```
1  #include<stdio.h>
2  #include<stdlib.h>
3  int sumFact(int number);
4  int main()
5  {
6      int x;
7      FILE * fpin, * fpout;              /*声明两个文件指针*/
8
9      /*打开文件input.txt用于读*/
10     fpin=fopen("input.txt", "r");
11     if(fpin==NULL){
12         printf("Can't open file input.txt\n");
13         exit(1);
14     }
```

```
15        /*打开文件output.txt用于写*/
16        fpout=fopen("output.txt", "w");
17        if(fpout ==NULL){
18            printf("Can't creat file output.txt");
19            exit(1);
20        }
21
22        while(fscanf(fpin, "%d", &x)!=EOF){
23            fprintf(fpout, "%d\n", sumFact(x));
24        }
25
26        fclose(fpin);                    /*关闭fpin指针所指向的文件*/
27        fclose(fpout);                   /*关闭fpout指针所指向的文件*/
28
29        return 0;
30    }
31    /*此函数用于计算number的因子之和*/
32    int sumFact(int number)
33    {
34        int k, sum;
35
36        if(number<0){                    /*number如果是负数,则转换成正数*/
37            number=-number;
38        }
39
40        sum=0;
41        for(k=1; k<=number; k++){
42            if(number%k ==0){
43                sum +=k;
44            }
45        }
46        return sum;
47    }
```

标准库函数exit()的作用是关闭所有打开的文件,并终止程序的执行,参数0表示程序正常结束,参数非0通常表示程序不正常结束。

在主函数main()中,语句return expr等价于exit(expr)。

11.2　C语言中文件的使用

在ANSI C中,基本的文件操作是标准I/O库接口stdio.h的一部分。标准I/O库的真正强大之处在于它允许你以可移植的方式指定文件操作,这种方式方便、有效。

在C程序中使用文件,需要完成以下工作:

(1) 声明一个 FILE * 类型的变量。

(2) 通过调用 fopen() 函数将此变量和某实际文件相联系,这一操作称为打开文件。打开一个文件要求指定文件名,并且指明该文件是用于输入还是用于输出。

(3) 调用 stdio.h 中的函数完成必要的 I/O 操作。对输入文件来说,这些函数从文件中读数据;对输出文件来说,函数将数据写到文件中去。

(4) 通过调用 fclose() 函数关闭文件,断开 FILE * 变量与实际文件间的联系。

11.2.1 声明 FILE * 类型的变量

标准 I/O 库定义了一个称为 FILE 的类型,用于存储那些系统在管理文件处理活动时所需要的信息。由于各机器的文件系统的结构不同,所以 FILE 类型的基本表示方法也不同。文件结构类型 FILE 的具体定义(此处给出的是在 Visual C++ 6.0 环境中 stdio.h 里定义的 FILE 文件结构类型)如下:

```
struct _iobuf{
    char * _ptr;          /* 文件内部读写位置指针当前指向的位置 */
    int _cnt;             /* 当前缓冲区剩余内存空间的大小 */
    char * _base;         /* 指向文件头位置 */
    int _flag;            /* 文件标志,主要表征文件被打开操作的方式 */
    int _file;            /* 文件的有效性验证 */
    int _charbuf;         /* 检查缓冲区状况,如果无缓冲区则不读写 */
    int _bufsiz;          /* 文件缓冲区的大小,以字节为单位 */
    char * _tmpfname;     /* 系统内部临时文件名 */
};
typedef struct _iobuf FILE;
```

stdio.h 的主要目的是使我们无须考虑那些不同。从程序员的角度来看,不必知道任何基本的细节。不论文件是否为某一机器所定义,所有操作文件所需要做的是跟踪指向 FILE 结构的指针,相关细节的管理完全可以信任 stdio.h 的本地实现。

声明 FILE * 类型的变量格式如下:

```
FILE * fp;
```

声明 fp 是一个指向结构 FILE 的指针。

请注意,FILE 像 int 一样是一个类型名,而不是结构标记,它是通过 typedef 定义的。

11.2.2 打开文件

当第一次声明 FILE * 变量时,它和任何实际文件都没有联系,要产生联系,必须调用函数 fopen(),其原型如下:

```
FILE * fopen(const char * filename, const char * mode);
```

fopen() 函数打开 filename 指定的文件,并返回一个与之相关联的流。如果打开操作失败,则返回 NULL。

mode 可以为下列合法值之一：
- r：打开文本，以进行读取。
- w：创建文件，以进行写入。如果文件已经存在，则删除当前内容。
- a：追加，打开或者创建文件，以在文件尾部写入。
- r+：打开文件，以进行更新(指读取和写入)。
- w+：创建文件，以进行读取和写入。如果文件已经存在，则删除当前内容。
- a+：追加，打开或者创建文件，以进行读取和写入。在文件尾进行写入。

说明：

(1) 后 3 种方式(更新方式)允许对同一文件进行读和写。在读和写的交叉过程中，必须调用 fflush 函数或文件定位函数。

fflush 函数原型如下：

```
int fflush(FILE * stream);
```

对输出流来说，fflush 函数将已写到缓冲区但尚未写入文件的所有数据写到文件中。如果在写的过程中发生错误，则返回 EOF；否则返回 0。fflush(NULL)将清洗所有的输出流。对输入流来说，其结果是未定义的。

(2) 如果在上述访问模式之后再加上 b，如 rb 或 w+b 等，则表示对二进制文件进行操作。

(3) 文件名 filename 限定最多为 FILENAME_MAX 个字符。一次最多可以打开 FOPEN_MAX 个文件。

11.2.3 执行 I/O 操作

一旦打开一个文件，下一步要做的就是读取或写入实际数据。要完成这项工作，应该根据应用选择一种策略。最简单的方法就是使用 getc() 和 putc() 函数，逐个字符地读写文件。但很多情况下逐行处理文件更加方便，为了达到此目的，stdio.h 接口提供了 fgets() 和 fputs() 这两个函数。在更高层次上，可以选择使用 fscanf() 和 fprintf() 读写格式化数据。

11.2.4 关闭文件

不管选择哪种 I/O 操作策略，都必须确保关闭所有打开的文件。关闭函数的原型如下：

```
int fclose(FILE * stream);
```

fclose()函数将所有未写入的数据写入流中，丢弃缓冲区中的所有未读的输入数据，并释放自动分配的全部缓冲区，最后关闭流。若出错则返回 EOF，否则返回 0。

尽管退出程序时会自动关闭所有打开的文件，但要养成显式地关闭文件的习惯，因为这样做程序的读者就知道什么时候文件在使用，什么时候不再需要使用了。

例 11.2 从键盘输入一些字符，逐个把它们存入磁盘，直到输入一个"#"为止。

实现代码如下。

```
1   #include<stdio.h>
2   #include<stdlib.h>
3   int main()
4   {
5       FILE * fp;                                    /*声明文件指针*/
6       char ch;
7       char filename[10];
8
9       scanf("%s", filename);                        /*输入文件名*/
10      if((fp=fopen(filename, "w"))==NULL){          /*打开文件用于写*/
11          printf("Can't open file\n");
12          exit(1);
13      }
14
15      printf("Please input string:");
16      /*此语句用来读取在执行 scanf 语句时最后输入的回车符*/
17      getchar();
18      while((ch=getchar())!='#'){
19          fputc(ch, fp);
20          putchar(ch);
21      }
22      fclose(fp);
23
24      return 0;
25  }
```

11.3 字符 I/O

11.3.1 读字符函数 fgetc()

读字符函数 fgetc() 的原型如下：

int fgetc(FILE * stream);

fgetc()函数返回流的下一个字符，返回 unsigned char 类型（被转换为 int 类型）。如果到达文件末尾或发生错误，则返回 EOF。

例如，ch=fgetc(fp)的含义是从打开的文件 fp 中读取一个字符并送入 ch 中。读取字符的结果也可以不向字符变量赋值，如 fgetc(fp)，那么读出的字符就不能保存。

11.3.2 写字符函数 fputc()

写字符函数 fputc() 的原型如下：

int fputc(int c, FILE * stream);

fputc()函数把字符 c(转换为 unsigned char 类型)输出到流中。它返回写入的字符,若出错则返回 EOF。

例 11.3 将一个磁盘文件中的信息复制到另一个磁盘文件中。

实现代码如下。

```
1   #include<stdio.h>
2   #include<stdlib.h>
3   int main()
4   {
5      int ch;
6      FILE * in, * out;
7      char inFile[10], outFile[10];
8
9      scanf("%s", inFile);
10     if((in=fopen(inFile, "r"))==NULL){       /*打开文件用于读*/
11        printf("Can't open inFile.\n");
12        exit(1);
13     }
14
15     scanf("%s", outFile);
16     if((out=fopen(outFile, "w"))==NULL){      /*打开文件用于写*/
17        printf("Can't open outFile.\n");
18        exit(1);
19     }
20
21     while(!feof(in)){
22        ch=fgetc(in);
23        fputc(ch, out);
24     }
25
26     fclose(in);
27     fclose(out);
28     return 0;
29  }
```

例 11.4 有一篇文章,共有 3 行文字,每行至多有 80 个字符。要求分别统计出其中的大写字母、小写字母、数字、空格以及其他字符的个数。

实现代码如下。

```
1   #include<stdio.h>
2   #include<ctype.h>
3   void count(FILE * fp, int number[5]);
4   int main()
5   {
```

```
6       FILE * fp;
7       int total[5];
8
9       if((fp=fopen("a1.txt", "r"))==NULL){
10          printf("Cannot open this file.\n");
11          return 0;
12      }
13
14      count(fp, total);
15
16      printf("upper case:%d\n", total[0]);
17      printf("lower case:%d\n", total[1]);
18      printf("digit:%d\n", total[2]);
19      printf("space:%d\n", total[3]);
20      printf("other:%d\n", total[4]);
21
22      fclose(fp);
23
24      return 0;
25  }
26  void count(FILE * fp, int number[5])
27  {
28      int i;
29      char ch;
30
31      for(i=0; i<5; i++){                    /*初始化*/
32          number[i]=0;
33      }
34
35      while((ch=fgetc(fp))!=EOF){
36          if(isupper(ch)){                   /*如果是大写字母*/
37              number[0]++;
38          }
39          else if(islower(ch)){              /*如果是小写字母*/
40              number[1]++;
41          }
42          else if(isdigit(ch)){              /*如果是数字*/
43              number[2]++;
44          }
45          else if(ch==' '){                  /*如果是空格*/
46              number[3]++;
47          }
48          else{                              /*其他字符*/
49              number[4]++;
```

```
50          }
51      }
52  }
```

11.4 行 I/O

由于文件通常被划分成行,因此有必要一次读入整行数据。

11.4.1 读字符串函数 fgets()

读字符串函数 fgets 的原型如下:

```
char * fgets(char * s, int n, FILE * stream);
```

fgets()函数最多将下(n−1)个字符读入到数组 s 中。当遇到换行符时,把换行符读入到数组 s 中,读取过程终止。数组 s 以"\0"结尾,函数返回数组 s。如果达到文件的末尾或发生错误,则返回 NULL。

11.4.2 写字符串函数 fputs()

写字符串函数 fputs()的原型如下:

```
int fputs(const char * s, FILE * stream);
```

fputs()函数把字符串 s(不包含字符"\n")输出到流中,它返回一个非负值,若出错则返回 EOF。

例 11.5 从键盘读入字符串存入文件,再从文件读回显示。

实现代码如下。

```
1   #include<stdio.h>
2   #include<stdlib.h>
3   #include<string.h>
4   int main()
5   {
6       FILE * fp;
7       char string[81];
8
9       if((fp=fopen("file1.txt", "w"))==NULL){
10          printf("Can't open file");
11          exit(1);
12      }
13      while(strlen(gets(string))>0){
14          fputs(string, fp);
15          fputs("\n", fp);
16      }
17      fclose(fp);
```

```
18
19      if((fp=fopen("file1.txt", "r"))==NULL){
20          printf("Can't open file");
21          exit(1);
22      }
23      while(fgets(string, 81, fp)!=NULL){
24          fputs(string, stdout);
25      }
26      fclose(fp);
27
28      return 0;
29 }
```

库函数 gets() 和 puts() 的功能与 fgets() 和 fputs() 函数类似，但它们是对 stdin 和 stdout 进行操作。

11.5　格式化 I/O

在标准 I/O 库提供的操作中，格式化 I/O 函数 printf() 和 scanf() 最能体现 C 语言的特征。

11.5.1　格式化输出函数 fprintf() 和 sprintf()

格式化输出函数有 3 种不同的形式：printf()、fprintf() 和 sprintf()。前面已介绍了 printf() 函数，这里只介绍 fprintf() 和 sprintf 函数()。

1. fprintf() 函数

fprintf() 函数的原型如下：

```
int fprintf(FILE * stream, const char * format, …);
```

fprintf() 函数与 printf() 函数基本相同，只是 fprintf() 函数是以一个 FILE 指针作为第一个参数，其输出将写入到该 FILE 指针指向的文件中。返回值是实际写入的字符数，若出错则返回一个负值。

2. sprintf() 函数

sprintf() 函数的原型如下：

```
int sprintf(char * s, const char * format, …);
```

sprintf() 函数与 printf() 函数基本相同，但它是以一个字符数组作为第一个参数，其输出将被写入到字符串 s 中，并以"\0"结束。s 必须足够大，能容纳下输出结果。该函数返回实际输出的字符数，不包括"\0"。

11.5.2　格式化输入函数 fscanf() 和 sscanf()

由于 C 语言的规则以及输出方向的不同转换，scanf() 和 printf() 有着很多不对称的地方,最重要的不对称性在于,printf()需要从其调用函数处获得多个值,而 scanf()则要将多个值返回给它的调用函数。

格式化输入函数也有 3 种不同的形式:scanf()、fscanf()和 sscanf()。前面已介绍了 scanf()函数,这里只介绍 fscanf()和 sscanf()函数。

1. fscanf()函数

fscanf()函数的原型如下:

```
int fscanf(FILE * stream, const char * format, …);
```

fscanf()函数根据格式串 format 从流中读取输入,并把转换后的值赋值给后续各个参数,其中的每个参数都必须是一个指针。

当格式串 format 用完时,函数返回。如果到达文件尾或在转换输入前出错,该函数返回 EOF;否则,返回实际被转换并赋值的输入项的数目。

2. sscanf()函数

sscanf()函数的原型如下:

```
int sscanf(const char * s, const char * format, …);
```

sscanf()函数与 scanf()等价,所不同的是,前者的输入字符来源于字符串 s。

例 11.6 从键盘按格式输入数据,然后存到磁盘文件中去。

实现代码如下。

```
1   #include<stdio.h>
2   #include<stdlib.h>
3   int main()
4   {
5       FILE * fp;
6       int a, b;
7       char s1[80], s2[80];
8
9       if((fp=fopen("test.txt", "w"))==NULL){
10          puts("can't open file");
11          exit(1);
12      }
13      fscanf(stdin, "%s%d", s1, &a);          /* 从键盘读数据 */
14      fprintf(fp, "%s %d\n", s1, a);          /* 写到文件中去 */
15      fclose(fp);
16
17      if((fp=fopen("test.txt", "r"))==NULL){
18          puts("can't open file");
19          exit(1);
20      }
21      fscanf(fp, "%s%d", s2, &b);             /* 从文件中读数据 */
22      fprintf(stdout, "%s %d\n", s2, b);      /* 在屏幕上显示数据 */
```

```
23        fclose(fp);
24
25        return 0;
26    }
```

11.6 数据块读写

11.6.1 数据块读函数 fread()

如果想要读取二进制文件的数据内容,就必须采用与写入文件时相同的数据类型,并使用 fread()函数来读取文件,才可以正确读出有意义的信息。fread()函数的原型如下:

```
size_t fread(void * ptr, size_t size, size_t nobj, FILE * stream);
```

fread()函数从流中读取最多 nobj 个长度为 size 的对象,并保存到 ptr 指向的对象中。它返回读取的对象数目,此返回值可能小于 nobj。必须通过函数 feof()和 ferror()获得结果执行状态。size_t 类型是由运算符 sizeof 生成的无符号整型。

11.6.2 数据块写函数 fwrite()

对于以二进制文件的方式写入的数据,可以使用区段 I/O 函数中的 fwrite()函数,并将写入数据转换为二进制代码。fwrite()函数的原型如下:

```
size_t fwrite(const void * ptr, size_t size, size_t nobj, FILE * stream);
```

fwrite()函数从 ptr 指向的对象中读取 nobj 个长度为 size 的对象,并输出到流中。它返回输出的对象数目。如果发生错误,返回值会小于 nobj。

11.7 文件的定位

在 C 语言的实际应用中,常常希望能直接读写文件中的某一个数据项,而不是按文件的物理顺序逐个地读写数据项。这种可以任意指定读写位置的文件操作,称为随机读写。

实现随机读写的关键是要按要求移动文件位置指针,这称为文件的定位。

应注意文件指针和文件位置指针的不同。文件指针是指向整个文件的,必须在程序中定义说明,只要不重新赋值,文件指针的值是不变的;文件位置指针实际上并不是指针,它是指定文件中将进行下一次读取或者写入的位置的整数值,有时也称为文件偏移量,文件位置指针是 FILE 结构的成员,每读写一次,该指针均向后移动。

11.7.1 fseek()函数

fseek()函数的原型如下:

```
int fseek(FILE * stream, long offset, int origin);
```

fseek()函数设置流 stream 的文件位置,后续的读写操作将从新位置开始。对于二进制文件,此位置被设置在 origin 开始的第 offset 个字符处。origin 的取值如表 11-1 所示。

表 11-1 origin 的值

起始点	表示符号	数字表示
文件首	SEEK_SET	0
当前位置	SEEK_CUR	1
文件末尾	SEEK_END	2

对于文本流,offset 必须设置为 0 或者是由函数 ftell()返回的值,此时 origin 的值必须是 SEEK_SET。fseek()函数在出错时返回一个非 0 值。

例 11.7 在磁盘文件上存有 10 个学生的数据。要求将第 1、3、5、7、9 号学生的数据读入计算机,并在屏幕上显示出来。

实现代码如下。

```c
#include<stdio.h>
#include<stdlib.h>
#define N 10
typedef struct{
    char number[20];
    char name[20];
    int age;
    char sex;
}Student;
int main()
{
    int i;
    FILE * fp;
    Student x[N];

    if((fp=fopen("input.dat", "wb"))==NULL){
        printf("Can not open the file.");
        exit(1);
    }
    for(i=0; i<N; i++){
        scanf("%s%s", x[i].number, x[i].name);
        scanf("%d %c", &x[i].age, &x[i].sex);
        fwrite(&x[i], sizeof(Student), 1, fp);
    }
    fclose(fp);

    if((fp=fopen("input.dat", "rb"))==NULL){
        printf("can't open file\n");
```

```
        exit(1);
    }
    for(i=0; i<N; i+=2){
        fseek(fp, i * sizeof(Student), 0);
        fread(&x[i], sizeof(Student), 1, fp);
        printf("%s %s %d %c\n", x[i].number, x[i].name,
            x[i].age, x[i].sex);
    }
    fclose(fp);

    return 0;
}
```

11.7.2 ftell()函数

ftell()函数的原型如下:

```
long ftell(FILE * stream);
```

ftell()函数返回流的当前文件位置,出错时该函数返回-1L。

11.7.3 rewind()函数

frewind()函数的原型如下:

```
void rewind(FILE * stream);
```

rewind(fp)函数等价于语句:

```
fseek(fp, 0L, SEEK_SET);
clearerr(fp);
```

的执行结果。

例11.8 有一个磁盘文件,第一次将它的内容显示在屏幕上,第二次把它复制到另一个文件中。

实现代码如下。

```
1   #include<stdio.h>
2   int main()
3   {
4       FILE * fp1, * fp2;
5
6       fp1=fopen("in.txt", "r");
7       fp2=fopen("out.txt", "w");
8
9       while(!feof(fp1)){
10          putchar(fgetc(fp1));
11      }
```

```
12
13        rewind(fp1);
14
15        while(!feof(fp1)){
16            fputc(fgetc(fp1), fp2);
17        }
18
19        fclose(fp1);
20        fclose(fp2);
21
22        return 0;
23    }
```

11.8 错误检测函数

当发生错误或到达文件末尾时,标准库中的许多函数都会设置状态指示符。这些状态指示符可被显式地设置和测试。另外,整型表达式 errno(在＜errno.h＞中声明)可以包含一个错误编号,据此可以进一步了解最近一次出错的信息。

11.8.1 clearerr()函数

clearerr()函数的原型如下：

`void clearerr(FILE * stream);`

clearerr()函数清除与流相关的文件结束符和错误指示符。

11.8.2 feof()函数

feof()函数的原型如下：

`int feof(FILE * stream);`

如果设置了与流相关的文件结束指示符,feof 函数将返回一个非 0 值。

11.8.3 ferror()函数

ferror()函数的原型如下：

`int ferror(FILE * stream);`

如果设置了与流相关的错误指示符,ferror 函数将返回一个非 0 值。

11.9 应用实例：学生成绩管理

例 11.9 学生信息由学号、姓名、性别、3 门课的成绩、平均成绩和总成绩构成。学生数不超过 100。写一个处理学生信息的程序,要求有以下功能：

(1) 插入学生信息,命令格式如下：

```
Insert number name sex score1 score1 score3
```

表示插入一个学生信息。插入后显示插入的学生信息,格式如下:

学号 姓名 性别 成绩1 成绩2 成绩3 平均成绩 总成绩

同时,把此信息写入文件 a1.txt。

说明:数据中间由一个空格分开,成绩保留一位小数。

(2) 显示所有学生信息,命令格式如下:

```
List
```

表示从文件 a1.txt 中读数据,按照输入的顺序依次显示所有学生信息,每个学生信息一行,格式如下:

学号 姓名 性别 成绩1 成绩2 成绩3 平均成绩 总成绩

同时,要把结果写入文件 b1.txt。

说明:数据中间由一个空格分开,所有成绩保留一位小数。

(3) 退出程序,命令格式如下:

```
Quit
```

输出"Good bye!"后结束程序。输入的最后一条命令总是 Quit。

输入样例:

```
Insert 09002 wangwu M 78 72 77.5
Insert 09003 lisi M 68 62 67.5
Insert 09001 zhanghong F 78 82 87.5
List
Quit
```

输出样例:

```
09002 wangwu M 78.0 72.0 77.5 75.8 227.5
09003 lisi M 68.0 62.0 67.5 65.8 197.5
09001 zhanghong F 78.0 82.0 87.5 82.5 247.5
09002 wangwu M 78.0 72.0 77.5 75.8 227.5
09003 lisi M 68.0 62.0 67.5 65.8 197.5
09001 zhanghong F 78.0 82.0 87.5 82.5 247.5
Good bye!
```

a1.txt 文件内容:

```
09002 wangwu M 78.0 72.0 77.5 75.8 227.5
09003 lisi M 68.0 62.0 67.5 65.8 197.5
09001 zhanghong F 78.0 82.0 87.5 82.5 247.5
```

b1.txt 文件内容:

```
09002 wangwu M 78.0 72.0 77.5 75.8 227.5
09003 lisi M 68.0 62.0 67.5 65.8 197.5
09001 zhanghong F 78.0 82.0 87.5 82.5 247.5
```

实现代码如下。

```
1   /*第1步:声明结构*/
2   typedef struct Student{
3       char number[20];                    /*学号,为字符数组*/
4       char name[20];                      /*姓名,为字符数组*/
5       char sex;                           /*性别,为字符类型*/
6       double score[3];                    /*成绩,为双精度浮点类型数组*/
7       double average;                     /*平均成绩,为双精度浮点类型*/
8       double sum;                         /*总成绩,为双精度浮点类型*/
9   }Student;
10  /*第2步:写一个函数,用于输入单个学生信息*/
11  #include<stdio.h>
12  void inputSingle(Student *p)
13  {
14      int j;
15  
16      scanf("%s %s %c", p->number, p->name, &p->sex);
17      p->sum=0;
18      for(j=0; j<3; j++){
19          scanf("%lf", &p->score[j]);
20          p->sum +=p->score[j];
21      }
22      p->average=p->sum/3;
23  }
24  /*第3步:写一个函数,用于输出单个学生信息*/
25  void outputSingle(Student *p)
26  {
27      int j;
28  
29      printf("%s %s %c ", p->number, p->name, p->sex);
30      for(j=0; j<3; j++){
31          printf("%.1f ", p->score[j]);
32      }
33      printf("%.1f %.1f\n", p->average, p->sum);
34  }
35  /*第4步:写一个函数,用于输出n个学生信息*/
36  void outputArray(Student *p, int n)
37  {
38      int i;
39  
```

```c
40      for(i=0; i<n; i++){
41          outputSingle(&p[i]);
42      }
43  }
44  /*第5步:把单个学生信息写到文件中去*/
45  void writeFileSingle(char fileName[], Student * p)
46  {
47      int j;
48      FILE * fp;
49  
50      /*打开文件用于写*/
51      fp=fopen(fileName, "a");
52      if(fp==NULL){
53          return;
54      }
55  
56      fprintf(fp, "%s %s %c ", p->number, p->name, p->sex);
57      for(j=0; j<3; j++){
58          fprintf(fp, "%.1f ", p->score[j]);
59      }
60      fprintf(fp, "%.1f %.1f\n", p->average, p->sum);
61  
62      fclose(fp);
63  }
64  /*第6步:把n个学生信息写到文件中去*/
65  void writeFileArray(char fileName[], Student * p, int n)
66  {
67      int i, j;
68      FILE * fp;
69  
70      /*打开文件用于写*/
71      fp=fopen(fileName, "w");
72      if(fp==NULL){
73          return;
74      }
75  
76      for(i=0; i<n; i++){
77          fprintf(fp, "%s %s %c ", p[i].number, p[i].name, p[i].sex);
78  
79          for(j=0; j<3; j++){
80              fprintf(fp, "%.1f ", p[i].score[j]);
81          }
82  
83          fprintf(fp, "%.1f %.1f\n", p[i].average, p[i].sum);
```

```
84      }
85
86      fclose(fp);
87  }
88  /*第7步:从文件中读出n个学生信息*/
89  void readFileArray(char fileName[], Student * p, int n)
90  {
91      int i, j;
92      FILE * fp;
93
94      /*打开文件用于读*/
95      fp=fopen(fileName, "r");
96      if(fp==NULL){
97          return;
98      }
99
100     for(i=0; j<n; j++){
101         fscanf(fp, "%s %s %c", p[i].number, p[i].name, &p[i].sex);
102         for(j=0; j<3; j++){
103             fscanf(fp, "%lf", &p[i].score[j]);
104         }
105         fscanf(fp, "%lf%lf", &p[i].average, &p[i].sum);
106     }
107
108     fclose(fp);
109 }
110 /*第8步:写main函数进行测试*/
111 #include<string.h>
112 int main()
113 {
114     int n;
115     char order[10];
116     Student s;
117     Student stu[100];
118     n=0;
119     while(1){
120         scanf("%s", order);
121         if(strcmp(order, "Insert")==0){
122             inputSingle(&s);
123             outputSingle(&s);
124             stu[n]=s;
125             n++;
126
127             /*调用函数,把单个学生信息写入文件a1.txt*/
```

```
128                writeFileSingle("a1.txt", &s);
129            }
130            else if(strcmp(order, "List")==0){
131                outputArray(stu, n);
132
133                readFileArray("a1.txt", stu, n);  /*从文件 a1.txt 中读数据*/
134
135                /*调用函数,把 n 个学生信息写入文件 b1.txt*/
136                writeFileArray("b1.txt", stu, n);
137            }
138            else{
139                printf("Good bye!\n");
140                break;
141            }
142        }
143        return 0;
144    }
```

练　习

一、单项选择题

1. 以下叙述中正确的是(　　)。
   A. C语言中的文件是流式文件,因此只能顺序存取数据
   B. 打开一个已存在的文件并进行了写操作后,原有文件中的全部数据必定被覆盖
   C. 在一个程序中当对文件进行了写操作后,必须先关闭该文件然后再打开,才能读到第1个数据
   D. 当对文件的读(写)操作完成之后,必须将它关闭,否则可能导致数据丢失

2. 设 fp 为指向某二进制文件的指针,且已读到此文件末尾,则函数 feof(fp)的返回值为(　　)。
   A. EOF　　　　　B. 非0值　　　　　C. 0　　　　　D. NULL

3. 以下叙述中不正确的是(　　)。
   A. C语言中的文本文件以 ASCII 码形式存储数据
   B. C语言中对二进制文件的访问速度比文本文件快
   C. C语言中,随机读写方式不适用于文本文件
   D. C语言中,顺序读写方式不适用于二进制文件

4. 读取二进制文件的函数调用形式为:fread(buffer, size, count, fp);其中 buffer 代表的是(　　)。
   A. 一个文件指针,指向待读取的文件
   B. 一个整型变量,代表待读取的数据的字节数

C. 一个内存块的首地址,代表读入数据存放的地址

D. 一个内存块的字节数

5. 以下叙述中错误的是(   )。

A. gets()函数用于从终端读入字符串

B. getchar()函数用于从磁盘文件读入字符

C. fputs()函数用于把字符串输出到文件

D. fwrite()函数用于以二进制形式输出数据到文件

6. 下列程序试图把从终端输入的字符输出到名为 abc.txt 的文件中,直到从终端读入字符"#"时结束输入和输出操作,但程序有错。出错的原因是(   )。

```
#include<stdio.h>
int main()
{
    char   ch;
    FILE   * fout;
    fout=fopen('abc.txt', 'w');
    ch=fgetc(stdin);
    while(ch!='#'){
        fputc(ch, fout);
        ch=fgetc(stdin);
    }
    fclose(fout);
    return 0;
}
```

A. 函数 fopen 调用形式错误　　　　B. 输入文件没有关闭

C. 函数 fgetc 调用形式错误　　　　D. 文件指针 stdin 没有定义

7. 下列程序

```
#include<stdio.h>
int main()
{
    FILE   * f;
    f=fopen("in.txt", "w");
    fprintf(f, "abc");
    fclose(f);
    return 0;
}
```

若文本文件 in.txt 中原有内容为:hello,则运行此程序后,文件 in.txt 中的内容为(   )。

A. helloabc　　　B. abclo　　　C. abc　　　D. abchello

8. 下列程序执行后 in.txt 文件的内容是(   )。

```
#include<stdio.h>
int main()
{
    FILE    *pf;
    char    *s1="China";
    char    *s2="Beijing";

    pf=fopen("in.txt", "wb+");
    fwrite(s2, 7, 1, pf);

    rewind(pf);
    fwrite(s1, 5, 1, pf);

    fclose(pf);

    return 0;
}
```

A. China   B. Chinang   C. ChinaBeijing   D. BeijingChina

9. 下列程序的运行结果是(   )。

```
#include<stdio.h>
int main()
{
    int   i, n;
    int   a[10]={1, 2, 3};
    FILE  *fp;

    fp=fopen("d1.dat", "w");
    for(i=0; i<3; i++){
        fprintf(fp, "%d", a[i]);
    }
    fprintf(fp, "\n");
    fclose(fp);

    fp=fopen("d1.dat", "r");
    fscanf(fp, "%d", &n);
    printf("%d\n", n);
    fclose(fp);

    return 0;
}
```

A. 12300   B. 123   C. 1   D. 321

10. 下列程序的运行结果是(   )。

```
#include<stdio.h>
int main()
{
    int  a=2, c=5;
    printf("a=%%d, b=%%d\n", a, c);
    return 0;
}
```

A. a=％2，b=％5　　　　　　　　B. a=2，b=5
C. a=％％d，b=％％d　　　　　　D. a=％d，b=％d

二、程序设计题

1. 输出文本文件 input.txt 中的非空格字符。

输入样例：

wen zhou da xue wu dian

输出样例：

wenzhoudaxuewudian

2. 从键盘输入一个长度不超过 1000 的字符串，将其小写字母全部转换成大写字母，然后输出到一个磁盘文件"output.txt"中保存。说明：输入的字符串以"!"结束。

输入样例：

The world is filled with multilayer switches.!

输出样例：

WORLD IS FILLED WITH MULTILAYER SWITCHES.

3. 数列各项为 1, 1, 2, 3, 5, 8, 13, 21, …，求其前 40 项之和。并将求和的结果写到当前目录下的文件 design.dat 中。

4. 设两个磁盘文件 a.txt 和 b.txt 中各存放一行字母，现要求按字母序合并这两个文件，然后输出到一个新文件 c.txt 中去。

输入样例：
本题无输入。

输出样例：

file a.txt:
I LOVE CHINA
file b.txt:
I LOVE BEIJING
file c.txt:
   ABCEEEGHIIIIJLLNNOOVV

5. 文本文件 a1.txt 中保存的是某班的学生数据，每个学生有学号和 5 门课程成绩信息。求每个学生的总分，然后按总分降序排序，最后把排好序的结果写入文本文件

a2.txt,写入时各门课成绩和总分均保留 1 位小数。要求：

(1) 按如下的结构写程序：

```
typedef struct Student{
    char number[12];           /*学号*/
    double score[5];           /*五门功课的成绩*/
    double sum;                /*总分*/
}Student;
```

(2) 用如下的函数原型实现排序：

```
void sort(Student x[], int n);
```

输入样例：

```
09114125107  56  87  67.5  54  87
09114125109  87  83  75.5  62  95
09114125123  98  97  99.5  98  90
```

输出样例：

```
09114125123  98.0  97.0  99.5  98.0  90.0  482.5
09114125109  87.0  83.0  75.5  62.0  95.0  402.5
09114125107  56.0  87.0  67.5  54.0  87.0  351.5
```

第 12 章

大 串 讲

本章要点:
- 帮助读者对整本教材知识点的融会贯通,并加以运用。

本书前 11 章的内容介绍了 C 语言程序设计的基本知识,而本章主要是通过实例讲解,针对同一个问题有不同的解决方法,应用了不同的知识点,读者可以根据自己的喜好进行选择,旨在提高读者分析问题、解决问题的能力。

12.1 顺序输出整数的各位数字

例 12.1 输入 n 个正整数,按顺序输出这些整数的各位数字。第一行为正整数的个数 n,以下为 n 个正整数。

输入样例:

3
1256
0
1545

输出样例:

1 2 5 6
0
1 5 4 5

【**分析**】 这个问题可以通过不同的方法来解决。

第 1 种方法,数字拆分。对于一个整数,可以逐个拆出它的最低位数字,因为输出的结果先是高位数字,然后低位数字,所以这里需一个整型数组来存放拆出的各个数字,才能达到目的。

实现代码如下。

```
1  #include<stdio.h>
2  int main()
3  {
4      int  i, j, k, n, m;
5      int a[11];
```

```
 6      scanf("%d",&n);
 7      for(i=0; i<n; i++){
 8          scanf("%d",&m);
 9
10          /*数字拆分*/
11          k=0;
12          do{
13              a[k]=m%10;
14              k++;
15              m=m/10;
16          }while(m!=0);
17
18          for(j=k-1; j>=0; j--){
19              printf("%d ",a[j]);
20          }
21          printf("\n");
22      }
23
24      return 0;
25  }
```

第 2 种方法,把整数看成数字字符,一个字符一个字符地读。既然把整数看成数字字符,那么每读入一个字符,就输出一个字符。不需要用数组,节约空间。

实现代码如下。

```
 1  #include<stdio.h>
 2  int main()
 3  {
 4      int  i, n;
 5      char ch;
 6      scanf("%d",&n);
 7      getchar();
 8      for(i=0; i<n; i++){
 9          while((ch=getchar())!='\n'){
10              printf("%c ",ch);
11          }
12          printf("\n");
13      }
14
15      return 0;
16  }
```

第 3 种方法,把整数看成一个字符串。既然把整数看成一个字符串,先读一串,然后逐个字符输出。这里需一个字符数组来存放一个字符串。

实现代码如下。

```
1   #include<stdio.h>
2   int main()
3   {
4       int  i, j, n;
5       char s[11];
6       scanf("%d",&n);
7       getchar();
8       for(i=0; i<n; i++){
9           gets(s);
10          for(j=0; s[j]!='\0'; j++){
11              printf("%c ",s[j]);
12          }
13          printf("\n");
14      }
15
16      return 0;
17  }
```

12.2 计算阶乘之和

例12.2 计算 1!+2!+…+10!的值。

输入样例:

无。

输出样例:

4037913

【分析】 这个问题可以通过不同的方法来解决。
第1种方法,采用双重循环。外循环用来求和,内循环用来求阶乘。
实现代码如下。

```
1   #include<stdio.h>
2   int main()
3   {
4       int  i, j;
5       int  t, s;
6
7       s=0;
8       for(i=1; i<=10; i++){
9           t=1;
10          for(j=1; j<=i; j++){
11              t=t*j;
12          }
13          s=s+t;
```

```
14      }
15      printf("%d\n", s);
16
17      return 0;
18   }
```

第 2 种方法，采用单重循环。只用单重循环求和，至于阶乘的求解，因为 n!＝(n−1)!＊n,所以可以采用迭代的方法求 n!。这种方法节约时间。

实现代码如下。

```
1    #include<stdio.h>
2    int main()
3    {
4        int  i, j;
5        int  t, s;
6
7        s=0;
8        t=1;
9        for(i=1; i<=10; i++){
10           t=t*i;                    /*t存放的就是i的阶乘*/
11           s=s+t;
12       }
13       printf("%d\n",s);
14
15       return 0;
16   }
```

第 3 种方法，采用函数实现。只用单重循环求和，用自定义函数求 n 的阶乘。模块化编程，程序较清晰。

实现代码如下。

```
1    #include<stdio.h>
2    int fact(int n)
3    {
4        int j, t;
5        t=1;
6        for(j=1; j<=n; j++){
7            t=t*j;
8        }
9        return t;
10   }
11   int main()
12   {
13       int  i, s;
14
```

```
15      s=0;
16      for(i=1; i<=10; i++){
17          s=s+fact(i);
18      }
19      printf("%d\n", s);
20
21      return 0;
22  }
```

第 4 种方法，采用递归函数。只用单重循环求和，用递归函数求 n 的阶乘。求阶乘一般不用这种方法，因为递归费时间、费空间。

实现代码如下。

```
1   #include<stdio.h>
2   int fact(int n)
3   {
4       if(n==0 || n==1){
5           return 1;
6       }
7       return n * fact(n-1);
8   }
9   int main()
10  {
11      int  i, s;
12
13      s=0;
14      for(i=1; i<=10; i++){
15          s=s+fact(i);
16      }
17      printf("%d\n", s);
18
19      return 0;
20  }
```

12.3　Fibonacci 数列

例 12.3　求 Fibonacci 数列的前 20 个数。已知它的定义如下：

$$F_n = \begin{cases} 1 & (n=1) \\ 1 & (n=2) \\ F_{n-2}+F_{n-1} & (n \geqslant 3) \end{cases}$$

输入样例：
本题无输入。
输出样例：

```
    1       1       2       3       5
    8      13      21      34      55
   89     144     233     377     610
  987    1597    2584    4181    6765
```

【分析】 这个问题可以通过不同的方法来解决。

第 1 种方法,迭代。我们不妨假设第 1 项为 f1,第 2 项为 f2,第 3 项为 f3,则有:
$$f3 = f1 + f2$$
然后根据第 2 项和第 3 项推出第 4 项,以此类推……

设迭代变量为 f1、f2,根据 Fibonacci 数列的定义,得到的迭代关系式:f3＝f1+f2。这里请注意,每迭代一次求得一个新值后,f1 和 f2 的值要更新,f1 更新为原来的 f2,f2 更新为原来的 f3。

实现代码如下。

```
1   #include<stdio.h>
2   int main()
3   {
4       int i;
5       int f1, f2, f3;
6
7       f1=f2=1;
8       printf("%12d%12d",f1, f2);
9       for(i=3; i<=20; i++){
10          f3=f1+f2;
11          printf("%12d",f3);
12          if(i%5==0){              /*控制每行输出 5 个数*/
13              printf("\n");
14          }
15
16          f1=f2;                   /*f1 更新为原来的 f2,为计算下一项做准备*/
17          f2=f3;                   /*f2 更新为原来的 f3,为计算下一项做准备*/
18      }
19
20      return 0;
21  }
```

第 2 种方法,迭代,但是用数组存放每项结果。用数组 f 来存放每项的结果,我们不妨假设第 0 项为 0,第 1 项为 1,第 2 项为 1,根据 Fibonacci 数列的定义,f[n]＝f[n-2]+f[n-1]。

实现代码如下。

```
1   #include<stdio.h>
2   int main()
3   {
```

```
4       int i;
5
6       int f[21]={0, 1, 1};           /*定义数组并初始化。f[0]=0,f[1]=1,f[2]=1,
                                         其他数组元素的值均为 0。f[0]数组元素不
                                         用*/
7       printf("%12d%12d", f[1], f[2]);
8       for(i=3; i<=20; i++){
9           f[i]=f[i-2]+f[i-1];
10          printf("%12d", f[i]);
11          if(i%5==0){                /*控制每行输出 5 个数*/
12              printf("\n");
13          }
14      }
15
16      return 0;
17  }
```

第 3 种方法,递归函数。我们不妨假设第 0 项为 0,第 1 项为 1,第 2 项为 1,以此类推,$f_n = f_{n-2} + f_{n-1}$。用这种方法,当 n 较大时,行不通,因为递归需要时间和空间都比较大,Fibonacci 数列的求解不建议用这种方法。

实现代码如下。

```
1   #include<stdio.h>
2   int fib(int n)
3   {
4       if(n==1 || n==2){
5           return 1;
6       }
7       else{
8           return fib(n-2)+fib(n-1);
9       }
10  }
11
12  int main()
13  {
14      int i;
15      int f;
16
17      for(i=1; i<=20; i++){
18          f=fib(i);
19          printf("%12d",f);
20          if(i%5==0){                /*控制每行输出 5 个数*/
21              printf("\n");
22          }
```

```
23        }
24
25        return 0;
26   }
```

12.4 计算函数的值

例 12.4 计算如下定义的函数 f：
(1) 当 x 为负数时，f(x, y) = x + y；
(2) 当 x 为非负数时，f(x, y) = f(x−1, x+y) + x/y。
其中，x，y 都是实数，f 的值也是实数。

输入样例 1：

−1 5.7857

输出样例 1：

4.79

输入样例 2：

2 5.7857

输出样例 2：

8.26

【分析】 这个问题可以通过不同的方法来解决。
第 1 种方法，递归函数。这种方法直观，根据题意做简单的转换即可。
实现代码如下。

```
1    #include<stdio.h>
2    double fun(double x, double y)
3    {
4        if(x<0){
5            return x+y;
6        }
7        else{
8            return fun(x-1,x+y)+x/y;
9        }
10   }
11
12   int main()
13   {
14       double x, y;
15       scanf("%lf%lf",&x, &y);
```

```
16      printf("%.2f\n",fun(x,y));
17      return 0;
18  }
```

第2种方法,非递归函数。这种方法不直观,但效率高,我们用循环消除递归。实现代码如下。

```
1   #include<stdio.h>
2   double fun(double x, double y)
3   {
4       double s;
5       s=0;
6       while(x>=0){
7           s=s+x/y;
8   
9           y=x+y;
10          x=x-1;
11      }
12      return s+x+y;
13  }
14  
15  int main()
16  {
17      double x, y;
18      scanf("%lf%lf",&x, &y);
19      printf("%.2f\n",fun(x,y));
20      return 0;
21  }
```

12.5 在有序数组中插入一个元素

例12.5 有 n(n<=100)个整数,已经按照从小到大顺序排列好了,现在另外给一个整数 x,请将该数插入到序列中,并使新的序列仍然有序。

输入样例:

3 3
1 2 4

输出样例:

1 2 3 4

【分析】 这个问题可以通过不同的方法来解决。

第1种方法,排序。这种方法简便,只需把待插入的整数 x 放到数组的最后,最后对数组进行排序。

实现代码如下。

```
1   #include<stdio.h>
2   void selectSort(int a[], int n)
3   {
4       int i, j, k;
5       int t;
6       for(i=0; i<n-1; i++){
7           k=i;
8           for(j=i+1; j<n; j++){
9               if(a[k]>a[j]){
10                  k=j;
11              }
12          }
13          if(k!=i){
14              t=a[k];
15              a[k]=a[i];
16              a[i]=t;
17          }
18      }
19  }
20
21  int main()
22  {
23      int i, n, x;
24      int a[101];
25
26      scanf("%d%d",&n,&x);
27      for(i=0; i<n; i++){
28          scanf("%d",&a[i]);
29      }
30      a[n]=x;
31      n=n+1;
32
33      selectSort(a, n);
34
35      for(i=0; i<n; i++){
36          printf("%d ",a[i]);
37      }
38      printf("\n");
39
40      return 0;
41  }
```

第 2 种方法,逐个比较。这种方法也比较简便,首先把已有的数据放到数组中,然后从后往前把 x 与数组中的每个元素进行比较,找出它应该插入的位置,同时其他的数组元素则向后移动,最后把 x 插入到合适的位置。

实现代码如下。

```
1   #include<stdio.h>
2   int main()
3   {
4       int i, k, n, x;
5       int a[101];
6
7       scanf("%d%d",&n,&x);
8       for(i=0; i<n; i++){
9           scanf("%d",&a[i]);
10      }
11
12      for(i=n-1; i>=0; i--){
13          if(a[i]<=x){
14              a[i+1]=x;
15              break;
16          }
17          a[i+1]=a[i];
18      }
19
20      n++;
21      for(i=0; i<n; i++){
22          printf("%d ",a[i]);
23      }
24      printf("\n");
25
26      return 0;
27  }
```

第 3 种方法,再增加一个数组进行存储数据。这种方法也比较简便,首先把已有的数据放到数组 a 中,从前往后把 x 与数组中的每个元素进行比较,谁小就把谁放入另一个数组 b 中。这种方法需要增加一个数组,费空间。

实现代码如下。

```
1   #include<stdio.h>
2   int main()
3   {
4       int i, j, k, n, x;
5       int a[101], b[101];
6
7       scanf("%d%d",&n,&x);
```

```
8       for(i=0; i<n; i++){
9           scanf("%d",&a[i]);
10      }
11
12      k=0;
13      for(i=0; i<n; i++){
14          if(x<a[i]){
15              b[k]=x;
16              k++;
17              break;
18          }
19          else{
20              b[k]=a[i];
21              k++;
22          }
23      }
24
25      /*要把数组a中其他元素放到数组b中*/
26      for(j=i; j<n; j++){
27          b[k]=a[j];
28          k++;
29      }
30
31      for(i=0; i<k; i++){
32          printf("%d ",b[i]);
33      }
34      printf("\n");
35
36      return 0;
37  }
```

附录 A

常用字符与 ASCII 码对照表

字符	十进制	八进制	十六进制	字符	十进制	八进制	十六进制
空格	32	40	20	8	56	70	38
!	33	41	21	9	57	71	39
"	34	42	22	:	58	72	3a
#	35	43	23	;	59	73	3b
$	36	44	24	<	60	74	3c
%	37	45	25	=	61	75	3d
&	38	46	26	>	62	76	3e
`	39	47	27	?	63	77	3f
(	40	50	28	@	64	100	40
)	41	51	29	A	65	101	41
*	42	52	2a	B	66	102	42
+	43	53	2b	C	67	103	43
,	44	54	2c	D	68	104	44
—	45	55	2d	E	69	105	45
.	46	56	2e	F	70	106	46
/	47	57	2f	G	71	107	47
0	48	60	30	H	72	110	48
1	49	61	31	I	73	111	49
2	50	62	32	J	74	112	4a
3	51	63	33	K	75	113	4b
4	52	64	34	L	76	114	4c
5	53	65	35	M	77	115	4d
6	54	66	36	N	78	116	4e
7	55	67	37	O	79	117	4f

续表

字符	十进制	八进制	十六进制	字符	十进制	八进制	十六进制
P	80	120	50	h	104	150	68
Q	81	121	51	i	105	151	69
R	82	122	52	j	106	152	6a
S	83	123	53	k	107	153	6b
T	84	124	54	l	108	154	6c
U	85	125	55	m	109	155	6d
V	86	126	56	n	110	156	6e
W	87	127	57	o	111	157	6f
X	88	130	58	p	112	160	70
Y	89	131	59	q	113	161	71
Z	90	132	5a	r	114	162	72
[	91	133	5b	s	115	163	73
\	92	134	5c	t	116	164	74
]	93	135	5d	u	117	165	75
^	94	136	5e	v	118	166	76
_	95	137	5f	w	119	167	77
`	96	140	60	x	120	170	78
a	97	141	61	y	121	171	79
b	98	142	62	z	122	172	7a
c	99	143	63	{	123	173	7b
d	100	144	64	|	124	174	7c
e	101	145	65	}	125	175	7d
f	102	146	66	~	126	176	7e
g	103	147	67	del	127	177	7f

附录 B

常用的 C 语言库函数

B.1 数学函数

头文件 <math.h> 中声明了 20 多个数学函数。下面介绍一些常用的数学函数,每个函数带有一个或两个 double 类型的参数,并返回一个 double 类型的值。

1. double sqrt(double x);

计算 x 的非负平方根。如果参数为负会发生定义域错误。例如,sqrt(900.0)=30.0。

2. double pow(double x, double y);

计算 x^y。如果 x=0 且 y≤0,或者 x<0 且 y 不是整型数,将产生定义域错误。例如,pow(2, 7)=128.0。

3. double ceil(double x);

计算不小于 x 的最小整数值。例如,ceil(9.2)=10.0,ceil(−9.8)=−9.0。

4. double floor(double x);

计算不大于 x 的最大整数值。例如,floor(9.2)=9.0,floor(−9.8)=−10.0。

5. double fabs(double x);

计算浮点数 x 的绝对值。例如,fabs(5.0)=5.0,fabs(0.0)=0.0,fabs(−5.0)=5.0。

6. double exp(double x);

计算指数函数 e^x。如果 x 的取值太大会发生定义域错误。例如,exp(1.0)=2.718282。

7. double log(double x);

计算 x 的自然对数(e 为底)。如果参数为负数会发生定义域错误;如果参数为零会发生越界错误。例如,log(2.718282)=1.0,log(7.389056)=2.0。

8. double log10(double x);

计算 x 的对数(10 为底)。如果参数为负数会发生定义域错误;如果参数为零会发生越界错误。例如,log10(1.0)=0.0,log10(10.0)=1.0,log10(100.0)=2.0。

9. double sin(double x);

计算 x 的正弦(x 为弧度)。例如,sin(0.0)=0.0。

10. double cos(double x);

计算 x 余弦(x 为弧度)。例如,cos(0.0)=1.0。

11. **double tan(double x);**

计算 x 正切(x 为弧度)。例如,tan(0.0)=0.0。

12. **double asin(double x);**

计算 x 的反正弦值。参数不在范围[-1,1]会发生定义域错误。返回范围在[$-\pi/2, \pi/2$]的反正弦弧度。

13. **double acos(double x);**

计算 x 的反余弦值。参数不在范围[-1,1]会发生定义域错误。返回范围在[$0, \pi$]的反余弦弧度。

14. **double atan(double x);**

计算 x 的反正切值。返回范围在[$-\pi/2, \pi/2$]的反正切弧度。

15. **double atan2(double y, x double);**

计算 y/x 的反正切值,用两个参数的符号决定返回值的象限。如果两个参数都为零会发生定义域错误。返回范围[$-\pi, \pi$]的 y/x 的反正切弧度。

16. **double sinh(double x);**

计算 x 的双曲正弦值。如果 x 的取值太大会发生定义域错误。

17. **double cosh(double x);**

计算 x 的双曲余弦值。如果 x 的取值太大会发生定义域错误。

18. **double tanh(double x);**

计算 x 的双曲正切值。

19. **double ldexp(double x, int n);**

计算 x·2^n 的值。

20. **double frexp(double x, int * exp);**

把 x 分成一个在[1/2,1]区间内的真分数和一个 2 的幂数。结果将返回真分数部分,并将幂数保存在 * exp 中。如果 x 为 0,则这两部分均为 0。

21. **double modf(double x, double * ip);**

将参数 x 分解成整数和小数两部分,两部分的正负号均与 x 相同。该函数返回小数部分,整数部分保存在 * ip 中。

22. **double fmod(double x, double y);**

计算 x/y 的浮点余数,符号与 x 相同。如果 y 为 0,则结果与具体的实现相关。例如,fmod(13.657, 2.333)=1.992。

B.2 字符处理函数

头文件<ctype.h>中声明了一些用于字符测试和转换的函数。

1. **int isalpha(int c);**

若 c 是字母,则返回一个非 0 值;否则返回 0。

2. **int isupper(int c);**

若 c 是大写字母,则返回一个非 0 值;否则返回 0。

3. int islower(int c);

若 c 是小写字母,则返回一个非 0 值;否则返回 0。

4. int isdigit(int c);

若 c 是数字字符,则返回一个非 0 值;否则返回 0。

5. int isalnum(int c);

若 isalpha(c) 或 isdigit(c) 为真,则返回一个非 0 值;否则返回 0。

6. int isspace(int c);

若 c 是空格符、横向制表符、换行符、回车符、换页符或纵向制表符,则返回一个非 0 值。

7. int toupper(int c);

将小写字母转换成相应的大写字母。如果参数是 islower 为真的字符,且有一个与之对应的 isupper 为真的字符,函数返回该对应字符;否则,返回原参数。

8. int tolower(int c);

将大写字母转换成相应的小写字母。如果参数是 isupper 为真的字符,且有一个与之对应的 islower 为真的字符,函数返回该对应字符;否则,返回原参数。

B.3 字符串处理函数

C 语言提供了丰富的字符串处理函数,使用这些函数可大大简化字符串处理的编程。用于输入输出的 gets() 和 puts() 这两个字符串函数,在使用前应包含头文件 stdio.h;使用其他字符串函数则应包含头文件 string.h。

在下面的函数中,NULL 为实现环境定义的空指针常量;size_t 为 sizeof 运算符计算结果的无符号整型类型。

1. char * gets(char * str);

字符串输入函数。

把输入行读入到数组 str 中,遇到回车键结束,并把末尾的换行符替换为字符'\0'。如果到达文件尾或发生错误,则返回 NULL。gets() 函数可以读空格。

2. int puts(const char * str);

字符串输出函数。

把字符串 str 和一个换行符输出到 stdout 中。如果发生错误,则返回 EOF;否则返回一个非负值。它等价于: printf("%s\n", str);。

3. char * strcpy(char * s, const char * t);

将字符串 t(包括'\0')复制到字符串 s 中,并返回 s。

4. char * strncpy(char * s, char * t, size_t n);

将字符串 t 中最多 n 个字符复制到字符串 s 中,并返回 s。如果 t 中少于 n 个字符,则用'\0'填充。

5. char * strcat(char * s, const char * t);

将字符串 t 连接到 s 的尾部,并返回 s。

6. **char * strncat(char * s, char * t, size_t n);**

将字符串 t 最多前 n 个字符连接到字符串 s 的尾部，并以'\0'结束；该函数返回 s。

7. **size_t strlen(const char * s);**

返回字符串 s 的长度。

8. **int strcmp(char * s, const char * t);**

比较字符串 s 和 t，当 s<t 时，返回一个负数；当 s=t 时，返回 0；当 s>t 时，返回正数。

9. **int strncmp(char * s, const char * t, int n);**

与 strcmp 相同，但只在前 n 个字符中比较。

10. **char * strchr(const char * s, int c);**

返回指向字符 c 在字符串 s 中第一次出现的位置的指针，如果 s 中不包含 c，则该函数返回 NULL。

11. **char * strrchr(const char * s, char c);**

返回指向字符 c 在字符串 s 中最后一次出现的位置的指针，如果 s 中不包含 c，则该函数返回 NULL。

12. **char * strstr(const char * s, const char * t);**

返回一个指针，它指向字符串 t 第一次出现在字符串 s 中的位置；如果 s 中不包含 t，则返回 NULL。

B.4 实用函数

头文件<stdlib.h>中声明了一些执行数值转换、内存分配以及其他类似工作的函数。

1. **double atof(const char * nptr);**

将字符串 nptr 转换成 double 类型，返回转换后的值。

2. **int atoi(const char * nptr);**

将字符串 nptr 转换成 int 类型，返回转换后的值。

3. **long int atol(const char * nprt);**

将字符串 nptr 转换成 long 类型，返回转换后的值。

4. **int rand(void);**

函数 rand 产生 0～RAND_MAX 范围内的一系列随机数，返回一个伪随机整数。

5. **void srand(unsigned int seed);**

srand 函数将 seed 作为生成新的伪随机数序列的种子数，种子数 seed 的初值为 1。
如果以同一 seed 值调用函数 srand，就会重复出现伪随机序列。如果在调用 srand 前调用 rand，会生成与第一次调用 srand 时(seed 值为 1)相同的序列。

6. **int abs(int n);**

abs 函数返回 int 类型参数 n 的绝对值。

7. **long labs(long n);**

labs 函数返回 long 类型参数 n 的绝对值。

附录 C
与具体实现相关的限制

头文件 <limits.h> 定义了一些表示整型大小的常量。下面所列的值是可接受的最小值，在实际系统中可以使用更大的值。

名称	值	说明
CHAR_BIT	8	char 类型的位数
CHAR_MAX	UCHAR_MAX 或 SCHAR_MAX	char 类型的最大值
CHAR_MIN	0 或 SCHAR_MIN	char 类型的最小值
INT_MAX	+32767	int 类型的最大值
INT_MIN	−32767	int 类型的最小值
LONG_MAX	+2147483647	long 类型的最大值
LONG_MIN	−2147483647	long 类型的最小值
SCHAR_MAX	+127	signed char 类型的最大值
SCHAR_MIN	−127	signed char 类型的最小值
SHRT_MAX	+32767	short 类型的最大值
SHRT_MIN	−32767	short 类型的最小值
UCHAR_MAX	255	unsigned char 类型的最大值
UINT_MAX	65535	unsigned int 类型的最大值
ULONG_MAX	4294967295	unsigned long 类型的最大值
USHRT_MAX	65535	unsigned short 类型的最大值

参 考 文 献

［1］ (美)Brian W Kernighan,Dennis M Ritchie.C 程序设计语言(第 2 版·新版).徐宝文,李志译.北京：机械工业出版社,2004.
［2］ (美)Harvey M Deitel, Paul J Deitel.C 程序设计经典教程.聂雪军,贺军译.北京：清华大学出版社,2006.
［3］ (美)Eric S Roberts.C 语言的科学和艺术.翁惠玉,张冬茉等译.北京：机械工业出版社,2005.
［4］ 何钦铭,颜晖.C 语言程序设计.杭州：浙江科学技术出版社,2004.
［5］ 谭浩强.C 程序设计.3 版.北京：清华大学出版社,2005.
［6］ 张小东,郑宏珍.C 语言程序设计与应用.北京：人民邮电出版社,2009.
［7］ (美)H M Deitel,P J Deitel.C 程序设计教程.薛万鹏等译.北京：机械工业出版社,2003.
［8］ 李忠月,励龙昌,虞铭财,肖磊.C 语言程序设计.北京：中国水利水电出版社,2010.
［9］ 李忠月,励龙昌,虞铭财,黄海隆.C 语言程序设计.北京：清华大学出版社,2014.